高等职业教育软件技术专业新形态教材

软件测试

微课版 第二版

主　编　郑小蓉　万国德
副主编　陈翠红　吴　金　魏　刚

中国水利水电出版社
www.waterpub.com.cn
·北京·

内 容 提 要

本书注重软件测试的多种方法与项目的实际应用，是一部实践性较强的教材，采用资产管理系统作为黑盒测试、自动化测试、性能测试与接口测试的软件项目载体，培养学习者的软件测试岗位实践能力。本书的主要内容包括：黑盒测试的基本方法；测试项目管理（编写功能测试方案、设计测试用例、编写缺陷报告、编写功能测试总结报告等）；使用 Python+PyCharm+Selenium+Chrome 环境进行自动化测试；使用 JMeter 工具进行性能测试；使用 Postman 进行接口测试。

本书可作为高等职业院校计算机相关专业的教材，也可供读者学习软件测试技术使用。

本书配有电子教案，读者可以从中国水利水电出版社网站（www.waterpub.com.cn）或万水书苑网站（www.wsbookshow.com）免费下载。

图书在版编目（CIP）数据

软件测试：微课版 / 郑小蓉，万国德主编.
2 版. -- 北京：中国水利水电出版社，2024.12.
（高等职业教育软件技术专业新形态教材）. -- ISBN 978-7-5226-2951-3

I. TP311.55

中国国家版本馆 CIP 数据核字第 2024S5F247 号

策划编辑：石永峰　责任编辑：魏渊源　加工编辑：王新宇　封面设计：苏　敏

书　　名	高等职业教育软件技术专业新形态教材 软件测试（微课版）（第二版） RUANJIAN CESHI (WEIKE BAN)
作　　者	主　编　郑小蓉　万国德 副主编　陈翠红　吴　金　魏　刚
出版发行	中国水利水电出版社 （北京市海淀区玉渊潭南路 1 号 D 座　100038） 网址：www.waterpub.com.cn E-mail: mchannel@263.net（答疑） 　　　　sales@mwr.gov.cn 电话：（010）68545888（营销中心）、82562819（组稿）
经　　售	北京科水图书销售有限公司 电话：（010）68545874、63202643 全国各地新华书店和相关出版物销售网点
排　　版	北京万水电子信息有限公司
印　　刷	三河市德贤弘印务有限公司
规　　格	184mm×260mm　16 开本　16.25 印张　385 千字
版　　次	2020 年 11 月第 1 版　2020 年 11 月第 1 次印刷 2024 年 12 月第 2 版　2024 年 12 月第 1 次印刷
印　　数	0001—3000 册
定　　价	49.00 元

凡购买我社图书，如有缺页、倒页、脱页的，本社营销中心负责调换

版权所有·侵权必究

第二版前言

2022年教育部发布了《职业教育专业简介》，文件中指出：软件测试是软件技术专业的核心课程，计算机软件测试员作为软件类人才就业的职业工种，其职业岗位能力是软件技术专业学生在校必须掌握的重要技能之一。鉴于此，由重庆工程职业技术学院牵头，联合北京四合天地科技有限公司、安徽工商职业学院、福建船政交通职业学院和北京中企未来科技集团有限公司等院校和单位共同开发了本教材。

根据《软件测试（微课版）》第一版用书单位的反馈意见，结合软件行业最新技术的运用，将Python+pyCharm+Selenium+Chrome自动化测试更新为最新的代码编写规范；将Loadrunner工具替换为目前更为广泛使用的JMeter工具；增加了Postman接口测试项目。

本书以北京四合天地科技有限公司开发的资产管理系统作为测试项目载体，结合北京中企未来科技集团有限公司开发的软件测试技能大赛标准，编写了5个项目。项目1黑盒测试主要介绍了6种测试方法：等价类划分法、边界值法、决策表法、因果图法、场景法、正交实验法。项目2测试项目管理主要包括：理解与分析《软件需求分析说明书》、编写功能测试方案、设计测试用例、编写缺陷报告、编写功能测试总结报告以及使用禅道进行项目管理等。项目3 Selenium自动化测试主要采用了Python+PyCharm+Selenium+Chrome测试环境，使用8种基本元素定位法，模拟人为操作进行页面元素定位，例如：切换窗口与表单、上传文件、页面截图、处理警告弹窗、下拉列表框选择、键盘鼠标模拟操作等。项目4性能测试使用JMeter工具进行脚本的添加、场景设置与运行，以及进行测试结果的分析。项目5接口测试使用Postman工具进行请求设置、变量设置、断言设置，并使用数据驱动进行批量执行。

本书项目1任务1.1～任务1.4由安徽工商职业学院陈翠红编写、项目1任务1.5～任务1.7由福建船政交通职业学院吴金编写，项目2～项目5由重庆工程职业技术学院郑小蓉编写，内容与企业软件测试新技术的融合由北京四合天地科技有限公司万国德和北京中企未来科技集团有限公司魏刚指导。

本书有配套的课件资源、授课计划、课程标准和源代码可供下载。本书的微课资源扫描书中二维码可直接观看。配套的在线课程"软件测试"可在重庆智慧教育平台观看，网址为https://www.cqooc.com。

由于编者水平有限，书中难免有不妥与疏漏之处，欢迎广大读者给予批评指正。

编者
2024年7月

目 录

第二版前言

项目 1　黑盒测试 1

任务 1.1　等价类划分法 2
任务描述 2
任务要求 2
知识链接 3
 1.1.1　等价类划分法的概念 3
 1.1.2　等价类划分法的原则 3
 1.1.3　等价类划分的依据 3
 1.1.4　等价类划分法的测试用例设计 4
任务实施 5
 【思考与练习】 6

任务 1.2　边界值法 6
任务描述 6
任务要求 7
知识链接 7
 1.2.1　边界值法概要 7
 1.2.2　边界值的类型 7
 1.2.3　选择测试用例的原则 9
 1.2.4　边界值分析法测试用例的设计 10
任务实施 11
 【思考与练习】 12

任务 1.3　决策表法 13
任务描述 13
任务要求 13
知识链接 14
 1.3.1　决策表的组成 14
 1.3.2　构造决策表的步骤 15
任务实施 16
 【思考与练习】 18

任务 1.4　因果图法 19
任务描述 19

任务要求 19
知识链接 19
 1.4.1　因果图法概述 19
 1.4.2　因果图的基本符号与约束 20
 1.4.3　因果图法设计测试用例的
    基本步骤 21
任务实施 21
 【思考与练习】 23

任务 1.5　场景法 24
任务描述 24
任务要求 24
知识链接 25
 1.5.1　场景法概述 25
 1.5.2　场景法的设计步骤 26
任务实施 26
 【思考与练习】 29

任务 1.6　正交实验法 30
任务描述 30
任务要求 30
知识链接 31
 1.6.1　正交实验法概述 31
 1.6.2　正交实验法测试用例设计步骤 33
任务实施 35
 【思考与练习】 39

任务 1.7　综合测试策略 40
任务描述 40
任务要求 40
知识链接 40
 1.7.1　其他测试方法 40
 1.7.2　测试方法的选择 41
任务实施 42
 【思考与练习】 46

项目 2　测试项目管理 48

任务 2.1　理解与分析《软件需求分析说明书》 49
任务描述 49
任务要求 49
知识链接 49
- 2.1.1　软件测试与软件工程的关系 ... 49
- 2.1.2　软件测试阶段 51
- 2.1.3　软件测试流程 51
- 2.1.4　《软件需求分析说明书》目录结构 52

任务实施 53
【思考与练习】 56

任务 2.2　编写功能测试方案 57
任务描述 57
任务要求 57
知识链接 57
- 2.2.1　软件测试的原则 57
- 2.2.2　功能测试方案模板 58

任务实施 60
【思考与练习】 64

任务 2.3　设计测试用例 64
任务描述 64
任务要求 64
知识链接 64
- 2.3.1　测试用例的定义 64
- 2.3.2　测试用例的重要性 65
- 2.3.3　测试用例的评价标准 66
- 2.3.4　测试用例设计的基本原则 66
- 2.3.5　测试用例设计的书写标准 66

任务实施 67
【思考与练习】 73

任务 2.4　编写缺陷报告 74
任务描述 74
任务要求 74
知识链接 74
- 2.4.1　软件缺陷概述 74
- 2.4.2　软件缺陷的修复成本 76
- 2.4.3　软件缺陷严重程度分类 77
- 2.4.4　软件可靠性 77
- 2.4.5　软件质量 79

任务实施 79
【思考与练习】 83

任务 2.5　编写功能测试总结报告 83
任务描述 83
任务要求 83
知识链接 83
任务实施 85
【思考与练习】 90

任务 2.6　测试项目管理工具：禅道 90
任务描述 90
任务要求 90
知识链接 90
- 2.6.1　禅道工具的概述 90
- 2.6.2　禅道的下载与安装 91

任务实施 94
【思考与练习】 100

项目 3　Selenium 自动化测试 101

任务 3.1　Selenium 自动化测试基础知识 102
任务描述 102
任务要求 102
知识链接 102
- 3.1.1　自动化测试的特点 102
- 3.1.2　软件自动化测试的选择 103
- 3.1.3　自动化测试环境的配置 104
- 3.1.4　Selenium 的基本操作 113

任务实施 114
【思考与练习】 114

任务 3.2　Selenium 8 种元素定位法 114
任务描述 114
任务要求 115
知识链接 115
- 3.2.1　通过 ID 定位 115
- 3.2.2　通过 NAME 定位 116

3.2.3 通过 CLASS_NAME 定位 117
3.2.4 通过 TAG_NAME 定位 117
3.2.5 通过 LINK_TEXT 定位 118
3.2.6 通过 PARTIAL_LINK_TEXT 定位 119
3.2.7 通过 XPATH 定位 119
3.2.8 通过 CSS_SELECTOR 定位 120
3.2.9 复数定位法 121
任务实施 122
【思考与练习】 125

任务 3.3 Selenium 高级操作 126
任务描述 126
任务要求 126
知识链接 126
3.3.1 窗口切换 126
3.3.2 submit 提交 128
3.3.3 等待时间 129
3.3.4 删除页面元素属性 129
3.3.5 多表单切换处理 131
3.3.6 鼠标操作 133
3.3.7 键盘操作 136
3.3.8 操作下拉滚动条方法 138
3.3.9 页面中下拉列表框的选择 139
3.3.10 文件上传处理 141
3.3.11 页面截图操作 142
3.3.12 警告弹窗处理 142
任务实施 144
【思考与练习】 146

任务 3.4 Unittest 框架搭建 147
任务描述 147
任务要求 147
知识链接 148
3.4.1 Unittest 框架 148
3.4.2 CSV 文件读取 150
3.4.3 数据驱动 151
3.4.4 数据断言 152
3.4.5 discover 方法 154
3.4.6 测试报告 156
任务实施 159
【思考与练习】 162

任务 3.5 PageObject 设计模式 162
任务描述 162
任务要求 163
知识链接 164
3.5.1 PageObject 原理 164
3.5.2 PageObject 设计模式的优点 164
3.5.3 PageObject 设计的意义 165
任务实施 165
【思考与练习】 168

项目 4 性能测试 170

任务 4.1 脚本的添加 171
任务描述 171
任务要求 171
知识链接 172
4.1.1 性能测试概述 172
4.1.2 JMeter 工具概述 174
4.1.3 Fiddler Classic 工具介绍 176
4.1.4 脚本添加 177
4.1.5 定时器 183
4.1.6 断言 184
4.1.7 参数化 186
4.1.8 关联 - 正则表达式提取器 189
4.1.9 定时器 Synchronizing Timer 191
4.1.10 事务控制器 192
任务实施 193
【思考与练习】 207

任务 4.2 场景设计与运行 207
任务描述 207
任务要求 208
知识链接 208
4.2.1 场景设计 208
4.2.2 场景运行 213
任务实施 214
【思考与练习】 215

任务 4.3 结果分析 215
任务描述 215
任务要求 216
知识链接 216
4.3.1 监听器 - 汇总报告 216

4.3.2　监听器 - 聚合报告 217
　4.3.3　开源监听器 -Transactions per
　　　　Second 219
　4.3.4　开源监听器 -Response Times Over
　　　　Time 219
　4.3.5　开源监听器 -PerfMon Metrics
　　　　Collector 220
　4.3.6　Dashboard 221
任务实施 221
【思考与练习】 226

项目 5　接口测试 227

任务 5.1　发送请求、变量设置
　　　　　与断言 228
任务描述 228
任务要求 228
知识链接 229

　5.1.1　Postman 介绍 229
　5.1.2　发送请求 230
　5.1.3　变量设置 232
　5.1.4　数据断言 235
任务实施 237
【思考与练习】 241

任务 5.2　数据驱动与批量执行 241
任务描述 241
任务要求 242
知识链接 243
　5.2.1　数据驱动 243
　5.2.2　批量执行 243
任务实施 246
【思考与练习】 250

参考文献 251

项目 1　黑盒测试

项目导读

黑盒测试也称为功能测试或数据驱动测试，它是在已知产品所应具有的功能的情况下，通过测试来检测每个功能是否都能正常使用。在测试时，把程序看作不能打开的黑盒，在完全不考虑程序内部结构和内部特性的情况下，检查程序功能是否按照需求规格说明书的规定正常使用。主要的黑盒测试方法有：等价类划分法、边界值法、决策表法、因果图法、场景法与正交实验法。如何正确地使用黑盒测试策略对软件系统界面与功能设计测试用例，是本项目学习的重点。

教学目标

知识目标：
- 理解黑盒测试方法的基本概念和测试流程。
- 掌握等价类划分法、边界值法、决策表法、因果图法、场景法、正交实验法设计测试用例的基本步骤。

技能目标：
- 能正确使用黑盒测试的各种方法对软件项目进行测试。

素质目标：
- 从用户的角度思考问题，关注软件的功能需求。

任务 1.1 等价类划分法

任务描述

等价类划分法是将不能穷举的测试过程进行合理的分类,从而保证设计出来的测试用例具有完整性和代表性。等价类划分可有两种不同的情况:有效等价类与无效等价类。给每一个等价类一个唯一的编号,再设计出具有代表性的测试用例去覆盖每一个编号。本任务的主要目标:能使用等价类划分法对典型问题写出等价类表并设计出具体的测试用例。同时,在学习等价类划分法时要注意:

- 建立分类思维:将大量数据划分为有限数量的等价类,从而简化测试过程。
- 具备严谨性:确保每个等价类都是互斥且完备的,避免遗漏或重复测试。

任务要求

手机号测试

个人信息界面如图 1-1 所示,界面中手机号是"以 1 开头的 11 位数字",请设计等价类表并设计出具体的测试用例。

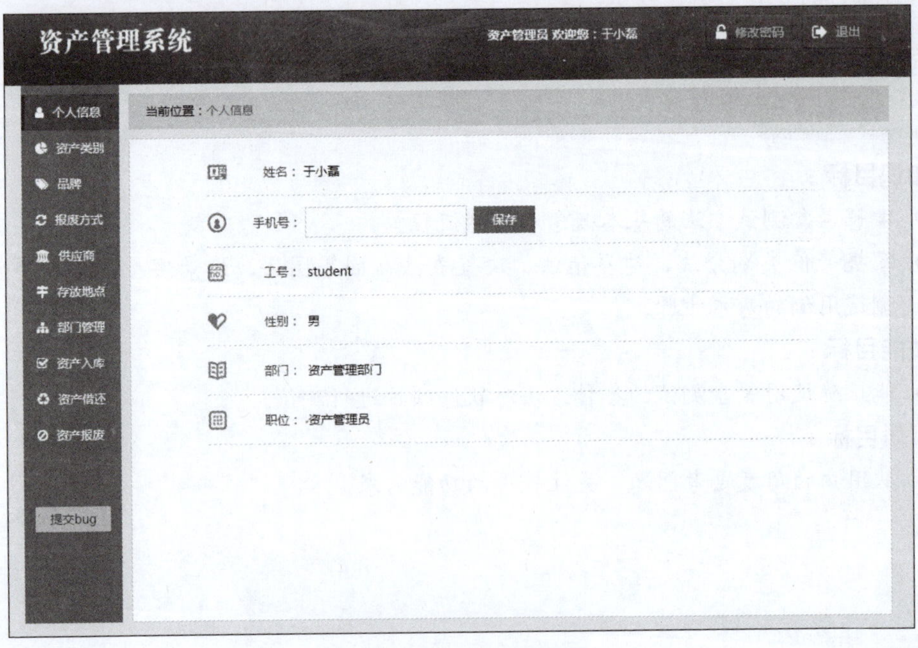

图 1-1 个人信息界面

知识链接

1.1.1 等价类划分法的概念

等价类划分法是把所有可能的输入数据，即程序的输入域划分为若干部分（子集），然后从每一个部分（子集）中选取少数具有代表性的数据作为测试用例。

等价类是指输入域的某个子集。在该子集中，各个输入数据对于揭露程序中的错误都是等效的，它们具有等价特性，即每一类的代表性数据在测试中的作用都等价于这一类中的其他数据。这样，对于表征该类的数据输入将能代表整个子集的输入。因此，可以合理地假定：测试某等价类的代表值就等效于测试这一类其他值。

等价类是输入域的某个子集，而所有等价类的并集就是整个输入域。因此，等价类对于测试有两个重要的意义，即：

（1）完备性：整个输入域提供一种形式的完备性。
（2）无冗余性：若互不相交则可保证一种形式的无冗余性。

如何划分等价类？先从程序的规格说明书中找出各个输入条件，再为每个输入条件划分两个或多个等价类，形成若干个互不相交的子集。如给出 $4<x<10$，则互不相交的子集有 3 个：$x \leq 4$，$4<x<10$ 和 $x \geq 10$。其中：$4<x<10$ 是有效的，可以取 6 作为一个代表值；$x \leq 4$ 和 $x \geq 10$ 是无效的，可以分别取一个 3 和 11 作为代表值。

1.1.2 等价类划分法的原则

采用等价类划分法设计测试用例通常分两步进行：
（1）确定等价类，列出等价类表。
（2）确定测试用例。

划分等价类可分为以下两种情况：

- 有效等价类。它是指对软件规格说明而言，是有意义的、合理的输入数据所组成的集合。利用有效等价类能够检验程序是否实现了规格说明中预先规定的功能和性能。
- 无效等价类。它是指对软件规格说明而言，是无意义的、不合理的输入数据所构成的集合。利用无效等价类可以鉴别程序异常处理的情况，检查被测对象的功能和性能的实现是否有不符合规格说明要求的地方。

1.1.3 等价类划分的依据

1. 按照区间划分

在输入条件规定了取值范围或值的个数的情况下，可以确定一个有效等价类和两个无效等价类。例如，密码输入要求 8～12 个字符，则有效等价类为 8≤密码长度≤12，两个无效等价类为密码长度 >12 和密码长度 <8。

2. 按照数值划分

在输入条件规定了一组输入数据（假设包括 n 个输入值），并且程序要对每一个输入值分别进行处理的情况下，可确定 n 个有效等价类，即每个值确定一个有效等价类和一个无效等价类（所有不允许输入值的集合）。例如，教师的职称类型有教授、副教授、讲师和助教 4 种，则有效等价类就是职称类型 ={ 教授, 副教授, 讲师, 助教 }，无效等价类是职称类型 ≠ { 教授, 副教授, 讲师, 助教 }。

3. 按照数值集合划分

在输入条件规定了输入值的集合或规定了"必须如何"时，可以确定一个有效等价类和一个无效等价类（该集合有效值之外）。例如，某大学的教师职位招聘条件是"全日制硕士研究生毕业"，则有效等价类就是"全日制硕士研究生毕业"，无效等价类就是"非全日制非硕士研究生非毕业"。

4. 按照限制条件或规则划分

在规定了输入数据必须遵守的规则或限制条件的情况下，可确定一个有效等价类（符合规则）和若干个无效等价类（从不同角度违反规则）。例如，手机号规定必须"以 1 开头的 11 位数字"，则有效等价类就是"以 1 开头的 11 位数字"，无效等价类就是"不以 1 开头非 11 位非数字"。

5. 细分等价类

在确知已划分的等价类中各元素在程序中的处理方式不同的情况下，则应再将该等价类进一步划分为更小的等价类，并建立等价类划分表（样表），见表 1-1。

表 1-1　等价类划分表（样表）

输入条件	有效等价类	编号	无效等价类	编号

1.1.4　等价类划分法的测试用例设计

在设计测试用例时，应同时考虑有效等价类和无效等价类。

1. 等价类划分法的步骤

根据已列出的等价类划分表可确定测试用例，具体过程如下：

（1）为等价类划分表中的每一个等价类分别规定一个唯一的编号。

（2）设计一个新的测试用例，使它能够尽量覆盖尚未覆盖的有效等价类。重复这个步骤，直到所有的有效等价类均被测试用例所覆盖。

（3）设计一个新的测试用例，使它仅覆盖一个尚未被覆盖的无效等价类。重复这一步骤，直到所有的无效等价类均被测试用例所覆盖。

2. 常见的等价类划分测试形式

针对是否对无效数据进行测试，可以将等价类测试分为标准等价类测试和健壮等价类测试。

标准等价类测试：不考虑无效数据值，测试用例使用每个等价类中的一个值。

健壮等价类测试：主要的出发点是考虑了无效等价类。对有效输入，测试用例从每个有效等价类中取一个值；对无效输入，测试用例仅从一个无效等价类中取一个无效值，其他值均取有效值。

健壮等价类测试存在两个问题：

（1）需要花费精力定义无效测试用例的期望输出。

（2）对强类型的语言没有必要考虑无效的输入。

任务实施

手机号测试

分析：手机号是"以 1 开头的 11 位数字"，有效等价类为"以 1 开头""11 位""数字"3 种。

（1）设计手机号等价类划分表，见表 1-2。

表 1-2　手机号等价类划分表

输入数据	有效等价类	编号	无效等价类	编号
手机号	以 1 开头	1	不以 1 开头	4
	11 位	2	小于 11 位	5
			大于 11 位	6
	数字	3	含英文字母	7
			含中文	8
			含特殊符号	9

（2）根据手机号等价类划分表，设计测试用例尽可能地去覆盖更多的有效等价类。从表 1-2 中可知，用例编号 1 可以覆盖所有的有效等价类 1、2、3。但一个无效等价类只能用一个测试用例去覆盖，因此设计了 6 个测试用例去覆盖 6 个无效等价类。

设计手机号测试用例，见表 1-3。

表 1-3　手机号测试用例

用例编号	手机号	预期输出	覆盖的有效等价类	覆盖的无效等价类
1	17772336781	保存成功	1，2，3	
2	27772336781	保存失败，提示错误		4
3	1777233678	保存失败，提示错误		5
4	177723367811	保存失败，提示错误		6
5	1777233as81	保存失败，提示错误		7
6	1777233 中文	保存失败，提示错误		8
7	811777233@￥81	保存失败，提示错误		9

【思考与练习】

理论题

1. 等价类划分法设计测试用例的步骤是什么？
2. 标准等价类测试与健壮等价类测试的区别是什么？

实训题

1. 计算保险公司计算保险费率的程序

某保险公司的人寿保险保险费计算方式为：投保额×保险费率。其中，保险费率依点数不同而有别，10点及10点以上的保险费率为0.6%，10点以下的保险费率为0.1%；而点数又是由投保人的年龄（假如能活到99岁）、性别、婚姻状况和抚养人数等因素来决定，具体规则见表1-4。

表1-4 保险费率

年龄			性别		婚姻状况		抚养人数
20～39	40～59	其他	M	F	已婚	未婚	1人扣0.5点，最多扣3点（采取四舍五入法进行取整数）
6点	4点	2点	5点	3点	3点	5点	

设计等价类划分表并写出具体的测试用例。

2. NextDate函数测试

NextDate函数包含3个变量Month、Day和Year，函数的输出为输入日期后一天的日期。要求输入变量Month、Day和Year均为整数值，并且满足下列条件：

条件1：1≤Month≤12
条件2：1≤Day≤31
条件3：1949≤Year≤2050

具体的界面如图1-2所示。

根据问题描述，设计等价类划分表并设计出具体的测试用例。

图1-2 NextDate函数界面

任务1.2 边界值法

任务描述

边界值法就是对输入或输出的边界值进行测试的一种黑盒测试方法。首先应该找出边界值，再设计出具体的测试用例去覆盖每一个边界值。边界值法是对等价类划分法的一种补充。本任务的主要目标：能根据边界值法对典型问题写出边界值并设计出具体的测试用例。同时，在学习边界法时要注意：

- 关注测试的细节：关注输入和输出的边界条件，软件在这些边界条件下往往容易出现问题。
- 考虑测试的全面性：全面考虑各种边界条件，确保测试的完整性。

任务要求

新增品牌测试

图 1-3 所示是资产管理系统中新增品牌的界面。品牌名称限制在 10 个字以内；品牌编码限制为 10 位字符（英文字母和数字的组合）。利用边界值法为品牌名称和品牌编码设计测试用例。

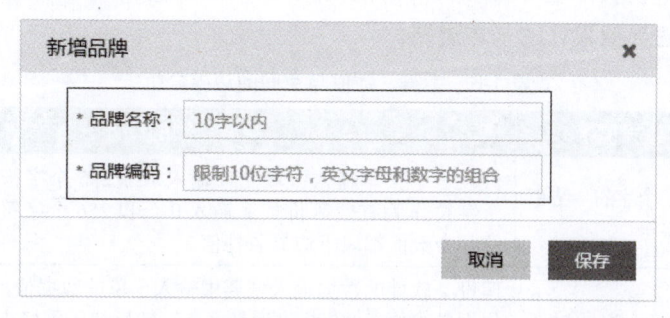

图 1-3　新增品牌界面

知识链接

1.2.1　边界值法概要

软件测试的实践表明，大量的故障往往发生在输入定义域或输出值域的边界上，而不是在其内部。因此，针对各种边界情况设计测试用例，通常会取得很好的测试效果。

利用边界值法设计测试用例的步骤如下：

（1）确定边界情况。通常输入或输出等价类的边界就是应该着重测试的边界情况。

（2）选取正好等于、刚刚大于或刚刚小于边界的值作为测试数据，而不是选取等价类中的典型值或任意值。

例如需求规格说明中要求密码是 1～12 个字符，可以尝试输入合法的 1 个字符、2 个字符、11 个字符、12 个字符来测试，也可以输入 0 个字符、13 个字符来测试。

1.2.2　边界值的类型

1. 显式边界

显式边界是指很明显地知道边界的数值，如 Excel 2021 工作表，行的边界就是第 1 行和第 1048576 行，列的边界就是第 A 列与第 XFD 列。

在选择边界时，通常选择极值来测试，表 1-5 列出了一些典型的边界值类型。

表 1-5 典型的边界值类型

类型	极值	类型	极值
数字	最大 / 最小	方位	最上 / 最下 / 最左 / 最右
字符串	首位 / 末位	尺寸	最长 / 最短
速度	最快 / 最慢	空间	满 / 空
数组	第 1 个 / 最后 1 个	报表	第 1 行 / 末行
循环	第 1 次 / 最后 1 次	重量	最重 / 最轻

边界值法的划分法与等价类划分法相同，只是边界值法假定错误更多地存在于划分的边界上，因此在等价类的边界上以及两侧的情况设计测试用例。表 1-6 列出了字符、数值与空间 3 种典型边界值设计的基本思路。

表 1-6 字符、数值与空间的边界分析

项	边界值	测试用例的设计思路
字符	起始 -1 个字符 / 结束 +1 个字符	假设一个文本输入区域允许输入 1～255 个字符，输入 1 个和 255 个字符作为有效等价类；输入 0 个和 256 个字符作为无效等价类，这几个数值都属于边界条件值
数值	最小值 -1/ 最大值 +1	假设某软件的数据输入域要求输入 5 位的数据值，可以使用 10000 作为最小值、99999 作为最大值；然后使用刚好小于 5 位和大于 5 位的数值来作为边界条件
空间	小于空余空间一点 / 大于满空间一点	例如在用 U 盘存储数据时,使用文件大小比剩余磁盘空间大一点（几 KB）的文件作为边界条件

例如，最小取值定义为 min，比最小值大一点定义为 min+，正常值定义为 nom，最大值定义为 max，比最大值小一点定义为 max-，如图 1-4 所示。

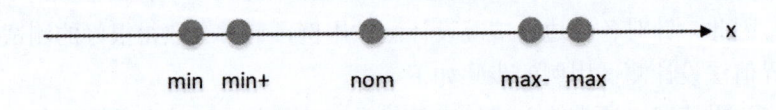

图 1-4 边界值的定义

2. 隐式边界

在多数情况下，边界值条件是基于应用程序的功能设计而需要考虑的因素，可以从软件的规格说明或常识中得到，也是最终用户很容易发现问题的地方。然而，在测试用例设计过程中，某些边界值条件是不需要呈现给用户的，或者说用户是很难注意到的，但同时确实属于检验范畴内的边界条件，这种边界是隐性的，主要出现在计算机数值运算和与 ASCII 码处理相关的情形。

（1）计算机数值运算。计算机是基于二进制进行工作的。因此，软件的任何数值运算都有一定的范围限制，如 1 个字节包含 8 个二进制数，1KB 包含 1024 个字节，具体的范围见表 1-7。

表 1-7　二进制范围

项	范围或值
位（bit）	0 或 1
字节（byte）	0～255
字（word）	0～65535（单字）或 0～4294967295（双字）
千（K）	1024
兆（M）	1048576
吉（G）	1073741824

表 1-7 中所列的范围是作为边界条件的重要数据。但它们通常在软件内部使用，外部是看不见的，除非用户提出查看这些范围，否则在软件需求规格说明中不会明确指出。比如软件中给出 1 个字节的数据，就要考虑 8 个二进制数（2^8），即 254、255、256 这几个边界值。

（2）ASCII 码的处理。在计算机软件中，字符也是很重要的表示元素，其中 ASCII 码和 Unicode 码是常见的编码方式。表 1-8 中列出了一些常用字符对应的 ASCII 码值。

表 1-8　常用字符对应的 ASCII 码值

字符	ASCII 码值	字符	ASCII 码值
空（null）	0	Y	89
空格（space）	32	Z	90
斜杠（/）	47	[	91
0	48	单引号（'）	96
9	57	a	97
冒号（:）	58	b	98
@	64	Y	121
A	65	z	122
B	66	{	123

如果对文本输入或文本转换软件进行测试，在考虑数据区间包含哪些值时，还要参考 ASCII 码表。例如，如果测试的文本框只接受用户输入字符 A～Z 和 a～z，就应该在非法区间中检测 ASCII 码表中位于这些字符前后的值。

1.2.3　选择测试用例的原则

选择测试用例的原则如下：

（1）如果输入条件规定了值的范围，则应取刚达到这个范围的边界值以及刚刚超过这个范围边界的值作为测试输入数据。

（2）如果输入条件规定了值的个数，则用最大个数、最小个数和比最大个数多 1 个、比最小个数少 1 个的数作为测试数据。

（3）如果程序的规格说明给出的输入域或输出域是有序集合（如有序表、顺序文件等），则应选取集合中的第一个和最后一个元素作为测试用例。

（4）如果程序中使用了一个内部数据结构，则应当选择这个内部数据结构边界上的值作为测试用例。

（5）分析程序规格说明，找出其他可能的边界条件。

1.2.4 边界值分析法测试用例的设计

1. 标准性边界值测试

采用边界值分析测试的基本思想：故障往往出现在输入变量的边界值附近。因此，边界值分析法利用输入变量的最小值（min）、略大于最小值（min+）、输入值域内的任意值（nom）、略小于最大值（max-）和最大值（max）来设计测试用例。

边界值分析法是基于可靠性理论中称为"单故障"的假设，即有两个或两个以上故障同时出现而导致软件失效的情况很少，也就是说，软件失效基本上是由单故障引起的。因此，在边界值分析法中获取测试用例的方法是每次保留程序中的一个变量，让其余的变量取正常值，被保留的变量依次取 min、min+、nom、max- 和 max。

假如有两个输入变量 x 和 y，边界值满足 $a \leqslant x \leqslant b$ 和 $c \leqslant y \leqslant d$，分析测试用例如下：
$\{<x_{nom}, y_{min}>, <x_{nom}, y_{min+}>, <x_{nom}, y_{nom}>, <x_{nom}, y_{max-}>, <x_{nom}, y_{max}>, <x_{min}, y_{nom}>, <x_{min+}, y_{nom}>, <x_{max-}, y_{nom}>, <x_{max}, y_{nom}>\}$

具体如图 1-5 所示。

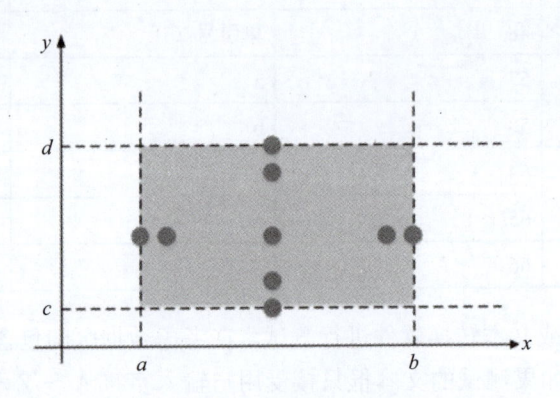

图 1-5 标准性边界值测试

例：有二元函数 $f(x,y)$，其中，$x \in [1,18]$，$y \in [11,31]$，采用标准性边界值法设计测试用例。具体的设计用例见表 1-9。

表 1-9 二元函数测试用例设计

ID	1	2	3	4	5	6	7	8	9
x	1	2	10	17	18	10	10	10	10
y	20	20	20	20	20	11	12	30	31

推论：对于一个含有 n 个变量的程序，采用标准性边界值法测试程序会产生 4n+1 个测试用例。

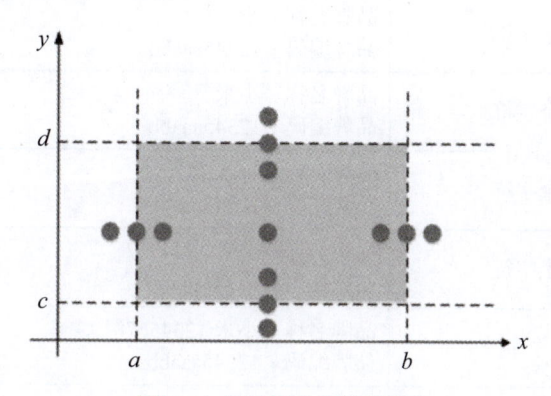

2. 健壮性边界值测试

健壮性边界值测试是作为边界值分析的一个简单的扩充，它除了对变量的 5 个边界值分析取值外，还需要增加一个略大于最大值（max+）以及略小于最小值（min-）的取值，检查超过极限值时系统的情况。

健壮性边界值测试如图 1-6 所示。

图 1-6　健壮性边界值测试

例：有三元函数 $f(x,y,z)$，其中，$x \in [20,40]$，$y \in [1,9]$，$z \in [11,31]$。请设计该函数采用健壮性边界值法的测试用例。

具体的测试用例见表 1-10。

表 1-10　三元函数测试用例设计

ID	1	2	3	4	5	6	7	8	9	10	11	12	13	14	15	16	17	18	19
x	19	20	21	30	39	40	41	30	30	30	30	30	30	30	30	30	30	30	30
y	5	5	5	5	5	5	5	0	1	2	8	9	10	5	5	5	5	5	5
z	20	20	20	20	20	20	20	20	20	20	20	20	20	10	11	12	30	31	32

推论：对于一个含有 n 个变量的程序，采用健壮性边界值法，测试程序会产生 6n+1 个测试用例。

📢 任务实施

新增品牌测试

根据图 1-3 界面分析：该界面涉及两个变量，品牌名称和品牌编码。品牌名称限制在 10 个字以内，涉及的边界有 0,1,2,9,10,11，取一个中间值 5。品牌编码限制 10 位字符，则边界值考虑 9,11；而且品牌编码要求是英文字母和数字的组合，则应当结合等价类划分法考虑只有英文字母、只有数字、非英文非数字的组合。

具体的测试用例设计见表 1-11，用例 1～7 为品牌名称取不同的值进行变化，另一个变量品牌编码则取一个正常值。用例 8～12 为品牌编码取不同的值进行变化，品牌名称取一个正常值。

表 1-11　新增品牌测试用例设计

用例编号	边界	用例设计	预期结果
1	品牌名称 0 个字符	品牌名称：空 品牌编码：12345aaabb	保存失败
2	品牌名称 1 个字符	品牌名称：小 品牌编码：12345aaabb	保存成功
3	品牌名称 2 个字符	品牌名称：小米 品牌编码：12345aaabb	保存成功
4	品牌名称 5 个字符	品牌名称：小米 123 品牌编码：12345aaabb	保存成功
5	品牌名称 9 个字符	品牌名称：小米 1234567 品牌编码：12345aaabb	保存成功
6	品牌名称 10 个字符	品牌名称：小米 12345678 品牌编码：12345aaabb	保存成功
7	品牌名称 11 个字符	品牌名称：小米 123456789 品牌编码：12345aaabb	保存失败
8	品牌编码 9 个字符	品牌名称：小米 1234567 品牌编码：12345aaab	保存失败
9	品牌编码 11 个字符	品牌名称：小米 1234567 品牌编码：12345aaabbb	保存失败
10	品牌编码 10 个英文字符	品牌名称：小米 1234567 品牌编码：cccccaaabb	保存失败
11	品牌编码 10 个数字	品牌名称：小米 1234567 品牌编码：1234512345	保存失败
12	品牌编码 10 个非英文非数字字符	品牌名称：小米 1234567 品牌编码：!!!!!###%%	保存失败

【思考与练习】

理论题

1. 边界值法设计测试用例的步骤是什么？
2. 标准性边界值法与健壮性边界值法的区别是什么？

实训题

1. 三角形问题测试

输入 3 个数 a、b、c，分别作为三角形的三条边，现通过程序判断由 3 条边构成的三角形的类型：等边三角形、等腰三角形、一般三角形以及构不成三角形。现在要求输入 3 个数 a、b、c，必须满足以下条件：

条件 1：1 ≤ a ≤ 100　　　　条件 4：a<b+ c
条件 2：1 ≤ b ≤ 100　　　　条件 5：b<a+ c
条件 3：1 ≤ c ≤ 100　　　　条件 6：c<a+ b

具体的程序界面如图 1-7 所示。

图 1-7　三角形问题的程序界面

根据问题描述，利用等价类划分法设计等价类划分表并设计具体的测试用例。

2．NextDate 函数测试

根据任务 1.1 中【思考与练习】实训题 2 给出的 NextDate 函数问题，利用健壮性边界值法设计出具体的测试用例。

任务 1.3　决 策 表 法

任务描述

决策表是分析问题的各种不同逻辑条件，并根据一定的规则产生不同的组合，由此产生不同的结果。因此，利用决策表可以为多逻辑条件设计出完整的测试用例。本任务的主要目标是：能根据决策表法对典型问题写出决策表并设计出具体的测试用例。同时，在学习决策表法时要注意：

- 建立决策能力：在多个条件组合的情况下做出决策。
- 建立条件判断能力：准确判断每个条件是否满足，并据此做出决策。

任务要求

1．图书借阅测试

图书馆的借书卡是按年收费的，可以借阅图书的规则如下：
（1）借书卡已经续费。
（2）已经借阅的图书数量在 4 本以内（不包括 4 本），则允许继续借阅图书，否则必须先归还图书至 4 本以内。

（3）已经借阅的图书如果超期，则必须先归还图书且缴纳罚款后才能继续借阅图书。

请建立该需求的决策表，并绘制出化简（合并规则）后的决策表。

2. 登录界面测试

图 1-8 所示是一个系统的登录界面，主要测试的控件有 4 个：ID、用户名、密码与验证码。假如只有当 ID 是 30，用户名和密码均为 0005，验证码正确时才能正常登录，请利用决策表对系统的登录界面进行测试。

图 1-8　系统登录界面

知识链接

1.3.1　决策表的组成

在所有的黑盒测试方法中，基于决策表（也称判定表）的测试是最为严格、最具有逻辑性的测试方法。

在一些数据处理的问题当中，某些操作的实施依赖于多个逻辑条件的组合，即：针对不同逻辑条件的组合值分别执行不同的操作。决策表很适合于处理这类问题。表 1-12 是一个简单的旅游行程安排决策表。

表 1-12　旅游行程安排决策表

	规则	1	2	3	4	5	6	7	8
问题	身体疲倦吗？	Y	Y	Y	Y	N	N	N	N
	是否喜欢行程？	Y	Y	N	N	Y	Y	N	N
	时间充足吗？	Y	N	Y	N	Y	N	Y	N
建议	休息	√		√					
	继续旅程		√			√	√	√	
	回家				√				√

观察以上决策表得知，决策表通常由以下 4 部分组成：

- 条件桩：列出问题的所有条件。

- 条件项：针对条件桩给出的条件列出所有可能的取值。
- 动作桩：列出问题规定的可能采取的操作。
- 动作项：指出在条件项的各组取值情况下（规则）应采取的动作。

可以用图 1-9 表示一个决策表的基本构成。

图 1-9　决策表的基本构成

观察表 1-12 发现，第 1 项和第 3 项只要"身体疲倦吗？"是 Y，"时间充足吗？"是 Y，不管"是否喜欢行程？"是 Y 还是 N，动作都是"休息"，因此可以将其合并；第 4 项和第 8 项只要"是否喜欢行程？"和"时间充足吗？"是 N，不管身体是否疲倦，结果都是"回家"，则可以将其合并；第 5 项和第 6 项只要"身体疲倦吗？"是 N，"是否喜欢行程？"是 Y，不管"时间充足吗？"是 Y 还是 N，结果都是"继续旅程"，则可以将其合并。

因此根据分析，可以将此决策表简化，见表 1-13。

表 1-13　简化后的旅游行程安排决策表

	规则	1、3	2	4、8	5、6	7
问题	身体疲倦吗？	Y	Y	—	N	N
	是否喜欢行程？	—	Y	N	Y	N
	时间充足吗？	Y	N	N	—	Y
建议	休息	√				
	继续旅程		√		√	√
	回家			√		

1.3.2　构造决策表的步骤

构造决策表的步骤如下所述。

（1）确定规则的个数。有 n 个条件的决策表有 2^n 个规则（每个条件取真、假值）。如表 1-12 所列，有 3 个条件："身体疲倦吗？""是否喜欢行程？""时间充足吗？"，因此规则的个数就是 $2^3=8$。

（2）列出所有的条件桩和动作桩。

（3）填入条件项。

（4）填入动作项，得到初始决策表。

（5）简化决策表，合并相似规则。

若表中有两条以上规则具有相同的动作，并且在条件项之间存在极为相似的关系，则可以合并。合并后的条件项用符号"—"表示，说明执行的动作与该条件的取值无关，称为无关条件。

任务实施

1. 图书借阅测试

分析：

C1：是否续费？

C2：是否在4本以内？

C3：是否超期？

动作：

A1：借阅新的图书

A2：归还图书

A3：缴纳罚款

A4：续费

根据上述的分析，有3个条件，则对应的组合有 2^3=8 种。决策表设计见表1-14。

表1-14 图书借阅决策表

	规则	1	2	3	4	5	6	7	8
条件	C1：是否续费？	Y	Y	Y	Y	N	N	N	N
	C2：是否在4本以内？	Y	Y	N	N	Y	Y	N	N
	C3：是否超期？	Y	N	Y	N	Y	N	Y	N
动作	A1：借阅新的图书		√						
	A2：归还图书	√		√	√				
	A3：缴纳罚款	√		√					
	A4：续费					√	√	√	√

分析上述决策表，只要"是否续费？"是N，则动作都是"续费"，因此可以将第5项至第8项合并为一项；如果已经续费，但只要已借的图书超期，则动作都是归还图书和缴纳罚款，因此可以将第1项和第3项合并为一项。简化后的决策表见表1-15。

表1-15 简化后的图书借阅决策表

	规则	1	2	3	4
条件	C1：是否续费？	Y	Y	Y	N
	C2：是否在4本以内？	Y	—	N	—
	C3：是否超期？	N	Y	N	—

续表

规则		1	2	3	4
动作	A1：借阅新的图书	√			
	A2：归还图书		√	√	
	A3：缴纳罚款			√	
	A4：续费				√

2．登录界面测试

分析：登录界面有 4 个测试控件，因此对应有 4 个条件。

C1：ID

C2：用户名

C3：密码

C4：验证码

动作有两个：

A1：登录成功

A2：登录失败

根据分析，有 4 个条件，则对应的组合是 $2^4=16$ 种。设计出决策表，见表 1-16。

表 1-16　登录界面决策表

	规则	1	2	3	4	5	6	7	8	9	10	11	12	13	14	15	16
条件	C1：ID	Y	Y	Y	Y	Y	Y	Y	Y	N	N	N	N	N	N	N	N
	C2：用户名	Y	Y	Y	Y	N	N	N	N	Y	Y	Y	Y	N	N	N	N
	C3：密码	Y	Y	N	N	Y	Y	N	N	Y	Y	N	N	Y	Y	N	N
	C4：验证码	Y	N	Y	N	Y	N	Y	N	Y	N	Y	N	Y	N	Y	N
动作	A1：登录成功	√															
	A2：登录失败		√	√	√	√	√	√	√	√	√	√	√	√	√	√	√

从表 1-16 可以看出，只有当 4 个条件：ID、用户名、密码与验证码都正确的时候，才能登录成功，但只要其中任一条件是 N，则登录失败。因此，可以将决策表进行简化，见表 1-17。

表 1-17　简化后的登录界面决策表

	规则	1	2	3	4	5
条件	C1：ID	Y	—	—	—	N
	C2：用户名	Y	—	—	N	—
	C3：密码	Y	—	N	—	—
	C4：验证码	Y	N	—	—	—
动作	A1：登录成功	√				
	A2：登录失败		√	√	√	√

从表 1-17 可以看出，如果采用决策表测试登录界面，需要设计 5 个测试用例，如表 1-18 所列。

表 1-18　登录界面测试用例

用例编号	输入数据	预期结果
1	ID:30 用户名：0005 密码：0005 验证码：46rF	登录成功
2	ID:30 用户名：0005 密码：0005 验证码：46rr	登录失败
3	ID:30 用户名：0005 密码：0004 验证码：46rF	登录失败
4	ID:30 用户名：0004 密码：0005 验证码：46rF	登录失败
5	ID:31 用户名：0005 密码：0005 验证码：46rF	登录失败

【思考与练习】

理论题

决策表法设计测试用例的具体步骤是什么？

实训题

1. 货运快递问题

货运收费标准如下：若收货地点在本省以内，快件每公斤 8 元，慢件每公斤 4 元；若收货地点在外省、重量小于或等于 25 公斤，快件每公斤 12 元，慢件每公斤 8 元；若重量大于 25 公斤，超重部分每公斤加收 2 元（重量用 W 表示）。请设计决策表并进行优化。

2. 银行发放贷款问题

某银行发放贷款原则如下：

（1）对于贷款未超过限额的客户，允许立即贷款。

（2）对于贷款超过限额的客户，若过去还款记录信用良好且本次贷款在 2 万元以下，可作出贷款安排，否则拒绝贷款。

请设计出发放贷款的决策表并进行优化。

任务1.4　因果图法

🔍 任务描述

在软件测试时，如果要考虑多个条件的组合情况，一种方法是采用决策表法，另一种方法就是采用因果图法。因果图法比决策表法更复杂，需要考虑更多的因素。具体方法为：分析问题的原因与结果画出因果图，然后再根据因果图画出决策表，最后设计测试用例。本任务的主要目标是：能根据因果图法对典型问题画出因果图并设计出具体的测试用例。同时，在学习因果图法时要注意：
- 建立逻辑分析能力：通过分析输入条件和输出结果之间的因果关系来设计测试用例。
- 建立逻辑推理能力：根据已知条件推导出可能的结果。

📋 任务要求

1. 趣味英语页面跳转测试

某趣味英语测试界面设计：第一个字符输入 1 或 2（1 代表第 1 级，2 代表第 2 级），第二个字符输入一个英文字母，则跳转到趣味英语对应字母的测试界面。如输入 1a，则跳转到第 1 级带 a 字母单词的测试。如果第一个输入的字符既不是 1 也不是 2，则给出提示信息"请输入 1 或者 2"；如果第二个输入的字符不是英文字母，则给出提示信息"请输入英文字母"。如果第一个输入的字符既不是 1 也不是 2，第二个输入的字符不是英文字母，则直接清除输入信息，提示"重新输入"。

利用因果图法画出因果图并设计出具体的测试用例。

2. 奖学金等级测试

某程序设计规格说明书要求如下：

如果学生学习成绩优秀且体育成绩优秀或良好则可以获得甲等奖学金；如果学生学习成绩良好，体育成绩优秀则可以获得乙等奖学金；如果学生学习成绩良好，体育成绩良好则可以获得丙等奖学金。

利用因果图法画出因果图并设计出具体的测试用例。

🔗 知识链接

1.4.1　因果图法概述

因果图法是基于这样的一种思想：一些程序的功能可以用判定表（或称决策表）的形式来表示，并根据输入条件的组合情况规定相应的操作。

因果图法是一种利用图解法分析输入的各种组合情况，从而设计测试用例的方法，它适用于检查程序输入条件的各种组合情况。

使用因果图法的优点有：
（1）考虑到了输入情况的各种组合以及各个输入情况之间的相互制约关系。
（2）能够帮助测试人员按照一定的步骤，高效率地开发测试用例。
（3）因果图法是将自然语言规格说明转化成形式语言规格说明的一种严格的方法，可以指出规格说明存在的不完整性和二义性。

1.4.2　因果图的基本符号与约束

1. 因果图的基本符号

因果图中用 4 种基本符号表示因果关系，如图 1-10 所示。

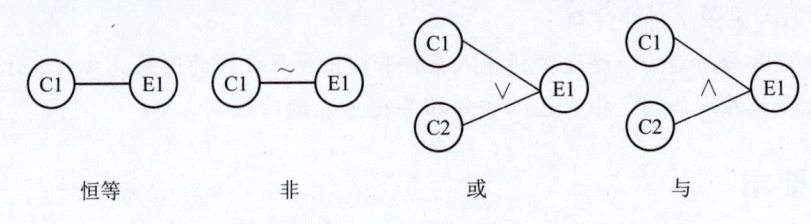

图 1-10　因果图中表示因果关系的 4 种基本符号

在因果图的基本符号中，左节点 C1 表示输入状态（或称原因），右节点 E1 表示输出状态（或称结果）。C1 与 E1 取值为 0 或 1，0 表示某状态不出现，1 则表示某状态出现。
恒等：若 C1 是 1，则 E1 也为 1，否则 E1 为 0。
非：若 C1 是 1，则 E1 为 0，否则 E1 为 1。
或：若 C1 或 C2 是 1，则 E1 为 1，否则 E1 为 0。
与：若 C1 和 C2 都是 1，则 E1 为 1，否则 E1 为 0。

2. 因果图中的约束

在实际问题中，输入状态相互之间、输出状态相互之间可能存在某些依赖关系，称为"约束"。对于输入条件的约束有 E、I、O、R 四种，对于输出条件的约束只有 M 一种。
E 约束（异）：a 和 b 中最多有一个可能为 1，即 a 和 b 不能同时为 1。
I 约束（或）：a、b、c 中至少有一个必须为 1，即 a、b、c 不能同时为 0。
O 约束（唯一）：a 和 b 必须有一个且仅有一个为 1。
R 约束（要求）：a 是 1 时，b 必须是 1，即 a 为 1 时，b 不能为 0。
M 约束（强制）：若结果 a 为 1，则结果 b 强制为 0。
因果图中用来表示约束关系的约束符号如图 1-11 所示。

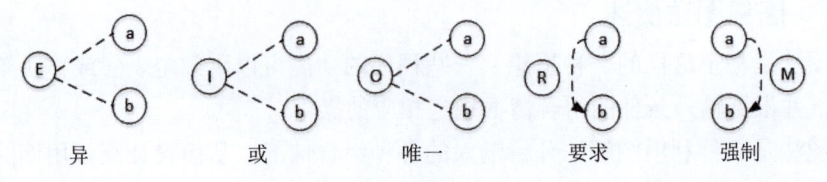

图 1-11　因果图中的约束符号

1.4.3　因果图法设计测试用例的基本步骤

因果图法设计测试用例的基本步骤如下：

（1）分析软件规格说明中哪些是原因（即输入条件或输入条件的等价类），哪些是结果（即输出条件），并给每个原因和结果赋予一个标识符。

（2）分析软件规格说明中的语义，找出原因与结果之间、原因与原因之间对应的关系，根据这些关系画出因果图。

（3）由于语法或环境的限制，有些原因与结果之间、原因与原因之间的组合情况不可能出现。为表明这些特殊情况，在因果图上用一些记号表明约束或限制条件。

（4）把因果图转换为决策表。

（5）根据决策表设计测试用例。

任务实施

1. 趣味英语页面跳转测试

（1）列出原因与结果，见表 1-19。

表 1-19　趣味英语页面跳转测试的原因与结果

原因	结果
C1：第一个字符是数字 1	E1：跳转到趣味英语测试界面
C2：第一个字符是数字 2	E2：提示"请输入 1 或者 2"
C3：第二个字符是英文字母	E3：提示"请输入英文字母"
	E4：直接清除信息，提示"重新输入"

（2）根据原因和结果画出因果图。因果图如图 1-12 所示。

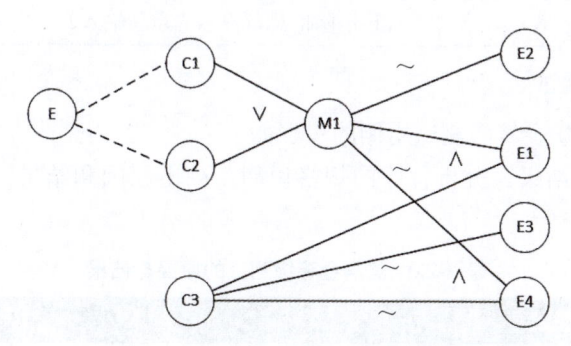

图 1-12　趣味英语页面跳转测试因果图

由于不能同时输入 1 和 2，因此将 C1 和 C2 加约束 E。M1 称之为中间结果，得到 C1 ∨ C2 的结果，即只要 C1 或者 C2 某一个为 1，M1 的结果就是 1，否则为 0。如果 C1 和 C2 同时为 0，则得到结果 E2。C3 为 0，则得到结果 E3。如果 C1 和 C2 同时为 0，C3 为 0，则得到结果 E4。如果输入 M1 为 1，C3 为 1，则得到结果 E1。

（3）根据因果图列出决策表，见表1-20。

表1-20　趣味英语页面跳转测试决策表

选项规则		1	2	3	4	5	6	7	8
条件	C1	1	1	1	1	0	0	0	0
	C2	1	1	0	0	1	1	0	0
	C3	1	0	1	0	1	0	1	0
中间结果	M1			1	1	1	1	0	0
动作	E1			√		√			
	E2							√	
	E3			√		√			
	E4								√
不可能		√	√						

（4）根据决策表设计测试用例，分析决策表（表1-20），结合边界值法可以设计6个测试用例，见表1-21。

表1-21　趣味英语页面跳转测试用例

用例编号	输入字符	预期结果
1	1a	跳转到趣味英语测试界面
2	1@	提示"请输入英文字母"
3	2z	跳转到英语测试界面
4	2!	提示"请输入英文字母"
5	ab	提示"请输入1或者2"
6	A$	直接清除信息，提示"重新输入"

2. 奖学金等级测试

因果图法设计奖学金等级测试用例的步骤如下：

（1）列出原因和结果。分析程序的规格说明，列出原因和结果，见表1-22。

奖学金等级测试

表1-22　奖学金等级测试的原因与结果

原因	结果
C1：学习成绩优秀	E1：甲等奖学金
C2：学习成绩良好	E2：乙等奖学金
C3：体育成绩优秀	E3：丙等奖学金
C4：体育成绩良好	

（2）画出因果图。找出原因与结果之间的因果关系、原因与原因之间的约束关系，可

以得到如图 1-13 所示的因果图。图中左边表示原因，右边表示结果，编号为 M1 的中间结点是导出结果的进一步原因，表示体育成绩优秀或者良好。

考虑到原因 C1 和 C2 不可能同时为 1，即学习成绩不可能既是优秀又是良好，在因果图上可对其施加 E 约束。体育成绩同样不可能既是优秀又是良好，对 C3 和 C4 施加 E 约束，这样便得到了具有约束的因果图，如图 1-13 所示。

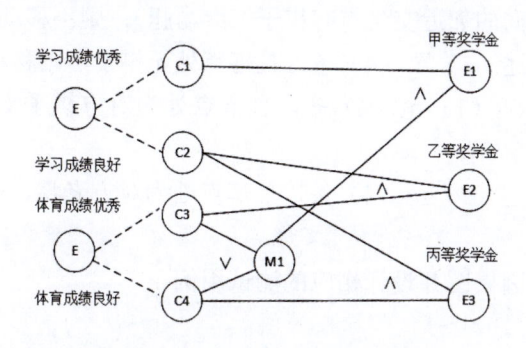

图 1-13 奖学金等级测试的因果图

（3）将因果图转换成决策表，见表 1-23。

表 1-23 奖学金等级测试的决策表

选项规则		1	2	3	4	5	6	7	8	9	10	11	12	13	14	15	16
条件	C1	1	1	1	1	1	1	1	1	0	0	0	0	0	0	0	0
	C2	1	1	1	1	0	0	0	0	1	1	1	1	0	0	0	0
	C3	1	1	0	0	1	1	0	0	1	1	0	0	1	1	0	0
	C4	1	0	1	0	1	0	1	0	1	0	1	0	1	0	1	0
中间结果	M1						1	1	1		1	1	1		0	0	0
	M2						1	1	0		1	1	0		1	1	0
动作	E1						1	1	0		0	0	0		0	0	0
	E2						0	0	0		1	0	0		0	0	0
	E3						0	0	0		0	1	0		0	0	0
不可能		✓	✓	✓	✓					✓				✓			
测试用例							Y	Y	Y		Y	Y	Y		Y	Y	

决策表中原因 C1 和 C2 同时为 1 是不可能的，C3 和 C4 同时为 1 也是不可能的，故不可能的情况有 7 种。在表 1-23 中标识了 8 个 Y，即设计 8 个测试用例就可以覆盖奖学金等级的测试。

【思考与练习】

理论题

使用因果图法设计测试用例的步骤是什么？

实训题

中国象棋问题。以中国象棋中马的走法为例，具体说明如下：

（1）如果落点在棋盘外，则不移动棋子。

（2）如果落点与起点不构成日字形，则不移动棋子。

（3）如果落点处有自己方棋子，则不移动棋子。

（4）如果在落点方向的邻近交叉点有棋子（绊马腿），则不移动棋子。

（5）如果不属于上述（1）至（4）条，且落点处无棋子，则移动棋子。

（6）如果不属于上述（1）至（4）条，且落点处为对方棋子（非老将），则移动棋子并除去对方棋子。

（7）如果不属于上述（1）至（4）条，且落点处为对方老将，则移动棋子，并提示战胜对方，游戏结束。

使用因果图法画出因果图并设计相应的测试用例。

任务1.5 场 景 法

任务描述

在开发软件项目时，常常会使用用例图来表示各个角色与系统的关系，用例是角色执行的操作，一系列的操作就构成了一个事件，事件触发时的情景便形成了场景，而同一事件不同的触发顺序和处理结果就形成了事件流。场景法就是根据不同事件流来设计测试用例。本任务的主要目标：能根据场景法对典型问题分析出事件流（基本流与备选流），并设计出具体的测试用例。同时，在学习场景法时要注意：

- 从用户视角思考问题：从用户的角度出发设计测试用例，以更好地满足用户需求。
- 充分考虑测试的实用性：测试用例要具有高度的实用性和针对性，能够直接反映软件在实际使用中的情况。

任务要求

用场景法为顾客在线购买商品的操作设计测试用例，如图1-14所示。

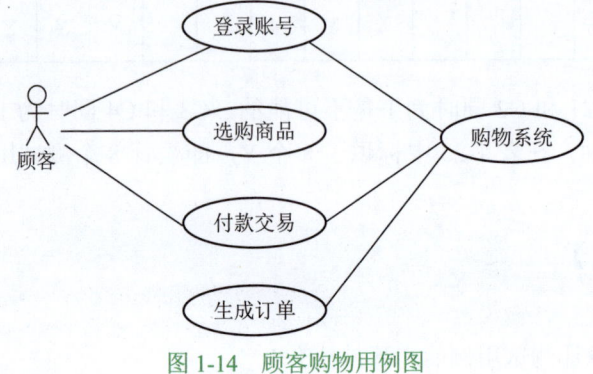

图1-14 顾客购物用例图

知识链接

1.5.1 场景法概述

用例场景用来描述流经用例的路径,从用例开始到结束遍历这条路径上所有的基本流和备选流。

1. 基本流和备选流

图 1-15 中经过用例的每条不同路径都反映了基本流和备选流,都用箭头来表示。基本流用直黑线来表示,是经过用例的最简单的路径。

图 1-15 基本流和备选流

每个备选流自基本流开始之后会在某个特定条件下执行。备选流的走线用不同的颜色表示。一个备选流可能从基本流开始,在某个特定条件下执行,然后重新加入基本流中(如备选流 1 和 3);也可能起源于另一个备选流(如备选流 2),或者终止用例而不再重新加入到某个流(如备选流 2 和备选流 4)。

2. 场景

遵循图 1-15 中每个经过用例的可能路径,可以确定不同的用例场景。从基本流开始,再将基本流和备选流结合起来,确定场景,如表 1-24 所列。

表 1-24 确定的场景

场景	路径
场景 1	基本流
场景 2	基本流、备选流 1
场景 3	基本流、备选流 1、备选流 2
场景 4	基本流、备选流 3
场景 5	基本流、备选流 3、备选流 1
场景 6	基本流、备选流 3、备选流 1、备选流 2

续表

场景	路径
场景 7	基本流、备选流 4
场景 8	基本流、备选流 3、备选流 4

注：为方便起见，场景 5、6 和 8 只描述了备选流 3 指示的循环执行一次的情况。

1.5.2 场景法的设计步骤

场景法的设计步骤如下：

（1）根据说明，描述出程序的基本流及各项备选流。

（2）根据基本流和各项备选流生成不同的场景。

（3）根据场景生成具体的场景矩阵。

（4）根据场景矩阵生成相应的测试用例。

（5）对生成的所有测试用例重新复审，去掉多余的测试用例，测试用例确定后，对每一个测试用例确定测试数据值。

任务实施

顾客购买商品流程测试

顾客在线购买商品流程测试步骤如下：

（1）基本流分析。本用例的开端是购物系统正常运行，接着开始执行如下的操作。

1）选购商品。顾客输入购物网站地址，浏览商品，将要购买的商品加入购物车。

2）验证账户。顾客用账户信息登录购物网站，购物系统验证顾客账号与密码，如果已经注册且账户信息正确则登录成功。

3）付款选项。付款选项可以选择微信、支付宝、云闪付、Apple Pay、银联卡等方式。

4）授权交易。购物系统通过将账户信息以及金额作为一笔交易发送给支付系统来启动验证过程。对于此事件流，支付系统需处于联机状态，而且对授权请求给予答复，批准完成付款过程。

5）交易信息。如果付款成功，支付系统会自动发送交易信息给顾客。

6）生成订单。交易成功后，购物系统自动生成订单，顾客可以查看订单的详细信息。

7）卖家发货。订单生成后，卖家发货给顾客。

8）买家收货。买家收货，确认订单，并对该笔交易作出评价。

9）用例结束。

（2）备选流分析。备选流的分析见表 1-25。

经过分析，可以还有网络瘫痪、停电、APP 闪退等意外情况的发生，推测备选流的描述见表 1-26。

表 1-25　备选流

备选流	描述
备选流 1：账户无效	在基本流步骤 2 中，顾客选购好商品，用账户登录，如果输入的账户无效，则只能重新输入账户
备选流 2：支付系统无效	在基本流步骤 4 中，如果授权的支付系统不支持，则只能重新进入步骤 3，选择另外的付款选项
备选流 3：支付密码输入错误	在基本流步骤 4 中，如果在支付的时候，忘记支付密码或者输入错误，只能返回到基本流步骤 3 中，重新选择付款选项，再次进行授权交易
备选流 4：支付账户金额不足	在基本流步骤 4 中，如果在支付的时候，顾客的支付账户余额不足，只能返回到基本流步骤 3 中，选择另外的付款选项，重新授权交易
备选流 5：达到每日最大的交易金额	在基本流步骤 4 中，如果在支付的时候，顾客已达到当日最大支付金额，则只能选择让其他人代付或者次日付款
备选流 6：无法生成订单	在基本流步骤 6 中，如果选购的商品刚好被其他人买走（如每年的"双 11"，大家都在抢购同一商品），则无法生成订单，应取消交易

表 1-26　推测的备选流

备选流	描述
备选流 x：网络瘫痪	在付款的时候，有可能会遇到网络拥堵的情况，比如"双 11"，长时间无法付款
备选流 y：停电	如果顾客在交易的时候用的是 PC 端，可能遇到停电的情况，无法完成交易
备选流 z：APP 闪退	顾客在使用 APP 交易的时候，有可能碰到 APP 闪退的情况，无法完成交易

（3）简化基本流与备选流。根据对基本流与备选流的分析，将其简化后如下所示。

基本流：

- 选购好商品。
- 账户正确性验证。
- 授权交易。
- 生成订单。
- 卖家发货。
- 买家收货。
- 交易结束。

备选流 1：账户无效。

备选流 2：支付系统无效。

备选流 3：支付密码输入错误。

备选流 4：支付账户金额不足。

备选流 5：达到每日最大的交易金额。

备选流 6：无法生成订单。

（4）生成场景。根据基本流与备选流生成场景，见表 1-27。

表 1-27　场景

场景	基本流	备选流
场景 1：成功的购物	基本流	
场景 2：账户无效	基本流	备选流 1
场景 3：支付系统无效	基本流	备选流 2
场景 4：支付密码输入错误	基本流	备选流 3
场景 5：支付账户金额不足	基本流	备选流 4
场景 6：达到每日最大的交易金额	基本流	备选流 5
场景 7：无法生成订单	基本流	备选流 6

（5）场景矩阵。根据场景生成场景矩阵，见表 1-28。

表 1-28　场景矩阵

用例 ID	场景 / 条件	登录账号	登录密码	付款金额	支付密码	账户金额	预期结果
TEST1	场景 1：成功的购物	V	V	V	V	V	成功的购物
TEST2	场景 2：账户无效	I	I	I	V	V	警告信息，用例结束
TEST3	场景 3：支付系统无效	V	V	V	I	V	警告信息，返回基本流步骤，重新选择付款选项
TEST4	场景 4：支付密码输入错误	V	V	V	I	V	警告信息，返回基本流步骤，重新选择付款选项
TEST5	场景 5：支付账户金额不足	V	V	V	V	I	警告信息，返回基本流步骤，重新选择付款选项
TEST6	场景 6：达到每日最大的交易金额	V	V	I	V	V	警告信息，用例结束
TEST7	场景 7：无法生成订单	V	V	I	V	V	警告信息，用例结束

注：V 表示有效（Valid）；I 表示无效（Invalid）。

在表 1-28 的矩阵中，测试用例 TEST1 称为正面测试用例。它一直沿着用例的基本流路径执行，未发生任何偏差。基本流的全面测试必须包括负面测试用例，以确保只有在符合条件的情况下才执行基本流。这些负面测试用例用 TEST2 ～ TEST7 表示。

（6）场景法步骤。假设登录的账号为 56573583@qq.com、密码为 Zxr12345 是正确的账户信息；支付密码为 212345 是正确的支付信息。根据场景矩阵设计的测试用例见表 1-29。

表 1-29 测试用例

用例 ID	场景/条件	登录账号	登录密码	付款金额	支付密码	账户金额	预期结果
TEST1	场景 1：成功的购物	56573583@qq.com	Zxr12345	500	212345	20000	成功的购物
TEST2	场景 2：账户无效	5573583@qq.com	123456			2000	警告信息，用例结束
TEST3	场景 3：支付系统无效	56573583@qq.com	Zxr12345	500		20000	警告信息，返回基本流步骤，重新选择付款选项
TEST4	场景 4：支付密码输入错误	56573583@qq.com	Zxr12345	500	221133	20000	警告信息，返回基本流步骤，重新选择付款选项
TEST5	场景 5：支付账户金额不足	56573583@qq.com	Zxr12345	500	212345	1000	警告信息，返回基本流步骤，重新选择付款选项
TEST6	场景 6：达到每日最大的交易金额	56573583@qq.com	Zxr12345	1000	212345	1000	警告信息，用例结束
TEST7	场景 7：无法生成订单	56573583@qq.com	Zxr12345	1000		20000	警告信息，用例结束

【思考与练习】

理论题

使用场景法设计测试用例的步骤是什么？

实训题

请用场景法为支付宝的操作设计测试用例，用例图如图 1-16 所示。

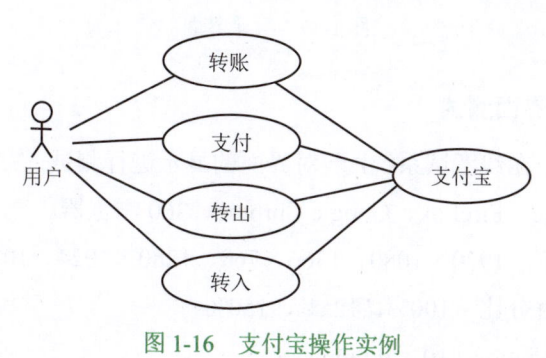

图 1-16 支付宝操作实例

任务 1.6　正交实验法

🔍 任务描述

正交实验法是从大量的试验数据中挑选适量的、有代表性的点,从而合理地安排测试。首先需要根据问题分析出因素数与水平数,选择对应的正交表,再将因素数与水平数映射到正交表,每一行即可设计成一个测试用例。本任务的主要目标:能根据正交实验法对典型问题设计出具体的测试用例。同时,在学习正交实验法时要注意:

- 充分考虑测试的高效性:通过减少测试用例的数量来提高测试效率。
- 考虑资源优化的重要性:需要合理选择测试因素和水平,以实现资源的优化配置。

📋 任务要求

1. 登录界面测试

登录界面如图 1-17 所示,测试的控件有 3 个:学工号/游客手机号、密码、验证码。利用正交实验法为其设计测试用例。

图 1-17　登录界面

2. 在线考试系统界面测试

某公司开发了一个在线考试系统,现对界面的显示进行测试,需要考虑到如下的因素:

(1)浏览器:Edge、FireFox、Google Chrome、360 浏览器。

(2)显示器分辨率:1920×1080、1366×768、1280×1024、1024×768。

(3)缩放与布局百分比:100%、125%、150%。

(4)操作系统:Windows 10、Windows 7。

利用正交实验法对界面的测试设计测试用例。

知识链接

1.6.1 正交实验法概述

正交实验法也称为正交实验设计法，是一种多快好省地安排和分析多因素试验的科学方法。它是应用正交性原理，从大量的试验中挑选适量的具有代表性、典型性的试验点，根据"正交表"来合理安排试验的一种科学方法。

正交实验法具有试验次数少、试验效率高、试验效果好及方法简单、使用方便、易于掌握等优点。

1. 正交实验法的常用术语

正交表记号 $L_x(m^y)$ 所表示的意思如下：字母 L 表示正交表；脚码 x 表示表中有 x 个横行，代表要试验的 x 个条件（即要作 x 次试验）；指数 y 表示表中有 y 个值列，每列可以考察一种因素，y 列最多可以考察 y 种因素；底数 m 表示每列中有 1,2,……,m 种数字，分别代表这列因素的状态 1，状态 2，……，状态 m。用这张表要求被考察的因素分为 m 种状态（水平）。

正交表是一个二维数字表格。用 L 表示正交表，其余术语如下：

- 行数（Rows）：正交表中行的个数，即试验的次数。
- 因子数（Factors）：正交表中列的个数。
- 水平数（Levels）：任何单个因素能够取得的值的最大个数。正交表中包含的值为从 0 到"水平数 -1"或从 1 到"水平数"。

例如：图 1-19 是一个 7 因素 2 水平 8 行的正交实验表。

2. 正交实验法的计算理论

行数为 mn 型的正交实验表中，试验次数（行数）= ∑ (每列水平数 -1)+1

例：7 个 2 水平因子：7×(2-1)+1=8，即 $L_8(2^7)$

5 个 3 水平因子及一个 2 水平因子，表示为 $3^5×2^1$，试验次数 = 5×(3-1)+1×(2-1)+1 = 12，即 $L_{12}(3^5×2^1)$。

查找正交实验表的网址如下：

（1）http://www.york.ac.uk/depts/maths/tables/orthogonal.htm。

（2）http://support.sas.com/techsup/technote/ts723_Designs.txt。

如打开网址（1），页面如图 1-18 所示，单击 L8，即可以查到对应的正交实验表，如图 1-19 所示。

3. 正交实验设计

正交实验法是研究多因素、多水平的一种设计方法，它是根据正交性从全面试验中挑选出部分有代表性的点进行试验，如图 1-20 所示。这些有代表性的点具备了"均匀分散""齐整可比"的特点，正交实验设计是一种基于正交表的，高效率、快速、经济的实验设计方法。

Orthogonal Arrays (Taguchi Designs)

- L4: Three two-level factors
- L8: Seven two-level factors
- L9 : Four three-level factors
- L12: Eleven two-level factors
- L16: Fifteen two-level factors
- L16b: Five four-level factors
- L18: One two-level and seven three-level factors
- L25: Six five-level factors
- L27: Thirteen three-level factors
- L32: Thirty-two two-level factors
- L32b: One two-level factor and nine four-level factors
- L36: Eleven two-level factors and twelve three-level factors
- L50: One two-level factors at 2 levels and eleven five-level factors
- L54: One two-level factor and twenty-five three-level factors
- L64: Thirty-one two-level factors
- L64b: Twenty-one four-level factors
- L81: Forty three-level factors
- A Library of Orthogonal Arrays by N J A Sloane
- Table of Taguchi Designs

图 1-18　查看正交实验表

Experiment Number	Column						
	1	2	3	4	5	6	7
1	1	1	1	1	1	1	1
2	1	1	1	2	2	2	2
3	1	2	2	1	1	2	2
4	1	2	2	2	2	1	1
5	2	1	2	1	2	1	2
6	2	1	2	2	1	2	1
7	2	2	1	1	2	2	1
8	2	2	1	2	1	1	2

图 1-19　$L_8(2^7)$ 正交实验表

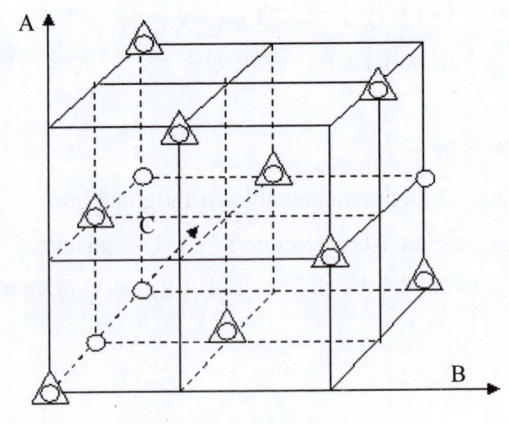

图 1-20　正交实验设计

根据图 1-20，选取具有代表性的点，构成 3 因素 3 水平的全面试验方案，见表 1-30。

表 1-30 3 因素 3 水平的全面试验方案

A 因素	B 因素	C1	C2	C3
A1	B1	A1B1C1	A1B1C2	A1B1C3
A1	B2	A1B2C1	A1B2C2	A1B2C3
A1	B3	A1B3C1	A1B3C2	A1B3C3
A2	B1	A2B1C1	A2B1C2	A2B1C3
A2	B2	A2B2C1	A2B2C2	A2B2C3
A2	B3	A2B3C1	A2B3C2	A2B3C3
A3	B1	A3B1C1	A3B1C2	A3B1C3
A3	B2	A3B2C1	A3B2C2	A3B2C3
A3	B3	A3B3C1	A3B3C2	A3B3C3

上述试验方案，保证了 A 因素的每个水平与 B 因素、C 因素的各个水平在试验中各搭配一次。对于 A、B、C 三个因素来说，是在 27 个全面试验点中选择 9 个试验点，仅是全面试验点的 1/3。

从图 1-20 中可以看到，9 个试验点在选优区中的分布是均衡的：在立方体的每个平面上都恰有 3 个试验点；在立方体的每条线上也恰有一个试验点。

9 个试验点均衡地分布于整个立方体内，有很强的代表性，能够比较全面地反映选优区内的基本情况。

1.6.2 正交实验法测试用例设计步骤

用正交表设计测试用例按照以下 4 个步骤进行。

1. 构造要因表

要因表的精确定义：与一个特定功能相关，由对该功能的结果有影响的所有因素及其状态值构造而成的一个表格。构成要因表需注意以下几点：

（1）一个要因表只与一个功能相关，多个功能需拆分成不同的要因表。这是因为"要因"与"功能"密切相关。不同功能具有不同的要因，某个因素对功能 F1 而言是要因，对于功能 F2 而言可能就不是要因。例如，在网上银行系统中，对于"登录"功能而言，"密码"是一个要因，但是对于"查询"功能而言，"密码"不是要因，因为在使用查询功能时，已经处于登录状态了。此外，要因的状态也是和功能密切相关的，即同一因素是不同功能的要因，其相应的状态可能也是不同的。例如，对于"登录"功能而言，"密码"要因的状态可以为正确密码或错误密码；对于"重置"功能而言，"密码"要因的状态可以为非空或空。因此在设计要因表时，应当一个功能设计一个要因表。

（2）要因指对功能输出有影响的所有因素。一个因素 C 是否为某一功能 F 的充要条件是"如果 C 发生变化，则 F 的结果也发生变化"。这个规则可以指导分析、判断某个功能的因子。因子通常从功能所对应的输入、前提条件等中提取。

(3)要因的状态值是指要因的可能取值。其划分采用等价类划分和边界值等方法,其中等价类包含有效等价类和无效等价类。

在对因子的状态进行划分后,应当将每个因子的状态分为两类:第一类状态的状态之间属于有效等价类关系,即每个状态代表了因子的一类取值,它们之间无重复,这类状态和其他因子之间一般存在较紧密的关联。第二类状态是所有第一类状态以外的状态,它们一般是因子的无效等价类状态或者边界值状态,边界值状态和无效等价类状态是第一类状态的补充。在对状态进行分类时,如果不清楚某一状态究竟该如何分类,可以将其归入第一类,这样做会导致用例数量增加,但不会造成用例遗漏。

对于第二类状态值,因为其为无效等价类或者是边界值类型,因而不考虑其组合的情形,只需要测试用例对其形成覆盖即可,主要用以验证功能模块的健壮性。具体方法:设计一个新的测试用例,使它仅覆盖一个尚未覆盖的第二类状态值,其余的因子选择第一类状态值。重复这一步骤,直到所有的第二类状态值均被测试用例所覆盖。

2. 选择一个合适的正交表

对于第一类状态值,利用正交实验法设计测试用例。

对于第一类状态值,因其全部是有效等价类,这类状态和其他因子之间一般存在着紧密的关联,不同组合间可能对应于不同的业务逻辑,因而测试用例最好能够覆盖各种组合形式。为了减少测试用例数量,同时保证覆盖率,采用正交实验法进行组合。这里需要注意的是,在选择正交表时不考虑要因表中第一类的状态只有一个因子的情况。根据其余的因子状态,选定合适的正交表,映射正交表得到有效测试用例。在选择正交表时,应当保证要因表因子数和状态数分别小于或等于所选正交表的因子数和水平数,同时正交表的行数最少。

3. 把变量的值映射到表中

要因表和待选正交表之间有以下两种可能。

(1)要因表因子数和状态数与待选正交表的因子数和水平数正好相等,这种情形下直接映射。

例如,要因表中有 3 个因素,每个因素有两个状态,选择正交表并映射,如图 1-21 所示。

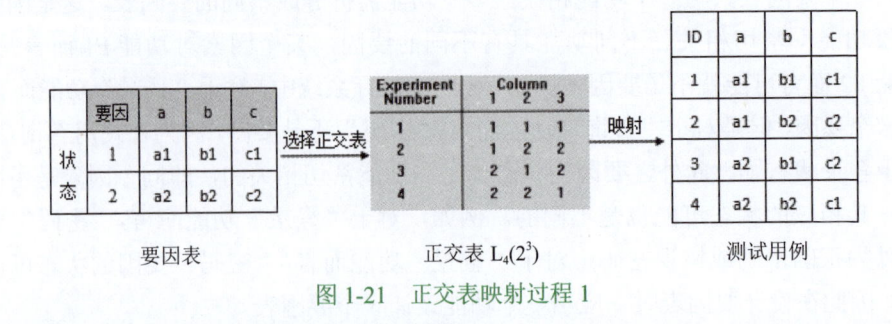

图 1-21 正交表映射过程 1

(2)要因表因子数小于待选正交表的因子数,这种情形下将待选正交表裁减,即去掉部分因子后再映射。

例如,要因表中有 5 个因素,每个因素有两个状态,选择正交表并映射,如图 1-22 所示。

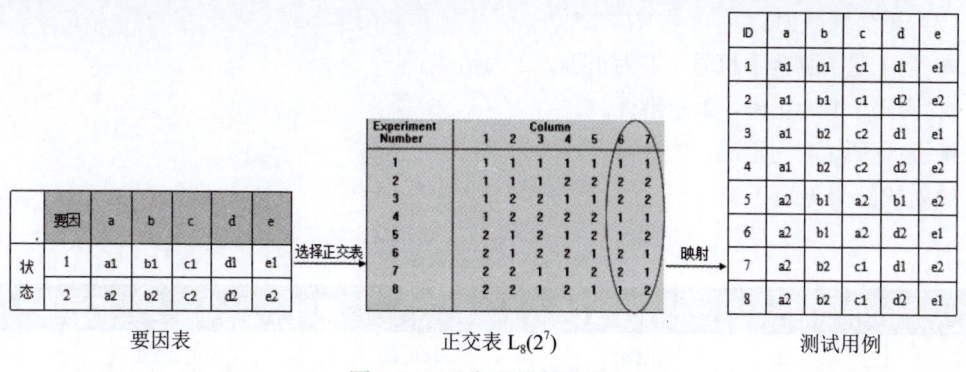

图 1-22　正交表映射过程 2

因为没有完全匹配的正交表，故将所选正交表中最后两列裁剪掉。

（3）要因表状态数小于待选正交表的水平数，这种情形下将待选正交表多出来的水平的位置用对应因子的水平值均匀分布。

4. 编写测试用例并补充测试用例

把每一行的各因素水平的组合作为一个测试用例，并补充认为可疑且没有在正交表中出现的组合所形成的测试用例。

任务实施

1. 登录界面测试

登录界面测试步骤如下所述。

（1）确定因素数与水平数。登录界面要测试的控件有 3 个，也就是要考虑的因素有 3 个：学工号／游客手机号、密码、验证码。每个因素里的状态有两个：正确与错误。

经过上述分析，有 3 个因素，每个因素有两个状态，即：

- 学工号／游客手机号：正确、错误。
- 密码：正确、错误。
- 验证码：正确、错误。

表中的因素数≥3，表中至少有 3 个因素的水平数≥2，行数取最少的一个，则选取 3 因素 2 水平，行数即为 3×(2-1)+1=4，即结果是 $L_4(2^3)$。查阅正交实验表网站，选择如图 1-23 所示的正交实验表。

图 1-23　3 因素 2 水平正交实验表

（2）正交表映射。
- 学工号/游客手机号：1为正确，2为错误。
- 密码：1为正确，2为错误。
- 验证码：1为正确，2为错误。

映射的结果见表1-31。

表1-31 正交表映射

因子数		学工号/游客手机号	密码	验证码
行数	1	正确	正确	正确
	2	正确	错误	错误
	3	错误	正确	错误
	4	错误	错误	正确

（3）设计测试用例。根据表1-31，设计的测试用例如下：
- 学工号/游客手机号正确、密码正确、验证码正确。
- 学工号/游客手机号正确、密码错误、验证码错误。
- 学工号/游客手机号错误、密码正确、验证码错误。
- 学工号/游客手机号错误、密码错误、验证码正确。

根据具体情况，增补一个测试用例：
- 学工号/游客手机号错误、密码错误、验证码错误。

从测试用例可以看出：如果按每个因素两个水平数来考虑的话，需要$2^3=8$个测试用例，而通过正交实验法进行的测试用例只有5个，大大减少了测试用例数。实现了用最小的测试用例集合去获取最大的测试覆盖率。

2. **在线考试系统界面测试**

- 浏览器：Edge、FireFox、Google Chrome、360浏览器。
- 显示器分辨率：1920×1080、1366×768、1280×1024、1024×768。
- 缩放与布局百分比：100%、125%、150%。
- 操作系统：Windows 10、Windows 7。

（1）确定因素数与水平数。根据分析，被测项目中一共有4个被测对象：浏览器、显示器分辨率、缩放与布局百分比、操作系统。每个被测对象的状态都不一样，确定是4因素4水平。

- 表中的因素数≥4。
- 表中至少有4个因素的水平数≥2。
- 行数取最少的一个。
- 最后选中正交表公式$L_{16}(4^5)$，见表1-32。

表 1-32 5 因素 4 水平正交实验表

ID	1	2	3	4	5
1	1	1	1	1	1
2	1	2	2	2	2
3	1	3	3	3	3
4	1	4	4	4	4
5	2	1	2	3	4
6	2	2	1	4	3
7	2	3	4	1	2
8	2	4	3	2	1
9	3	1	3	4	2
10	3	2	4	3	1
11	3	3	1	2	4
12	3	4	2	1	3
13	4	1	4	2	3
14	4	2	3	1	4
15	4	3	2	4	1
16	4	4	1	3	2

（2）正交表映射。

- 浏览器：Edge、FireFox、Google Chrome、360 浏览器。
- 显示器分辨率：1920×1080、1366×768、1280×1024、1024×768。
- 缩放与布局百分比：100%、125%、150%。
- 操作系统：Windows 10、Windows 7。

将每个因素的状态映射到表 1-32 的正交实验表中，打印出的正交表映射结果见表 1-33。

表 1-33 打印的正交表映射

ID	浏览器	显示器分辨率	缩放与布局百分比	操作系统	5
1	Edge	1920×1080	100%	Windows 10	1
2	Edge	1366×768	125%	Windows 7	2
3	Edge	1280×1024	150%	3	3
4	Edge	1024×768	4	4	4
5	FireFox	1920×1080	125%	3	4
6	FireFox	1366×768	100%	4	3
7	FireFox	1280×1024	4	Windows 10	2
8	FireFox	1024×768	150%	Windows 7	1

续表

ID	浏览器	显示器分辨率	缩放与布局百分比	操作系统	5
9	Google Chrome	1920×1080	150%	4	2
10	Google Chrome	1366×768	4	3	1
11	Google Chrome	1280×1024	100%	Windows 7	4
12	Google Chrome	1024×768	125%	Windows 10	3
13	360 浏览器	1920×1080	4	Windows 7	3
14	360 浏览器	1366×768	150%	Windows 10	4
15	360 浏览器	1280×1024	125%	4	1
16	360 浏览器	1024×768	100%	3	2

根据观察发现，第 5 列没有意义，直接去掉；缩放与布局百分比一列 4 没有值，可以均匀地将 150%、125% 与 100% 三个值将其填充满；操作系统一列 3 和 4 没有值，可以将 Windows 7 和 Windows 10 均匀地分布在这两个值上。得到的最终结果见表 1-34。

表 1-34　打印的最终正交表映射

ID	浏览器	显示器分辨率	缩放与布局百分比	操作系统
1	Edge	1920×1080	100%	Windows 10
2	Edge	1366×768	125%	Windows 7
3	Edge	1280×1024	150%	Windows 10
4	Edge	1024×768	100%	Windows 7
5	FireFox	1920×1080	125%	Windows 10
6	FireFox	1366×768	100%	Windows 7
7	FireFox	1280×1024	125%	Windows 10
8	FireFox	1024×768	150%	Windows 7
9	Google Chrome	1920×1080	150%	Windows 7
10	Google Chrome	1366×768	150%	Windows 10
11	Google Chrome	1280×1024	100%	Windows 7
12	Google Chrome	1024×768	125%	Windows 10
13	360 浏览器	1920×1080	100%	Windows 7
14	360 浏览器	1366×768	150%	Windows 7
15	360 浏览器	1280×1024	125%	Windows 7
16	360 浏览器	1024×768	100%	Windows 10

（3）设计测试用例。根据表 1-34 所列内容可以设计 16 个测试用例。表 1-35 给出了测试用例 1，表 1-36 给出了测试用例 2，可以依次按照表中的方法设计余下的 14 个测试用例。

表 1-35　在线考试系统界面测试用例 1

测试用例编号	OnlineTest_UI_001
测试项目	在线考试系统的界面显示测试
测试标题	界面正确性验证（设置固定的分辨率、缩放与布局百分比、操作系统与浏览器）
重要级别	中
预置条件	在线考试系统能正常打开
输入	分辨率为 1920×1080，缩放与布局百分比为 100%
操作步骤	1. 当前的操作系统是 Windows 10 2. 用浏览器打开在线考试系统界面 3. 设置显示分辨率为 1920×1080 4. 设置缩放与布局百分比为 100% 5. 观察界面的显示情况
预期输出	界面显示正确，并能正常地操作，用户体验好

表 1-36　在线考试系统界面测试用例 2

测试用例编号	OnlineTest_UI_002
测试项目	在线考试系统的界面显示测试
测试标题	界面正确性验证（设置固定的分辨率、缩放与布局百分比、操作系统与浏览器）
重要级别	中
预置条件	在线考试系统能正常打开
输入	分辨率为 1366×768，缩放与布局百分比为 125%
操作步骤	1. 当前的操作系统是 Windows 7 2. 用浏览器打开在线考试系统界面 3. 设置显示分辨率为 1366×768 4. 设置缩放与布局百分比为 125% 5. 观察界面的显示情况
预期输出	界面显示正确，并能正常地操作，用户体验好

【思考与练习】

理论题

1．利用正交法设计测试用例的步骤是什么？
2．正交实验法的特点是什么？

实训题

支付宝转账操作
（1）己方账号：支付宝账号、借记卡账号。
（2）对方账号：同行账号、外行账号、支付宝账号。
（3）转账金额（元）：5000、255.5、0、1。

（4）账户余额：大于转账金额、等于转账金额、小于转账金额。
采用正交实验法设计测试用例。

任务 1.7　综合测试策略

任务描述

每种黑盒测试方法都有其各自的特点，在实际测试中，往往是综合使用各种方法才能有效地提高测试效率和测试覆盖率。同时，在综合应用测试策略时要注意：
- 充分考虑有效性：合理地选择黑盒测试方法，并有针对性地对软件项目进行测试。
- 具备合理推理能力：根据直觉经验，设计适量的测试用例，找出软件潜在的缺陷。

任务要求

新增供应商界面如图 1-24 所示，利用黑盒测试的综合策略，对整个界面的功能设计测试用例。

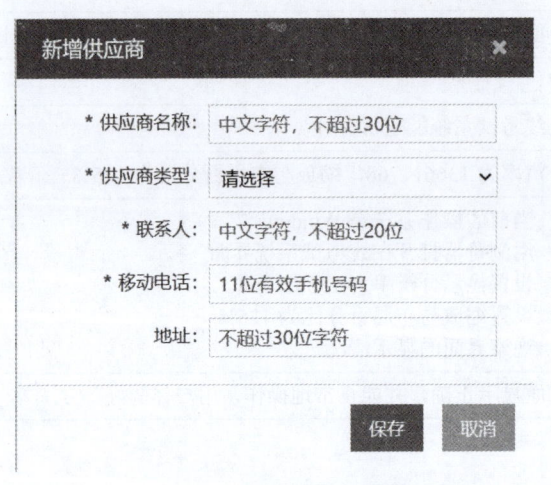

图 1-24　新增供应商界面

知识链接

1.7.1　其他测试方法

1. 特殊值测试

特殊值测试是最直观、运用最广泛的一种测试方法。当测试人员应用其专业领域知识的测试经验开发测试用例时，常常使用特殊值测试。特殊值测试不使用测试策略，只根据"最佳工程判断"设计测试用例。因此，特殊值测试特别依赖测试人员的经验和能力。

特殊值测试非常有用。例如为 NextDate 函数定义特殊值测试用例，多个测试用例可能会涉及 2 月 28 日、2 月 29 日和闰年等特殊情况。尽管特殊值测试具有高度的主观性，特别依赖测试人员的经验能力，但是生成的测试用例集合具有更高的测试效率，更能有效地发现软件错误。

2. 错误推测法

错误推测法是基于经验和直觉推测程序中所有可能存在的各种错误，从而有针对性地设计测试用例的一种方法。

错误推测方法的基本思想是列举出程序中所有可能存在的错误和容易发生错误的特殊情况，根据推测的情况选择测试用例。例如：在单元测试时曾列出的许多在模块中常见的错误、以前产品测试中曾经发现的错误等，这些就是经验的总结。

还有输入数据和输出数据为 0、输入表格为空格或输入表格只有一行等，这些都是容易发生错误的情况，可选择这些情况下的例子作为测试用例。

1.7.2 测试方法的选择

通常，在确定测试方法时，应遵循以下原则：
- 根据程序的重要性和一旦发生故障将造成的损失来确定测试等级和测试重点。
- 认真选择测试策略，以便尽可能少地使用测试用例，发现尽可能多的程序错误。因为一次完整的软件测试过后，如果程序中遗留的错误过多并且严重，则表明该次测试是不足的，而测试不足则意味着让用户承担潜在错误带来的风险，但测试过度又会造成资源的浪费。因此，测试需要找到一个平衡点。
- 每种类型的软件都有各自的特点，每种测试用例设计的方法也有各自的特点。测试用例的设计方法不是单独存在的，具体到每个测试项目都会用到多种方法。在实际测试中，往往是综合使用各种方法才能有效地提高测试效率和测试覆盖率，这就需要认真掌握这些方法的原理，积累更多的测试经验，以便有效地提高测试水平。

图 1-25 给出了 6 种测试方法的测试用例数量与设计测试用例工作量的曲线图。

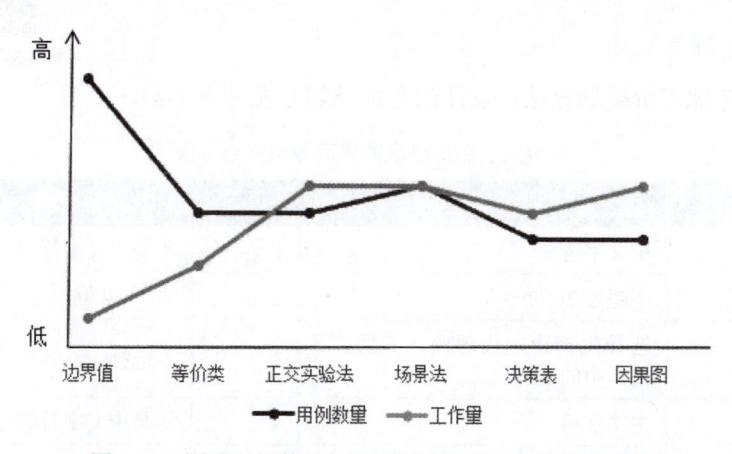

图 1-25　测试用例数量与设计测试用例工作量的曲线图

边界值分析测试方法不考虑数据或逻辑依赖关系，它机械地根据各边界生成测试用例，故生成的测试用例最多；等价类划分测试方法则关注数据依赖关系和函数本身，需要借助于判断和技巧，考虑如何划分等价类，随后也是机械地从等价类中选取测试输入，生成测试用例；决策表技术最精细，它要求测试人员既要考虑数据，又要考虑逻辑依赖关系；因果图比决策表要复杂一些，需先画出因果图；场景法需要根据各种不同的情况设计场景再设计测试用例；正交实验法需要先分析因素数与水平数，选择正交表，然后再设计测试用例。

边界值分析测试方法使用简单，但会生成大量的测试用例，机器执行时间很长。如果将精力投入到更精细的测试方法，如决策表方法，则虽然测试用例生成花费了大量的时间，但生成的测试用例数少，机器执行时间短，这一点很重要，因为一般测试用例都要执行多次。研究测试方法的目的就是在开发测试工作量和测试用例执行工作量之间作一个令人满意的折中。

通常在确定测试策略时，有以下几条参考原则：

（1）进行等价类划分，包括输入条件和输出条件的等价类划分，将无限测试变成有限测试，这是减少工作量和提高测试效率最有效的方法。

（2）在任何情况下都必须使用边界值法。经验表明，用这种方法设计出的测试用例发现程序错误的能力最强。

（3）可以用错误推测法追加一些测试用例，这需要测试工程师的智慧和经验。

（4）对照程序逻辑，检查已经设计出的测试用例的逻辑覆盖程度，如果没有达到要求的覆盖标准，应当再补充足够的测试用例。

（5）如果程序的功能说明中含有输入条件的组合情况，则一开始就可以选用因果图法和决策表法。

（6）对于参数配置类的软件，要用正交实验法选择较少的组合方式达到最佳效果。

（7）如果在测试时有各种类型的情况发生，就要考虑场景法。

任务实施

新增供应商界面测试

（1）首先考虑等价类划分法，设计的等价类划分表见表 1-37。

表 1-37 新增供应商界面等价类划分表

输入数据	有效等价类	编号	无效等价类	编号
供应商名称	中文字符	1	不是中文字符	9
	不超过 30 位	2	大于 30 位	10
供应商类型	选择生产商、代理商、零售、其他其中的一种	3	不选择	11
联系人	中文字符	4	不是中文字符	12
	不超过 20 位	5	大于 20 位	13

续表

输入数据	有效等价类	编号	无效等价类	编号
移动电话	11 位	6	不是 11 位	14
	数字	7	非数字	15
地址	不超过 30 位	8	大于 30 位	16

（2）根据边界值法确定边界。

供应商名称输入的边界 0 位、1 位、29 位、30 位、31 位。

联系人输入的边界 0 位、1 位、19 位、20 位、21 位。

移动电话输入的边界 0 位、1 位、10 位、11 位、12 位。

地址输入的边界 0 位、1 位、29 位、30 位、31 位。

（3）根据错误猜测法推测。所有都不输入数据时按"保存"按钮。

（4）界面当中的按钮测试。"取消"按钮测试，"保存"按钮测试，"×"按钮测试。

根据以上 4 步，写出测试用例，见表 1-38。

表 1-38　新增供应商界面测试用例

用例编号	测试标题	输入数据	预期输出
1	输入全部正确信息，进行新增操作，地址正确（包含汉字、字母、数字、字符），进行新增	1．供应商名称：6 个字长；中文，不重复 2．供应商类型：生产商 3．联系人：王先生 4．移动电话：15125253654 5．地址：北京市海淀区	保存成功，新增供应商弹框关闭
2	供应商名称不正确（未输入），进行新增	1．供应商名称： 2．供应商类型：生产商 3．联系人：王先生 4．移动电话：15125253654 5．地址：北京市海淀区	提示：请填写供应商名称
3	供应商名称不正确（字数不正确，超过 30 个字），进行新增	1．供应商名称：31 个字长；中文，不重复 2．供应商类型：生产商 3．联系人：王先生 4．移动电话：15125253654 5．地址：北京市海淀区	提示：供应商名称长度不正确
4	供应商名称不正确（名称包含字母），进行新增	1．供应商名称：供应商 abcd 2．供应商类型：生产商 3．联系人：王先生 4．移动电话：15125253654 5．地址：北京市海淀区	提示：供应商名称错误
5	供应商名称不正确（名称包含数字），进行新增	1．供应商名称：供应商 1234 2．供应商类型：生产商 3．联系人：王先生 4．移动电话：15125253654 5．地址：北京市海淀区	提示：供应商名称错误

续表

用例编号	测试标题	输入数据	预期输出
6	供应商名称不正确（名称包含符号），进行新增	1. 供应商名称：供应商 &% ￥ 2. 供应商类型：生产商 3. 联系人：王先生 4. 移动电话：15125253654 5. 地址：北京市海淀区	提示：供应商名称错误
7	供应商名称不正确（重复），进行新增	1. 供应商名称：6 个字长；中文，同已有供应商名称重复 2. 供应商类型：生产商 3. 联系人：王先生 4. 移动电话：15125253654 5. 地址：北京市海淀区	提示：供应商名称重复
8	供应商类型未选择，进行新增	1. 供应商名称：1 个字长；中文，同已有供应商名称不重复 2. 供应商类型：请选择 3. 联系人：王先生 4. 移动电话：15125253654 5. 地址：北京市海淀区	提示：选择供应商类型
9	联系人不正确（未输入），进行新增	1. 供应商名称：6 个字长；中文，同已有供应商名称不重复 2. 供应商类型：生产商 3. 联系人： 4. 移动电话：15125253654 5. 地址：北京市海淀区	提示：联系人未填写
10	联系人不正确（字数不正确，超过 20 字），进行新增	1. 供应商名称：6 个字长；中文，同已有供应商名称不重复 2. 供应商类型：生产商 3. 联系人：21 个字；中文 4. 移动电话：15125253654 5. 地址：北京市海淀区	提示：联系人长度不正确
11	联系人不正确（包含字母），进行新增	1. 供应商名称：6 个字长；中文，同已有供应商名称不重复 2. 供应商类型：生产商 3. 联系人：联系人 abc 4. 移动电话：15125253654 5. 地址：北京市海淀区	提示：联系人错误
12	联系人不正确（包含数字），进行新增	1. 供应商名称：6 个字长；中文，同已有供应商名称不重复 2. 供应商类型：生产商 3. 联系人：联系人 123 4. 移动电话：15125253654 5. 地址：北京市海淀区	提示：联系人错误

续表

用例编号	测试标题	输入数据	预期输出
13	联系人不正确（包含符号），进行新增	1. 供应商名称：6个字长；中文，同已有供应商名称不重复 2. 供应商类型：生产商 3. 联系人：联系人！@# 4. 移动电话：15125253654 5. 地址：北京市海淀区	提示：联系人错误
14	移动电话不正确（未输入），进行新增	1. 供应商名称：6个字长；中文，同已有供应商名称不重复 2. 供应商类型：生产商 3. 联系人：王先生 4. 移动电话： 5. 地址：北京市海淀区	提示：移动电话为空
15	手机号位数是否为11位（大于11位）	1. 供应商名称：6个字长；中文，同已有供应商名称不重复 2. 供应商类型：生产商 3. 联系人：王先生 4. 移动电话：123456789123123 5. 地址：北京市海淀区	提示：移动电话不能大于11位
16	手机号位数是否为11位（小于11位）	1. 供应商名称：6个字长；中文，同已有供应商名称不重复 2. 供应商类型：生产商 3. 联系人：王先生 4. 移动电话：123 5. 地址：北京市海淀区	提示：移动电话不能小于11位
17	手机号位数是否为11位（等于11位但是不是以1开头的）	1. 供应商名称：6个字长；中文，同已有供应商名称不重复 2. 供应商类型：生产商 3. 联系人：王先生 4. 移动电话：41234567891 5. 地址：北京市海淀区	提示：移动电话起始应为1
18	手机号格式错误（包含文字），进行新增	1. 供应商名称：6个字长；中文，同已有供应商名称不重复 2. 供应商类型：生产商 3. 联系人：王先生 4. 移动电话：123322222 萨达 5. 地址：北京市海淀区	提示：移动电话不正确
19	手机号格式错误（包含符号），进行新增	1. 供应商名称：6个字长；中文，同已有供应商名称不重复 2. 供应商类型：生产商 3. 联系人：王先生 4. 移动电话：12332222！@# 5. 地址：北京市海淀区	提示：移动电话不正确

续表

用例编号	测试标题	输入数据	预期输出
20	手机号格式错误（包含字母），进行新增	1. 供应商名称：6个字长；中文，同已有供应商名称不重复 2. 供应商类型：生产商 3. 联系人：王先生 4. 移动电话：12332222shx 5. 地址：北京市海淀区	提示：移动电话不正确
21	地址为空，进行新增	1. 供应商名称：6个字长；中文，同已有供应商名称不重复 2. 供应商类型：代理商 3. 联系人：王先生 4. 移动电话：15125253654 5. 地址：	提示：地址为空
22	地址不正确（字数不正确，超过30个字），进行新增	1. 供应商名称：6个字长；中文，同已有供应商名称不重复 2. 供应商类型：生产商 3. 联系人：王先生 4. 移动电话：15125253654 5. 地址：输入31字	提示：地址长度不正确
23	不输入任何信息，进行新增	1. 供应商名称： 2. 供应商类型： 3. 联系人： 4. 移动电话： 5. 地址：	提示：请填写供应商名称
24	取消新增供应商	无	新增供应商弹框关闭，未新增成功
25	关闭新增供应商	无	新增供应商弹框关闭，未新增成功

【思考与练习】

理论题

黑盒测试方法选择的基本策略是什么？

实训题

资产借用登记测试

图1-26所示是资产管理系统资产借用登记界面，文字描述如下，请根据黑盒测试的综合测试策略设计测试用例。（注意，必填项使用红色星号"*"标注）

- 资产名称：必填项，默认为"请选择"，在下拉列表中进行选择（只能选择借出状态为"未借出"并且报废状态为"未报废"的资产）。
- 资产编码：默认为空，选择合适的资产名称后，由系统自动获取相应的资产编码。
- 使用人：必填项，默认为"请选择"，在下拉列表中进行选择（取自人员字典）。

- 所属部门：默认为空，选择使用人后，由系统自动获取相应的所属部门。
- 借用时间：必填项，为日历控件，时间默认为"今天"，可选择"今天以前""今天"或"今天以后"。
- 借用原因：必填项，默认为空，字符长度限制在200个字（含）以内。
- 单击"提交"按钮，保存当前登记信息，系统自动生成资产借用单号（生成规则："JY"＋时间戳）；同时返回至列表页，在列表页新增一条记录，状态为"已借出"，操作栏显示"归还"按钮
- 单击"取消"按钮，不保存当前登记内容，返回至列表页。

图 1-26　资产借用登记界面

项目 2　测试项目管理

项目导读

对一个软件项目的测试，一是要理解《软件需求分析说明书》；二是编写一个好的测试方案，合理地给团队成员分配任务，分析需要测试的项目的功能点；三是要选择合适的黑盒测试方法，对测试的内容写出覆盖率较高的测试用例；四是对测试出来的Bug（缺陷）要编写缺陷报告提交给开发人员；最后要对软件项目的测试过程以及结果进行分析总结，写出功能测试总结报告。软件测试项目的主要流程：理解与分析《软件需求分析说明书》→编写功能测试方案→测试用例设计→执行测试→分析测试结果。

教学目标

知识目标：
- 理解分析《软件需求分析说明书》。
- 掌握测试用例的设计方法。
- 掌握缺陷的提交与管理方法。

技能目标：
- 能根据软件项目的需求设计测试方案。
- 能利用学习的黑盒测试方法设计测试用例。
- 能充分地执行测试用例并找出潜在的缺陷。
- 能根据软件缺陷的情况编写总结报告。
- 能利用禅道管理工具管理软件开发项目。

素质目标：
- 建立项目管理中的团队协作意识。
- 要意识到团队协作中沟通的重要性。

任务 2.1　理解与分析《软件需求分析说明书》

任务描述

《软件需求分析说明书》是用户和软件开发人员达成的技术协议书,是程序员着手进行程序设计工作的基础和依据,系统开发完成以后,为产品的验收提供了依据。软件测试工程师根据《软件需求分析说明书》对软件系统进行测试,对于未能达到说明书中要求的界面、功能以 Bug 形式提交给开发人员进行完善。因此,充分理解《软件需求分析说明书》对于测试人员来说非常重要,对于保证软件系统的质量有很大的作用。

在理解与分析《软件需求分析说明书》时要注意:

- 具备用户至上的意识:认识到《软件需求分析说明书》是用户与开发团队之间的桥梁,理解用户需求是确保软件成功的关键。
- 意识到沟通的重要性:在需求分析过程中,开发团队与用户之间的有效沟通是理解用户需求的必要条件。

任务要求

理解与分析资产管理系统的需求分析说明书。

知识链接

2.1.1　软件测试与软件工程的关系

1. 软件工程的定义

在北大西洋公约组织(NATO)会议上,软件工程被定义为:"为了经济地获得可靠的和能在实际机器上高效运行的软件,而建立和使用的健全的工程原则。"

软件工程学是将计算机科学理论与现代工程方法论相结合,围绕软件生产过程自动化和软件产品质量保证,展开对软件生产方式、生产管理、开发方法、生产工具系统和产品质量保证的系统研究。

2. 软件测试

软件测试就是在软件投入运行前,对软件需求分析、设计规格说明和编码实现的最终审查,它是软件质量保证的关键步骤。软件测试是指为了发现程序的错误而执行程序的过程。要发现程序的错误就必须根据一定的原则和方法设计测试用例,执行测试用例,进而找到缺陷,提交给开发人员进行修复。

3. 软件测试与软件工程的关系

软件开发过程是一个自顶向下、逐步细化的过程,而测试过程则是以相反的顺序安排的，是自底向上、逐步集成的过程，低一级测试为上一级测试准备条件。首先对每一个程序模块进行单元测试，消除程序模块内部在逻辑上和功能上的错误和缺陷，再对照软件设计说明进行集成测试，检测和排除子系统（或系统）结构上的错误，随后再对照需求进行确认测试，最后从系统整体出发，运行系统，检查其功能是否满足要求。一般来说，软件测试与软件开发各阶段的关系如图2-1所示（图中虚线表示逆向过程）。

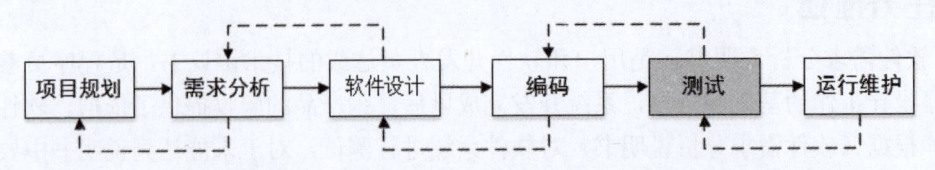

图2-1 软件测试与软件开发各阶段的关系

（1）项目规划阶段。确定待开发软件系统的总体目标，对其进行可行性分析并对资源分配、进度安排等做出合理的计划。

（2）需求分析阶段。确定待开发软件系统的功能、性能、数据、界面等要求，从而确定系统的逻辑模型。

（3）软件设计阶段。软件设计是软件工程的技术核心。软件设计可分为概要设计和详细设计。概要设计的任务是进行模块分解，确定软件的结构、模块的功能和模块间的接口以及全局数据结构的设计；详细设计的任务是设计每个模块的实现细节和局部数据结构。

（4）编码阶段。编码阶段由开发人员进行自己负责部分的代码编写。当项目较大时，由专人进行编码阶段的测试任务。

（5）测试阶段（单元、集成、系统测试等）。测试阶段依据测试代码进行测试，并提交测试状态报告和测试结果报告。在软件的需求得到确认并通过评审后，概要设计和测试计划制订就要并行进行。如果系统模块已经建立，对各个模块的详细设计、编码单元测试等工作可并行。待每个模块建立完成后，可以进行集成测试、系统测试等。

（6）运行维护阶段。已交付的软件在投入使用之后，可能由于多方面的原因（如环境的变化、功能的增加或者运行中出现的缺陷等）要进行修改。

软件测试与软件开发的关系可以用W模型来表示，如图2-2所示。从图中可以看出，测试伴随着整个软件的开发周期，而且测试的对象不仅仅是程序，需求、功能和设计同样要进行测试，测试与开发是同步进行的，这样有利于尽早地发现问题。

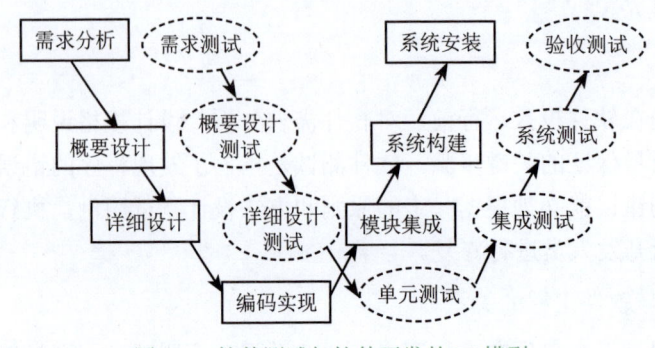

图2-2 软件测试与软件开发的W模型

2.1.2 软件测试阶段

（1）单元测试。单元测试是对软件中的基本组成单位进行的测试，如一个模块、一个进程等。它是软件动态测试的最基本的部分，也是最重要的部分之一，其目的是检验软件基本组成单元的正确性。因为单元测试需要知道内部程序设计和编码的细节知识，一般应由程序员而非测试员来完成，往往需要开发测试驱动模块和桩模块来辅助完成单元测试。因此，应用系统有一个设计很好的体系结构就显得尤为重要。

一个软件单元的正确性是相对于该单元的规约而言的。因此，单元测试以被测试单位的规约为基准。单元测试的主要方法有控制流测试、数据流测试、排错测试及分域测试等。

（2）集成测试。集成测试是在软件系统集成过程中所进行的测试，其主要目的是检查软件单元之间的接口是否正确。它根据集成测试计划，一边将模块或其他软件单位组合成越来越大的系统，一边运行该系统，以分析所组成的系统是否正确，各组成部分是否合拍。集成测试的策略主要有自顶向下和自底向上两种。

（3）系统测试。系统测试是对已经集成好的软件系统进行彻底的测试，以验证软件系统的正确性及性能等是否满足其规约所指定的要求，检查软件的行为和输出是否正确并非一项简单的任务，它被称为测试的"先知者问题"。因此，系统测试应该按照测试计划进行，其输入、输出和其他动态运行行为应该与软件规约进行对比。软件的系统测试方法很多，主要有功能测试、性能测试和随机测试等。

（4）验收测试。验收测试旨在向软件的购买者展示该软件系统满足其用户的需求。它的测试数据通常是系统测试的测试数据的子集，所不同的是，验收测试常常有软件系统的购买者代表在现场，甚至是在软件安装使用的现场。这也是软件在投入使用之前的最后一项测试。

2.1.3 软件测试流程

1. 需求分析阶段

测试人员在需求分析阶段开始介入，与开发人员一起了解项目的需求，站在用户的角度确定重点测试方向，包括分析测试需求文档，这个阶段要用到黑盒测试方法。

一般而言，需求分析包括软件功能需求分析、测试环境需求分析和测试资源需求分析等。其中，最基本的是软件功能需求分析，比如，采购服务系统需了解采购服务的流程。

2. 制订测试方案

测试人员首先对软件功能需求进行分析，最终定义一个测试集合，通过刻画和定义测试发现需求中的问题，然后根据软件需求同测试主管共同制订"测试方案"。

测试方案是一个关键的管理功能，它定义了各个级别的测试所使用的方法、测试环境、测试通过或失败准则等内容。测试方案的目的是为有效地完成测试提供一个基础。

3. 测试设计

按计划划分需要测试的子系统，设计测试用例及开发必要的测试驱动程序，同时准备测试工具：使用购买的商业工具或者自己部门设计的工具，准备测试数据及期望的输出结果。

其中最主要的工作是测试功能点的选取与测试用例的编写两方面。一份好的测试用例对测试有很好的指导作用，能够发现软件存在的许多问题。

不同软件测试的功能点选取不同，比如对于一个学生成绩管理系统来说，应该重点测试学生成绩录入、学生成绩查询等方面；对于一个财务管理系统而言，应该重点测试财务流程；对于一个采购服务系统来说，应该重点测试采购流程，然后针对选取的功能点按照一定的方法进行测试用例的设计。

4. 执行测试

执行测试需要做的工作包括搭建测试环境、运行测试、记录测试结果、报告软件缺陷、跟踪软件缺陷以及分析测试结果，必要时进行回归测试。

从测试的角度而言，执行测试包括一个量和度的问题，也就是测试范围和测试程度的问题。比如，一个版本需要测试哪些方面？每个方面要测试到什么程度？

从管理的角度而言，在有限的时间内，在人员有限甚至短缺的情况下，要考虑如何分工，如何合理地利用资源来开展测试。

5. 测试分析报告

每个版本有每个版本的测试总结，每个阶段有每个阶段的测试总结。当项目完成提交给用户后，一般要对整个项目进行回顾总结，看有哪些做得不足的地方，有哪些经验可以对今后的测试工作起借鉴作用等。

以上流程中各个环节并未包含软件测试过程的全部，如，根据实际情况还可以实施一些测试计划评审、用例评审、测试培训等。在软件正式发行后，当遇到一些严重问题时，还需要进行一些后续的维护测试等。

以上环节并不是独立没联系的，实际工作千变万化，各个环节有一些交织、重叠在所难免，比如编写测试用例的同时就可以进行测试环境的搭建工作，也可能由于一些需求不清楚而重新进行需求分析等，所以在实际工作测试过程中也要具体问题具体分析、具体解决。

2.1.4 《软件需求分析说明书》目录结构

需求分析说明书常见的目录结构如下，也可以根据实际情况添加其他的内容。

1 引言
  1.1 编写目的
  1.2 项目背景
  1.3 名词和定义、首字母缩写词和缩略语
  1.4 参考资料
2 项目概述
  2.1 建设目标
  2.2 技术要求
3 平台、角色和权限
4 功能模块需求
  4.1 模块 1

  4.1.1 业务描述

  4.1.2 需求描述

  4.1.3 行为人

  4.1.4 UI 界面

  4.1.5 业务规则

 4.2 模块 2

  4.2.1 业务描述

  4.2.2 需求描述

  4.2.3 行为人

  4.2.4 UI 界面

  4.2.5 业务规则

任务实施

资产管理系统需求分析说明书

理解需求分析说明书

以下是资产管理系统需求分析说明书中与登录和个人信息管理两个模块相关的说明。

****

1 引言

 1.1 编写目的

本文档将列举实现资产管理系统所需要的全部功能，并对每个功能给出简单的描述。

本文档的预期读者包括：最终用户、项目负责人、评审人员、产品人员、软件设计开发人员及测试人员。

 1.2 项目背景

随着信息化时代的到来，通过计算机软件实现资产的电子化管理，提高资产管理软件的准确性、便捷查询和易于维护，进而提高工作效率，是每一个企业面临的挑战和需求。

 1.3 名词和定义、首字母缩写词和缩略语

名词/缩略语的定义见表 2-1。

表 2-1 名词 / 缩略语的定义

名词 / 缩略语	解 释
ID	唯一标识码
UI	软件的人机交互界面

 1.4 参考资料

无。

2 项目概述

 2.1 建设目标

本项目的目标是建立符合一般企业实际管理需求的资产管理系统，对企业的资产信息进行精确的维护和有效服务，从而减轻资产管理部门从事低层次信息处理和分析的负担，

解放管理员的"双手和大脑",提高工作质量和效率。

2.2 技术要求

本项目软件系统平台将达到主流 Web 应用软件的水平。

(1)功能方面:满足业务逻辑各功能需求的要求。

(2)易用性方面:通过使用主流的浏览器/服务器架构,保证用户使用本系统的易用性良好。

(3)兼容性方面:通过系统设计以及兼容性框架设计,满足对主流浏览器兼容的要求。

(4)安全性方面:系统对敏感信息(例如用户密码)进行相关加密。

(5)UI 界面方面:界面简洁明快,用户体验良好,提示友好,必要的变动操作有"确认"环节等。

3 平台、角色和权限

B/S 资产管理系统包含超级管理员和资产管理员两个角色。超级管理员主要维护一些通用的字典;资产管理员维护部门、人员信息,并进行资产的日常管理,资产管理系统的角色名称、模块菜单及功能见表 2-2。

表 2-2 资产管理系统的角色名称、模块菜单及功能

角色名称	模块菜单	功能项
超级管理员	个人信息	查看超级管理员角色相关信息,可修改手机号码
	资产类别	新增、修改、禁用、启用
	品牌	新增、修改、禁用、启用
	报废方式	新增、修改、禁用、启用
	供应商	新增、修改、禁用、启用、查询、查看详情
	存放地点	新增、修改、禁用、启用、查询、查看详情
	部门管理	新增、修改
	资产入库	入库登记、修改、查询
	资产借还	借用登记、归还、查询、查看借用单详情
	资产报废	报废登记、查询、查看报废详情、查看报废原因
资产管理员	个人信息	查看资产管理员角色相关信息,可修改手机号码
	资产类别	新增、修改、禁用、启用
	品牌	新增、修改、禁用、启用
	报废方式	新增、修改、禁用、启用
	供应商	查询、查看详情
	存放地点	查询、查看详情
	部门管理	新增、修改
	资产入库	入库登记、修改、查询
	资产借还	借用登记、归还、查询、查看借用单详情
	资产报废	报废登记、查询、查看报废详情、查看报废原因

4 功能模块需求

4.1 登录界面

4.1.1 业务描述

超级管理员、资产管理员需要通过登录界面进入资产管理系统，登录界面是进入该系统的唯一入口。

4.1.2 需求描述

管理员需要输入用户名、密码、任务 ID 和验证码，才能登录该系统。

4.1.3 行为人

超级管理员、资产管理员。

4.1.4 UI 界面

登录界面如图 2-3 所示。

4.1.5 业务规则

用户名为工号，管理员获得密码和任务 ID 后，分别输入至相应输入框，并输入验证码后面显示的数字或字母，单击"登录"按钮即可登录该系统。单击"换一张"按钮可更换验证码。用户名、密码、任务 ID 和验证码都输入正确才能登录成功。

图 2-3 登录界面

4.2 个人信息管理

4.2.1 业务描述

登录系统后，管理员可以查看个人信息，包括姓名、手机号、工号等，其中手机号初始为空，管理员可以自行修改，也可以修改登录密码和退出系统。

4.2.2 需求描述

- 个人信息查看：系统会显示管理员的姓名、手机号、工号、性别、部门、职位等信息。
- 手机号编辑：初始为空，登录后可以自行修改，只能输入以 1 开头的 11 位数字。
- 修改登录密码：修改登录密码，修改成功后下次登录生效。
- 退出系统：单击"退出"按钮，退回到登录界面，可以重新登录。

4.2.3 行为人

资产管理员、超级管理员。

4.2.4 UI 界面

图 2-5 和图 2-6 所示分别为个人信息界面和修改密码界面。

4.2.5 业务规则

登录后首先进入个人信息界面，界面标题行显示"当前位置：个人信息"，如图 2-4 所示。资产管理员能够在该界面查看个人的详细信息，其中姓名、工号、性别、部门和职位只能查看，不能修改，手机号初始为空，输入手机号后需要单击后面的"保存"按钮，管理员可以自行修改。只能输入以 1 开头的 11 位数字，输入其他字符不能编辑成功。

单击界面右上角的"修改密码"按钮，弹出修改密码界面，如图 2-5 所示，可以在此修改管理员的登录密码。需要输入当前密码、新密码及确认密码，这 3 个输入框不能为空，如果当前密码输入错误或新密码和确认密码不一致则密码不能修改成功。出于安全性考虑，新密码不能为连续或相同数字、英文字母。修改成功后下次登录需要使用新密码。

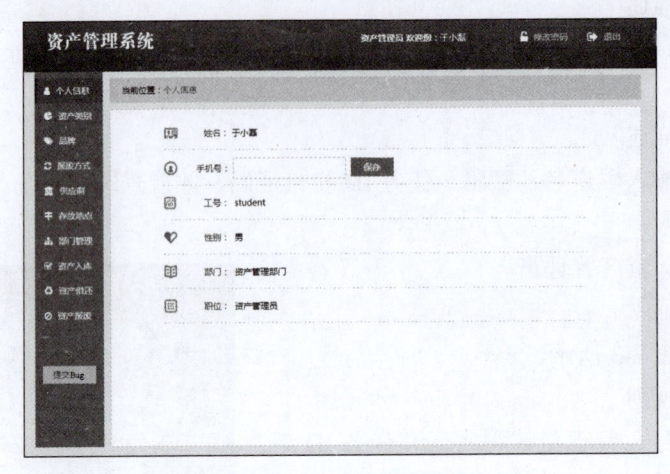

图 2-4　个人信息界面

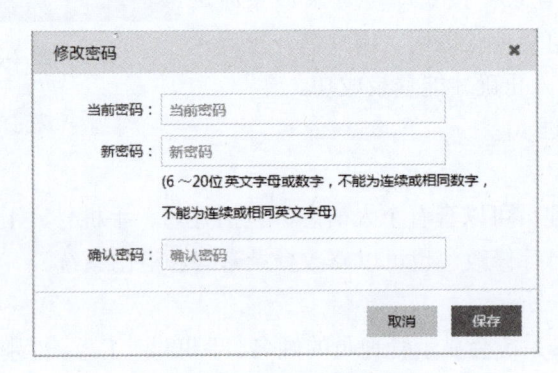

图 2-5　修改密码界面

单击界面右上角的"退出"按钮，可以退出该系统，返回登录界面。如果再次登录，需要重新输入用户名、密码、任务 ID 和验证码。

****

【思考与练习】

理论题

1．什么是软件测试？
2．软件测试的分类有哪些？
3．软件测试的流程是什么？

实训题

自己选取一个已经开发完成的系统，阅读其需求分析说明书，查看其具体功能模块，分析哪些模块是应该重点测试的内容。

任务 2.2　编写功能测试方案

任务描述

编写功能测试方案的主要目的：要明确软件测试项目要测试的功能点、如何进行测试、测试人员如何进行分工以及测试要达到什么样的质量标准等。测试人员根据测试方案设计测试用例并执行测试。

在编写功能测试方案时要注意：
- 要有规划先行的意识：认识到编写功能测试方案是测试工作的基础，需要系统地规划测试内容、方法和资源。
- 要具备全局观念：在编写测试方案时，需要从整体出发，考虑测试工作的全局性和关联性。

任务要求

针对资产管理系统编写一个功能测试方案。

知识链接

2.2.1　软件测试的原则

软件测试经过几十年的发展，业界提出了很多软件测试的原则，为测试管理人员和测试人员提供了测试指南。软件测试原则非常重要，测试人员应该在测试原则的指导下进行测试工作。

软件测试的原则有助于测试人员进行高质量的测试，使测试人员尽早、尽可能多地发现缺陷，并跟踪和分析软件中的问题，对存在的问题和不足提出疑问和改进措施，从而持续改进测试过程。

1. 尽早开始测试

软件从需求、设计、编码、测试一直到交付用户公开使用，在这些过程中，都有可能产生或发现软件的缺陷。随着整个开发过程的时间推移，更正缺陷或修复问题的费用呈几何级数增长。如编码阶段缺陷修复成本是需求阶段的缺陷修复成本的 5～6 倍。因此，软件要尽早地且不断地进行测试，以提高软件质量，降低软件开发成本。

2. 注意错误的集群现象

Pareto 原则表明"80% 的错误集中在 20% 的程序模块中"，实际经验也证明了这一点，通常情况下，大多数的缺陷只是存在测试对象的极小部分。缺陷并不是平均分布，而是集群分布的。因此，如果在一个地方发现了很多缺陷，那么通常在这个模块中可以发现更多的缺陷。因此，测试过程中要充分注意错误集群现象，对发现错误较多的程序段或者软件模块应进行反复深入的测试。

3. 由专门的测试团队进行测试

由于开发人员心理的原因，如对自己编写的代码的自信，觉得自己开发的软件是最棒的，潜意识作用下开发人员不易找出软件中的缺陷，或者会忽略一些重要的问题。因此，测试最好交由专门的测试团队来进行。

4. 按照测试标准进行测试

软件测试一定要避免随意性。首先要选取测试项目中要重点测试的功能点，然后再根据一定的方法设计测试用例，每一条测试用例都应该有预期结果，按照预置的条件和输入的数据执行测试，用实际结果与预期结果进行对照，找出系统中存在的缺陷。

5. 规范测试过程

软件测试的每一个阶段都应该产生对应的文档。如需求测试、概要设计测试、详细设计测试、单元测试等，为维护软件系统提供重要的依据。

2.2.2 功能测试方案模板

功能测试方案主要包括：概述、测试任务、测试资源、功能测试计划、测试的整体进度安排、相关风险等。

以下是一个功能测试方案的模板。

****

1 概述
1.1 编写目的
[说明编写本测试方案的目的和读者]
1.2 测试范围
[本测试报告的具体测试方向，根据什么测试，指出需要测试的主要功能模块]
1.3 项目背景
[项目背景说明]
2 测试任务
2.1 测试目的
[说明进行项目测试的目的或所要达到的目标]
2.2 测试参考文档
[本次测试的参考文档说明]
2.3 提交测试文档
[测试过程需提交文档说明]
3 测试资源
3.1 硬件配置
硬件配置见表 2-3。

表 2-3　硬件配置表

关键项	数量/个	配置
测试 PC 机（客户端）	3	
测试移动终端（移动客户端）	1	

3.2　软件配置

软件配置见表 2-4。

表 2-4　软件配置表

资源名称/类型	配置
操作系统环境	操作系统主要为×××
浏览器环境	主流浏览器有××××等，根据软件开发提供的依据决定此项
功能性测试工具	手工测试

3.3　人力资源分配

人力资源分配见表 2-5。

表 2-5　人力资源分配表

角色	人员（工位号）	主要职责
测试负责人	01_01	协调项目安排等
测试工程师	01_02	测试题库和作业模块等
……		

4　功能测试计划

在此以测试××系统的 Web 端功能模块为例，见表 2-6。

表 2-6　XX 系统的 Web 端功能模块

需求编号	角色	模块名称	功能名称	测试人员（工位号）
TC-LG-ST001	教师、学生	登录	登录	01_01
TC-LG-ST002	教师	首页	密码修改	
TC-LG-ST003	学生		帮助手册	
……				

5　测试的整体进度安排

测试的整体进度安排见表 2-7。

表 2-7　测试的整体进度安排

测试阶段	时间安排	参与人员（工位号）	测试工作内容安排	产出
测试方案		01_01		
测试用例				
第一遍全面测试				
交叉自由测试				
……				

6 相关风险

[列出此项目的测试工作所存在的各种风险的假定，需要考虑项目测试过程中可能发生的具体事务，分别分析并给出相应的应对方法。]

****

📢 任务实施

资产管理系统功能测试方案

****

1 概述

1.1 编写目的

本文档指导测试人员完成 B/S 资产管理系统的测试工作，主要对测试项目的测试需求、测试环境、测试任务进行总体分析，它是测试用例编写及测试总结报告结果评价的基础，同时也可供项目经理、开发人员、运维人员等作为参考。其主要的编写目的如下：

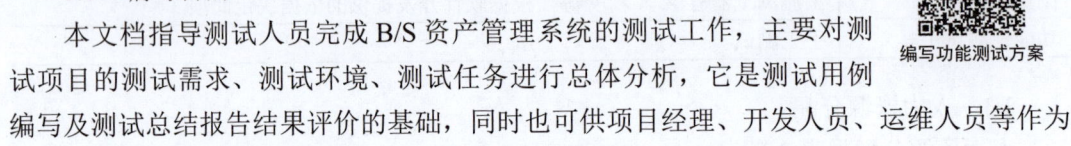

（1）根据资产管理需求说明书确定 B/S 资产管理系统的测试项目信息和模块信息。

（2）分析 B/S 资产管理系统的测试可用环境和任务要求。

（3）确定测试人员的分配和测试进度安排。

（4）评估 B/S 资产管理系统测试风险及如何对风险进行规避。

1.2 测试范围

本次测试主要采用黑盒测试的方法（等价类划分法、边界值法、决策表法、因果图法、场景法、正交实验法）对 B/S 资产管理系统进行功能性测试、UI 测试和健全性测试等。

（1）功能方面：系统满足业务逻辑各功能需求的要求。

（2）易用性方面：通过使用主流的 B/S 架构，保证用户使用本系统的易用性良好。

（3）安全性方面：系统对敏感信息（例如用户密码）进行相关加密。

（4）UI 界面方面：界面简洁明快，用户体验良好，提示友好，必要的变动操作有"确认"环节等。

（5）兼容性方面：通过系统设计以及兼容性框架设计，满足对主流浏览器兼容的要求。

1.3 项目背景

随着信息化时代的到来，通过计算机软件实现资产的电子化管理，提高资产管理的准确性、便捷查询和易于维护，进而提高工作效率，是每一个企业面临的挑战和需求。

随着我国经济的迅猛发展，各种机构的固定资产规模急剧膨胀，其构成日趋复杂，管理难度越来越大。尤其是随着机构内部的后勤、财务、人事、分配等各项改革的深化，对资产管理工作不断提出新要求。但是多年来资产管理工作一直是各种机构的一个薄弱环节，如管理基础工程不够规范，资产安全控制体系尚不完善，家底不清，账实不符，资产流失的现象在不少的机构依然存在，与发展改革的新形势很不适应。

本项目的目标是建立符合一般企业实际管理需求的资产管理系统，对企业的资产信息进行精确和有效的服务，从而减轻资产管理部门从事低层次信息处理和分析的负担，解放管理员的"双手和大脑"，提高工作质量和效率。

2 测试任务

2.1 测试目的

本次测试主要是发现 B/S 资产管理系统中存在的缺陷，以便提交给开发人员进行修复，使系统更加完善，同时也可供项目经理、开发人员、运维人员等作为参考。主要的测试目的如下：

（1）检查界面操作，确认其是否无明显异常且显示友好。

（2）确定系统是否符合业务逻辑规定。

（3）依据需求说明书确定系统的功能是否完整且正确。

（4）确定系统是否具有良好的操作性、易用性。

（5）确定系统是否满足用户的需求。

（6）确认系统的数据传输安全性。

（7）根据需求进行稳定性和安全性检测，确保系统能够稳定运行且对数据进行保密。

（8）确定系统是否具有良好的兼容性。

2.2 测试参考文档

测试参考文档说明见表 2-8。

表 2-8 测试参考文档说明

文档名称	版本	作者	日期
《B/S 资产管理系统需求说明书》	v1.0	项目开发组	2024/2/25

2.3 提交测试文档

提交测试文档说明见表 2-9。

表 2-9 提交测试文档说明

文档名称	版本	作者	日期
《资产管理系统功能测试方案》	v1.0	01_01	2024/3/25
《资产管理系统功能测试用例》	v1.0	01_02 01_03	2024/3/26
《资产管理系统功能测试缺陷报告清单》	v1.0	01_02 01_03	2024/3/28
《资产管理系统功能测试总结报告》	v1.0	01_01	2024/3/31

3 测试资源

3.1 硬件配置

硬件配置见表 2-10。

表 2-10　硬件配置表

关键项	数量/台	配置
PC	3	CPU：Intel(R) Core(TM) i7-6700HQ
		内存：16GB
		硬盘：1.28TB
		分辨率：1920×1080
		显示器：联想

3.2　软件配置

软件配置见表 2-11。

表 2-11　软件配置表

名称/类型	配置
操作系统	Windows 10
浏览器	Chrome
输入法	搜狗输入法
文本编辑器	Office 2016
采用工具	手工测试
采用技术	黑盒测试

3.3　人力资源分配

人力资源分配见表 2-12。

表 2-12　人力资源分配表

角色	人员	职责
项目负责人	01_01	➢ 负责测试方案文档的编写 ➢ 负责测试总结报告的编写 ➢ 负责监督测试 ➢ 负责汇总测试用例、缺陷报告清单 ➢ 负责提交文档 ➢ 负责文档提交信息截图 ➢ 在自由交叉测试中，负责×××模块的用例测试
测试工程师	01_02	➢ 负责×××模块的测试用例编写 ➢ 在全面测试中，负责×××模块的测试用例执行 ➢ 在自由交叉测试中，负责×××模块的用例测试 ➢ 负责在平台上提交 Bug ➢ 负责编写缺陷报告清单 ➢ 负责 Bug 截图
测试工程师	01_03	➢ 负责×××模块的测试用例的执行 ➢ 在自由交叉测试中，负责×××模块的用例执行 ➢ 负责在平台上提交 Bug ➢ 负责编写缺陷报告清单 ➢ 负责 Bug 截图

4　功能测试计划

整体功能模块划分见表 2-13。

表 2-13　整体功能模块划分表

需求编号	模块名称	功能模块	执行人员（工位号）
ZCGL-ST-SRS001	登录	登录功能	01_02
ZCGL-ST-SRS002		界面查看	01_02
ZCGL-ST-SRS003	个人信息管理	个人信息查看	01_02
ZCGL-ST-SRS004		手机号编辑	01_02
ZCGL-ST-SRS005		修改登录密码	01_02
ZCGL-ST-SRS006		退出系统	01_02
……	……	……	……

5　测试的整体进度安排

测试的整体进度安排见表 2-14。

表 2-14　测试的整体进度安排

测试阶段	时间安排	测试内容工作安排	参与人员（工位号）	产出
阅读需求	3月23日～24日	➢ 阅读《需求说明书》	01_01 01_02 01_03	无
测试方案文档	3月24日～25日	➢ 01_01 负责测试方案文档的编写 ➢ 01_02、01_03 辅助编写测试方案文档	01_01	《01_01 测试方案文档》
测试用例	3月26日	➢ 01_02 负责×××模块的测试用例的编写 ➢ 01_03 负责×××模块的测试用例的编写	01_02 01_03	《01_01 测试用例》
第一次全面测试	3月27日	➢ 01_02 负责×××模块的测试用例的执行 ➢ 01_03 负责×××模块的测试用例的执行	01_02 01_03	《01_01 缺陷报告清单》
自由交叉测试	3月28日	➢ 01_01 负责×××模块的用例测试 ➢ 01_02 负责×××模块的用例测试 ➢ 01_03 负责×××模块的用例执行	01_01 01_02 01_03	《缺陷报告清单》
测试总结报告	3月31日	➢ 01_01 负责编写测试总结报告	01_01	《01_01 测试总结报告》

6　相关风险

软件测试是一项需要耐心和细致的工作，测试过程中需要测试人员进行良好的沟通和团队协作才能保证测试任务的如期完成。本次测试可能存在如下风险：

（1）测试过程中设备或人员可能会出现问题而导致测试暂停，我们应及时发现并加以解决。

（2）测试过程中测试人员对需求说明书理解不充分会导致测试方案编写得不完整，测试用例编写得不完善、潜在的缺陷不能完整地找出以及总结报告中数据统计有误等问题。

因此，测试过程中测试人员应仔细阅读需求说明书并充分理解其需求。

（3）由于采用的是人工测试，难免会出现误差，如果对黑盒测试方法未完全理解，可能会导致测试用例编写不完善，测试覆盖率低等问题。因此，测试人员应加强对黑盒测试方法的理解和掌握。

（4）在测试过程中测试人员和进度安排不合理可能会导致系统未进行完全测试，因此在出现问题时项目负责人应及时进行调度和调整。

（5）由于测试人员沟通、配合不当等原因，会导致最后汇总文档时出现缺漏的情况，进而导致提交文档不全等问题，因此，在阅读完需求说明书后应及时沟通、合理安排计划。

****

【思考与练习】

理论题

软件测试的原则有哪些？

实训题

根据任务 2.1 实训题中的需求分析说明书编写功能测试方案。

任务 2.3　设计测试用例

◎ 任务描述

在进行软件测试的时候，为避免遗漏掉重要的功能点，常常将项目功能模块细分，对每一功能模块编写测试用例，用来规范和指导测试人员的测试行为。

在进行测试用例设计时要注意：

- 具备严谨细致的态度：认识到测试用例设计是测试工作的核心，需要细致入微地考虑各种可能的测试场景。
- 具备创新思维：在测试用例设计中发挥创新精神，设计出具有创新性的测试用例。

◎ 任务要求

为资产管理系统编写测试用例。

◎ 知识链接

2.3.1　测试用例的定义

统一软件开发过程（Rational Unified Process，RUP）中认为，测试用例是用来验证系统实际做了什么的方式，因此测试用例必须可以按照要求来进行跟踪和维护。

1990 年，美国电气电子工程师学会（Institute of Electrical and Electronics Engineer，IEEE）软件工程术语标准给出了如下定义：测试用例是一组测试输入、执行条件和预期结果，目的是要满足一个特定的目标，比如执行一条特定的程序路径或检验是否符合一个特定的需求。

从以上定义来看，测试用例设计的核心有两个方面：一方面是要测试的内容，即测试是否符合一个特定的需求；另一方面是输入信息，即按照怎样的操作步骤，对系统输入必要的数据。测试用例设计的难点在于如何通过少量的测试数据来有效地揭示软件缺陷。

测试用例可以用一个简单的公式来表示：

$$测试用例 = 输入 + 输出 + 测试环境$$

其中，输入是指测试数据和操作步骤；输出是指系统的预期执行结果；测试环境是指系统环境设置，包括软件环境、硬件环境和数据，有时还包括网络环境。

2.3.2 测试用例的重要性

测试用例的重要性主要体现在技术和管理两个层面。就技术层面而言，测试用例的重要性体现在以下几个方面。

1. 指导测试的实施

执行测试之前先编写好测试用例，可避免盲目测试，使测试做到重点突出。测试用例可以作为测试的标准，测试人员必须严格按照测试用例规定的测试步骤逐一进行测试，记录并检查每个测试执行的结果。

2. 提高测试的准确性

测试用例中的一个重要的项目就是准备测试数据，这些数据通常具有一定的代表性，可以提高测试的准确性。

3. 降低工作强度

提高测试用例的通用性和复用性便于开展测试、节省时间、提高测试效率，软件版本更新后仅需修正少量测试用例就可展开测试工作，有利于降低工作强度、缩短项目周期。

4. 提高管理效率

（1）团队交流。通过测试用例，测试团队中的不同测试员之间将遵循统一的用例规范来展开测试，从而降低测试的歧义，提高测试效率。

（2）检验测试员进度。测试用例可作为检验测试员的进度、工作量及跟踪、管理测试人员工作效率的手段。

（3）质量评估。完成测试后需要对测试结果进行评估，并编制测试报告。判断软件测试是否完成、衡量软件质量都需要一些量化的结果，如测试覆盖率、测试合格率、重要测试合格率等。用软件模块或功能点来进行上述统计会过于粗糙，以测试用例作为测试结果的度量基准则更加准确、有效。

（4）分析缺陷的标准。通过收集缺陷、对比测试用例和缺陷数据库，可分析证实是漏测还是缺陷复现。漏测反映了测试用例的不完善，应立即补充相应测试用例，逐步完善软件质量。若相应测试用例已存在，则反映实施测试或变更处理存在问题。

2.3.3 测试用例的评价标准

在发现更多的、更严重的缺陷的前提下，做到省时、省力、省钱，这才是好的测试。具体来讲，良好的测试用例应具有以下特性：

（1）有效性。由于不可能做到穷尽测试，因此测试用例的设计应按照"程序最有可能会怎样失效""哪些失效最不可容忍"等思路来寻找线索。例如，针对主要业务设计测试用例，针对重要数据设计测试用例等。

（2）经济性。通过测试用例来展开测试是动态测试的过程，其执行过程对软硬件环境、操作人员及执行过程的要求应满足经济可行的原则。

（3）可仿效性。面对越来越复杂的软件，需要测试的内容也越来越多，测试用例应具有良好的可仿效性，这样可以在一定程度上降低对测试员的素质要求，减轻测试工程师的设计工作量，加快文档撰写的速度。

（4）可修改性。软件版本更新后部分测试用例需要修正，因此测试用例应具有良好的可修改性，使之经过简单修正后就可复用。

（5）独立性。测试用例应与具体的应用程序实现完全独立，这样可以不受应用程序具体的变动的影响，也有利于测试的复用。测试用例还应完全独立于测试人员，不同的测试人员执行同一个测试用例，应得到相同的结果。

（6）可跟踪性。测试用例应与用户需求相对应，这样便于评估测试对功能需求的覆盖率。

2.3.4 测试用例设计的基本原则

对于不同类别的软件，测试用例的设计重点是不同的。比如，企业管理软件的测试通常需要将测试数据和测试脚本从测试用例中划分出来。

一般情况下，测试用例设计的基本原则有以下3条：

（1）测试用例的代表性。测试用例应能够代表并覆盖各种合理的和不合理的、边界的和越界的以及极限的输入数据、操作和环境设置等。

（2）测试结果的可判定性。测试结果的可判定性即测试执行结果的正确性是可判定的，每一个测试用例都应有相应明确的预期结果，而不应存在二义性，否则将难以判断系统是否运行正常。

（3）测试结果的可再现性。测试结果的可再现性即对同样的测试用例，系统的执行结果应当相同。测试结果可再现有利于在出现缺陷时能够确保缺陷的重现，为缺陷的快速修复打下基础。

在以上3条原则中，最难保证的就是测试用例的代表性，这也是设计测试用例时要重点关注的内容。一般地，针对每个核心的输入条件，其数据大致可分为3类：正常数据、边界数据和错误数据。测试数据就是从以上3类数据中产生的。

2.3.5 测试用例设计的书写标准

在 ANSI/IEEE 829-1983 标准中列出了和测试设计相关的测试用例编写规范和模板。

标准模板中的主要元素如下：

（1）标识符（用例编号）：唯一标识每一个测试用例。

（2）功能模块：准确地描述所需要测试的功能模块。

（3）测试项目：准确地描述所需要测试功能模块的主要测试项。

（4）测试标题：简明扼要地描述用例所要测试的内容。

（5）重要级别：一般分为高、中、低3个级别。功能性的测试用例级别都是高，按钮的测试级别为中，界面、文字性的测试级别为低。

（6）预置条件：描述测试用例的前置条件，比如登录的前置条件是打开网站的登录界面。

（7）输入：描述执行测试用例的输入需求（这些输入可能包括数据、文件或者操作）。

（8）执行步骤：表征执行该测试用例需要的测试环境及具体步骤。

（9）预期输出：按照指定的环境和输入标准得到的期望输出结果。

具体的测试用例书写标准见表 2-15。

表 2-15 测试用例书写标准

用例编号	功能模块	测试项目	测试标题	重要级别	预置条件	输入	执行步骤	预期输出

任务实施

资产管理系统测试用例设计

表 2-16 所列是根据任务 2.1 中需求分析说明书中给出的登录和个人信息管理两个模块设计的测试用例。

测试用例设计

表 2-16 资产管理系统测试用例

用例编号	功能模块	测试项目	测试标题	重要级别	预置条件	输入	执行步骤	预期输出
1. 登录界面（测试用例个数：24 个）									
ZCGL-DL-001	登录	登录界面查看	界面文字正确性验证	低	正常进入登录界面		打开登录界面	界面显示文字和按钮文字显示正确
ZCGL-DL-002	登录	登录界面查看	界面排版、色彩搭配合理性验证	低	正常进入登录界面		打开登录界面	界面排版、色彩搭配显示合理
ZCGL-DL-003	登录	登录界面查看	"忘记密码"按钮功能检查	中	正常进入登录界面		打开登录界面单击"忘记密码"按钮	正确显示指定页面或窗口
ZCGL-DL-004	登录	登录界面查看	"换一张？"按钮功能检查	中	正常进入登录界面		打开登录界面单击"换一张？"按钮	更换验证码
ZCGL-DL-005	登录	登录界面登录	输入正确信息进行登录	高	1. 正常进入登录界面 2. 任务 ID、用户名和密码已存在	任务 ID：29 用户名：0002 密码：0002 验证码：与图片一致	输入以上数据单击"登录"按钮	登录成功

续表

用例编号	功能模块	测试项目	测试标题	重要级别	预置条件	输入	执行步骤	预期输出
ZCGL-DL-006	登录	登录界面	任务ID错误(空)进行登录	高	1. 正常进入登录界面 2. 任务ID错误、用户名和密码已存在，验证码正确	任务ID： 用户名：0002 密码：0002 验证码：与图片一致	输入以上数据单击"登录"按钮	登录失败，正确提示未输入项目
ZCGL-DL-007	登录	登录界面	任务ID错误(不存在)进行登录	高	1. 正常进入登录界面 2. 任务ID错误、用户名和密码已存在，验证码正确	任务ID：50 用户名：0002 密码：0003 验证码：与图片一致	输入以上数据单击"登录"按钮	登录失败，正确提示错误项目
ZCGL-DL-008	登录	登录界面	任务ID错误(超出int值范围)进行登录	高	1. 正常进入登录界面 2. 任务ID错误、用户名和密码已存在，验证码正确	任务ID：50000000000000000000 用户名：0002 密码：0003 验证码：与图片一致	输入以上数据单击"登录"按钮	登录失败，正确提示错误项目
ZCGL-DL-009	登录	登录界面	任务ID错误(小数)进行登录	高	1. 正常进入登录界面 2. 任务ID错误、用户名和密码已存在，验证码正确	任务ID：2.9 用户名：0002 密码：0002 验证码：正确输入当前验证码	输入以上数据单击"登录"按钮	登录失败，正确提示错误项目
ZCGL-DL-010	登录	登录界面	任务ID错误(其他字符)进行登录	高	1. 正常进入登录界面 2. 任务ID错误、用户名和密码已存在，验证码正确	任务ID：12%&! 用户名：0002 密码：0002 验证码：正确输入当前验证码	输入以上数据单击"登录"按钮	登录失败，正确提示错误项目
ZCGL-DL-011	登录	登录界面	任务ID错误(为非对应用户的任务ID)进行登录	高	1. 正常进入登录界面 2. 任务ID错误、用户名和密码已存在，验证码正确	任务ID：30 用户名：0002 密码：0002 验证码：正确输入当前验证码	输入以上数据单击"登录"按钮	登录失败，正确提示错误项目
ZCGL-DL-012	登录	登录界面	用户名错误(空)进行登录	高	1. 正常进入登录界面 2. 用户名错误、任务ID和密码已存在，验证码正确	任务ID：29 用户名： 密码：0002 验证码：正确输入当前验证码	输入以上数据单击"登录"按钮	登录失败，正确提示未输入项目
ZCGL-DL-013	登录	登录界面	用户名错误(不存在)进行登录	高	1. 正常进入登录界面 2. 用户名错误、任务ID和密码已存在，验证码正确	任务ID：29 用户名：0099 密码：0002 验证码：正确输入当前验证码	输入以上数据单击"登录"按钮	登录失败，正确提示错误项目

续表

用例编号	功能模块	测试项目	测试标题	重要级别	预置条件	输入	执行步骤	预期输出
ZCGL-DL-014	登录	登录界面登录	用户名验证（字母大写），进行登录	高	1．正常进入登录界面 2．用户名错误、任务ID和密码已存在，验证码正确	任务ID：29 用户名：009A 密码：0002 验证码：正确输入当前验证码	输入以上数据单击"登录"按钮	登录失败，正确提示错误项目
ZCGL-DL-015	登录	登录界面登录	用户名验证（字母小写），进行登录	高	1．正常进入登录界面 2．用户名错误、任务ID和密码已存在，验证码正确	任务ID：29 用户名：009a 密码：0002 验证码：正确输入当前验证码	输入以上数据单击"登录"按钮	登录失败，正确提示错误项目
ZCGL-DL-016	登录	登录界面登录	密码错误（空）进行登录	高	1．正常进入登录界面 2．密码错误、任务ID和用户名已存在，验证码正确	任务ID：29 用户名：0002 密码： 验证码：正确输入当前验证码	输入以上数据单击"登录"按钮	登录失败，正确提示未输入项目
ZCGL-DL-017	登录	登录界面登录	密码（不存在）进行登录	高	1．正常进入登录界面 2．密码错误、任务ID和用户名已存在，验证码正确	任务ID：29 用户名：0002 密码：00002 验证码：正确输入当前验证码	输入以上数据单击"登录"按钮	登录失败，正确提示错误项目
ZCGL-DL-018	登录	登录界面登录	验证码错误（空）进行登录	高	1．正常进入登录界面 2．验证码错误、任务ID、用户名和密码已存在	任务ID：29 用户名：0002 密码：00002 验证码：	输入以上数据单击"登录"按钮	登录失败，正确提示错误项目
ZCGL-DL-019	登录	登录界面登录	验证码错误（图片不匹配）进行登录	高	1．正常进入登录界面 2．任务ID、用户名和密码已存在	任务ID：29 用户名：0002 密码：00002 验证码：验证与图片不符	输入以上数据单击"登录"按钮	登录失败，正确提示错误项目
ZCGL-DL-020	登录	登录界面登录	验证码验证（与图片一致、字母全部大写），进行登录	高	1．正常进入登录界面 2．验证码、用户名和密码已存在	任务ID：29 用户名：0002 密码：00002 验证码：验证与图片全部大写	输入以上数据单击"登录"按钮	登录成功
ZCGL-DL-021	登录	登录界面登录	验证码验证（与图片一致、字母全部小写），进行登录	高	1．正常进入登录界面 2．验证码、用户名和密码已存在	任务ID：29 用户名：0002 密码：00002 验证码：验证与图片全部小写	输入以上数据单击"登录"按钮	登录成功
ZCGL-DL-022	登录	登录界面登录	密码是否可以粘贴	高	1．正常进入登录界面 2．任务ID、用户名和密码已存在	密码：123aasd 复制密码进行粘贴	输入以上数据复制密码进行粘贴	粘贴失败，无法复制

续表

用例编号	功能模块	测试项目	测试标题	重要级别	预置条件	输入	执行步骤	预期输出
ZCGL-DL-023	登录	登录界面登录	"登录"按钮功能检查	中	1. 正常进入登录界面 2. 任务ID、用户名和密码已存在	任务ID：29 用户名：0002 密码：0002 验证码：正确输入当前验证码	输入以上数据单击"登录"按钮	正确跳转到个人信息界面
ZCGL-DL-024	登录	登录界面登录	"退出"按钮功能检查	中	正常进入登录界面	单击"退出"按钮	输入以上数据单击"登录"按钮	正确跳转到登录界面
2. 个人信息界面（测试用例个数：31个）								
ZCGL-GR-001	个人信息管理	个人信息查看	个人信息按钮功能检查	中	资产管理员正常登录系统		单击"个人信息"按钮	打开个人信息界面
ZCGL-GR-002	个人信息管理	个人信息查看	界面文字正确性验证	低	资产管理员正常登录系统		打开个人信息界面	界面显示文字和按钮文字显示正确
ZCGL-GR-003	个人信息管理	个人信息查看	界面排版、色彩搭配合理性验证	低	资产管理员正常登录系统		打开个人信息界面	界面排版、色彩搭配显示合理
ZCGL-GR-004	个人信息管理	个人信息查看	个人信息界面查看	中	资产管理员正常登录系统		打开个人信息界面	1. 页面title显示"当前位置：个人信息" 2. 资产管理员能够在该页面查看个人的详细信息，其中姓名、工号、性别、部门和职位只能查看，不能修改 3. 左侧导航栏个人信息高亮显示
ZCGL-GR-005	个人信息管理	个人信息查看	资产管理员权限是否满足	中	资产管理员正常登录系统		打开个人信息界面	可以查看个人信息，姓名、手机号、工号等，可修改手机号
ZCGL-GR-006	个人信息管理	个人信息查看	"保存"按钮功能测试	中	1. 资产管理员正常登录系统 2. 打开个人信息界面	手机号：17772331687	输入以上数据单击"保存"按钮	数据保存成功
ZCGL-GR-007	个人信息管理	个人信息查看	"退出"按钮功能检测	中	1. 资产管理员正常登录系统 2. 打开个人信息界面		单击"退出"按钮	退出该系统，返回登录页
ZCGL-GR-008	个人信息管理	个人信息查看	个人详细信息显示正确性检查	中	资产管理员正常登录系统		打开个人信息界面	显示管理员的姓名、手机号、工号、性别、部门、职位信息

续表

用例编号	功能模块	测试项目	测试标题	重要级别	预置条件	输入	执行步骤	预期输出
ZCGL-GR-009	个人信息管理	手机号编辑	手机号初始值检查	低	资产管理员正常登录系统		打开个人信息界面	手机号初始为空
ZCGL-GR-010	个人信息管理	手机号编辑	输入正确的手机号（以1开头的11位数字）进行修改	高	1．资产管理员正常登录系统 2．打开个人信息界面	手机号：17772336781	输入以上数据单击保存按钮	保存成功
ZCGL-GR-011	个人信息管理	手机号编辑	输入错误的手机号（不以1开头）进行修改	高	1．资产管理员正常登录系统 2．打开个人信息界面	手机号：27772336781	输入以上数据单击"保存"按钮	保存失败，正确提示错误项目
ZCGL-GR-012	个人信息管理	手机号编辑	输入错误的手机号（10位）进行修改	高	1．资产管理员正常登录系统 2．打开个人信息界面	手机号：1777233678	输入以上数据单击"保存"按钮	保存失败，正确提示错误项目
ZCGL-GR-013	个人信息管理	手机号编辑	输入错误的手机号（1位）进行修改	高	资产管理员正常登录系统	手机号：1	输入以上数据单击"保存"按钮	保存失败，正确提示错误项目
ZCGL-GR-014	个人信息管理	手机号编辑	输入错误的手机号（12位）进行修改	高	1．资产管理员正常登录系统 2．打开个人信息界面	手机号：177723367812	输入以上数据单击"保存"按钮	保存失败，正确提示错误项目
ZCGL-GR-015	个人信息管理	手机号编辑	输入错误的手机号（含其他特殊字符）进行修改	高	1．资产管理员正常登录系统 2．打开个人信息界面	手机号：17772abcde！	输入以上数据单击"保存"按钮	保存失败，正确提示错误项目
ZCGL-GR-016	个人信息管理	手机号编辑	输入错误的手机号（空）进行修改	高	1．资产管理员正常登录系统 2．打开个人信息界面	手机号：	输入以上数据单击"保存"按钮	保存失败，正确提示错误项目
ZCGL-GR-017	个人信息管理	修改登录密码	"修改密码"按钮功能测试	中	1．资产管理员正常登录系统 2．打开个人信息界面		单击"修改密码"按钮	打开修改密码窗口
ZCGL-GR-018	个人信息管理	修改登录密码	"取消"按钮功能检查	中	1．资产管理员正常登录系统 2．打开个人信息界面 3．打开修改密码窗口		单击"取消"按钮	关闭修改密码窗口

续表

用例编号	功能模块	测试项目	测试标题	重要级别	预置条件	输入	执行步骤	预期输出
ZCGL-GR-019	个人信息管理	修改登录密码	输入正确的数据进行修改密码	高	1．资产管理员正常登录系统 2．打开个人信息界面 3．打开修改密码窗口	当前密码：0002 新密码：qazwsx 确认密码：qazwsx	单击"保存"按钮	修改成功，关闭窗口
ZCGL-GR-020	个人信息管理	修改登录密码	当前密码错误（不存在）进行修改密码	高	1．资产管理员正常登录系统 2．打开个人信息界面 3．打开修改密码窗口	当前密码：00020 新密码：1478963251478 确认密码：1478963251478	单击"保存"按钮	修改失败，正确提示错误项目
ZCGL-GR-021	个人信息管理	修改登录密码	当前密码错误（空）进行修改密码	高	1．资产管理员正常登录系统 2．打开个人信息界面 3．打开修改密码窗口	当前密码： 新密码：1478963251478 确认密码：1478963251478	单击"保存"按钮	修改失败，正确提示错误项目
ZCGL-GR-022	个人信息管理	修改登录密码	新密码错误（空）进行修改密码	高	1．资产管理员正常登录系统 2．打开个人信息界面 3．打开修改密码窗口	当前密码：0002 新密码： 确认密码：1478963251478	单击"保存"按钮	修改失败，正确提示错误项目
ZCGL-GR-023	个人信息管理	修改登录密码	新密码错误（小于6位）进行修改密码	高	1．资产管理员正常登录系统 2．打开个人信息界面 3．打开修改密码窗口	当前密码： 新密码：14789 确认密码：1478963251478	单击"保存"按钮	修改失败，正确提示错误项目
ZCGL-GR-024	个人信息管理	修改登录密码	新密码错误（大于20位）进行修改密码	高	1．资产管理员正常登录系统 2．打开个人信息界面 3．打开修改密码窗口	当前密码：0002 新密码：147896325147896325147 确认密码：147896325147896325147	单击"保存"按钮	修改失败，正确提示错误项目
ZCGL-GR-025	个人信息管理	修改登录密码	新密码错误（含特殊字符）进行修改密码	高	1．资产管理员正常登录系统 2．打开个人信息界面 3．打开修改密码窗口	当前密码：0002 新密码：123%^&**^&%$# 确认密码：123%^&**^&%$#	单击"保存"按钮	修改失败，正确提示错误项目

续表

用例编号	功能模块	测试项目	测试标题	重要级别	预置条件	输入	执行步骤	预期输出
ZCGL-GR-026	个人信息管理	修改登录密码	新密码错误（连续数字）进行修改密码	高	1. 资产管理员正常登录系统 2. 打开个人信息界面 3. 打开修改密码窗口	当前密码：0002 新密码：123456789 确认密码：123456789	单击"保存"按钮	修改失败，正确提示错误项目
ZCGL-GR-027	个人信息管理	修改登录密码	新密码错误（相同数字）进行修改密码	高	1. 资产管理员正常登录系统 2. 打开个人信息界面 3. 打开修改密码窗口	当前密码：0002 新密码：1111111111111 确认密码：1111111111111	单击"保存"按钮	修改失败，正确提示错误项目
ZCGL-GR-028	个人信息管理	修改登录密码	新密码错误（连续字母）进行修改密码	高	1. 资产管理员正常登录系统 2. 打开个人信息界面 3. 打开修改密码窗口	当前密码：0002 新密码：abcdefghijk 确认密码：abcdefghijk	单击"保存"按钮	修改失败，正确提示错误项目
ZCGL-GR-029	个人信息管理	修改登录密码	新密码错误（相同字母）进行修改密码	高	1. 资产管理员正常登录系统 2. 打开个人信息界面 3. 打开修改密码窗口	当前密码：0002 新密码：aaaaaaaaaaaaa 确认密码：aaaaaaaaaaaaa	单击"保存"按钮	修改失败，正确提示错误项目
ZCGL-GR-030	个人信息管理	修改登录密码	确认密码错误（空）进行修改密码	高	1. 资产管理员正常登录系统 2. 打开个人信息界面 3. 打开修改密码窗口	当前密码：0002 新密码：1478963251478 确认密码：	单击"保存"按钮	修改失败，正确提示错误项目
ZCGL-GR-031	个人信息管理	修改登录密码	确认密码错误（与新密码不一致）进行修改密码	高	1. 资产管理员正常登录系统 2. 打开个人信息界面 3. 打开修改密码窗口	当前密码：0002 新密码：1478963251478 确认密码：1478963251471	单击"保存"按钮	修改失败，正确提示错误项目

【思考与练习】

理论题

1. 设计测试用例的基本原则是什么？
2. 一个好的测试用例的标准是什么？

实训题

根据任务 2.2 实训题的功能测试方案编写测试用例。

任务 2.4　编写缺陷报告

🔍 任务描述

测试人员根据任务 2.3 编写的测试用例对资产管理系统执行测试，记录发现的 Bug 并编写成缺陷报告提交给开发人员进行修复。

在执行测试用例和编写缺陷报告时要注意：

- 具备执行力：认识到执行测试用例和编写缺陷报告是测试工作的关键步骤，需要严格按照测试计划执行，找出潜在的缺陷。
- 具备严谨态度：在执行测试用例和编写缺陷报告时，需要保持严谨的态度，确保测试结果的准确性和可靠性。

📋 任务要求

对资产管理系统执行测试并编写缺陷报告。

🔗 知识链接

2.4.1　软件缺陷概述

1. 软件缺陷的定义

软件缺陷（Defect）常常又被叫作漏洞（Bug），即计算机软件或程序中存在的某种破坏其正常运行的问题、错误，或者隐藏的功能缺陷。缺陷的存在会导致软件产品在某种程度上不能满足用户的需要。IEEE 729-1983 对缺陷有一个标准的定义：从产品内部看，缺陷是软件产品开发或维护过程中存在的错误、毛病等各种问题；从产品外部看，缺陷是系统所需要实现的某种功能的失效或违背。

2. 软件缺陷的表现

软件缺陷的表现有以下 5 类：

（1）软件没有实现产品规格说明所要求的功能模块的功能。

（2）软件中出现了产品规格说明指明不应该出现的错误。

（3）软件实现了产品规格说明没有提到的功能模块的功能

（4）软件没有实现虽然产品规格说明没有明确提及但应该实现的功能。

（5）软件难以理解，不容易使用，运行缓慢，或从测试员的角度看，最终用户在使用的过程中会认为不好。

以计算器开发为例，计算器的产品规格说明应明确说明，计算器应能准确无误地进行加、减、乘、除运算。如按下加法键没有反应，就是第一种类型的缺陷；计算结果出错也是第一种类型的缺陷。

产品规格说明书还可能规定计算器不会死机、不会停止反应。如果随意按键盘导致计算器停止接受输入，这就是第二种类型的缺陷。

如果使用计算器进行测试，发现除了加、减、乘、除之外还可以求平方根但是产品规格说明没有提及这一功能模块，这就是第三种类型的缺陷——软件实现了产品规格说明中未提及的功能。

在测试计算器时，若发现电池没电会导致计算不正确，而产品规格说明中是假定电池一直都有电的情况，从而发现了第四种类型的错误。

软件测试员如果发现某些地方不对，比如测试员觉得按键太小，"＝"键布置的位置不好按，在亮光下看不清显示屏等，无论什么原因，都要认定为缺陷，而这正是第五种类型的缺陷。

3. 软件缺陷产生的原因

在软件开发的过程中，软件缺陷的产生是不可避免的。那么产生软件缺陷的主要原因有哪些？软件缺陷的产生主要是由软件产品的特点和开发过程决定的。

从软件本身、团队工作和技术问题等角度分析，就可以了解产生软件缺陷的主要原因。

（1）软件本身的问题。

1）需求不清晰，导致设计目标偏离客户的需求，从而引起功能或产品特征上的缺陷。

2）由于系统结构非常复杂，软件没有设计成一个很合理的层次结构或组件结构，结果导致意想不到的问题或系统维护、扩充上的困难，即使设计成良好的面向对象的系统，由于对象、类太多，很难完成对各种对象、类相互作用的组合测试，从而隐藏着一些参数传递、方法调用、对象状态变化等方面的问题。

3）对程序逻辑路径或数据范围的边界考虑不够周全，漏掉了某些边界条件，造成容量或边界错误。

4）对一些实时应用，要进行精心的设计和技术处理，保证精确的时间同步，否则容易引起时间上的不一致性而带来问题。

5）没有考虑系统崩溃后的自我恢复或数据的异地备份、灾难性恢复等问题，从而存在系统安全性、可靠性的隐患。

6）系统运行环境的复杂性，不仅用户使用的计算机环境千变万化，包括用户任务的各种操作方式或各种不同的数据输入方式，都容易引起一些特定用户环境下的问题；在系统实际应用中，数据量很大也会引起强度或负载问题。

7）由于通信端口多、存取和加密手段的矛盾性等，会造成系统的安全性或适用性等问题。

8）由于事先没有考虑到新技术的采用，可能涉及技术或系统兼容的问题。

（2）团队工作的问题。

1）系统需求分析时对客户的需求理解不清楚，或者和用户的沟通存在一些困难。

2）不同阶段的开发人员相互理解不一致。例如，软件设计人员对需求分析的理解有偏差；编程人员对系统设计规格说明中的某些内容重视不够，或存在误解；对于设计或编程上的一些假定或依赖性，相关人员没有充分沟通。

3）项目组成员技术水平参差不齐，新员工较多或培训不够等原因也容易引起问题。

（3）技术问题。

1）算法错误：在给定条件下没能给出正确或准确的结果。

2）语法错误：对于编译性语言程序，编译器可以发现这类问题；但对于解释性语言程序，只能在测试运行时发现。

3）计算和精度问题：计算的结果没有满足所需要的精度。

4）系统结构不合理、算法选择不科学，造成系统性能低下。

5）接口参数传递不匹配会导致模块集成出现问题。

（4）项目管理问题。

1）不重视质量计划，对质量、资源、任务、成本等的平衡性把握不好，容易挤掉需求分析、评审、测试等时间，遗留的缺陷会比较多。

2）开发周期短导致需求分析、设计、编程、测试等各项工作不能完全按照定义好的流程来进行，工作不够充分，结果也就不完整、不准确，错误较多。周期短还会给各类开发人员造成太大的压力，引起一些人为的错误。

3）开发流程不够完善，存在太多的随机性和缺乏严谨的内审或评审机制，容易产生问题。

4）文档不完善，风险估计不足等。

2.4.2 软件缺陷的修复成本

在讨论软件测试原则时，一开始就要强调，测试人员在软件开发的早期（如需求分析阶段）就应介入，问题发现得越早越好。发现缺陷后，要尽快修复，因为错误并不只是在编程阶段产生的，需求和设计阶段同样也会产生错误。也许一开始只是一个很小范围内的错误，但随着产品开发工作的进行，错误会扩散成大错误，为了修改后期的错误所做的工作要多得多，即越到后期返工越复杂。如果错误不能被及早发现，那将造成越来越严重的后果。缺陷发现或解决得越迟，开发成本就越高。

平均而言，如果在需求分析阶段修正一个错误的代价是5，那么在设计阶段它是10，在编程阶段是15，在测试阶段就是20，而到了产品发布出去时，这个数字就是100。可见，修正错误的代价是线性增长的，如图2-6所示。

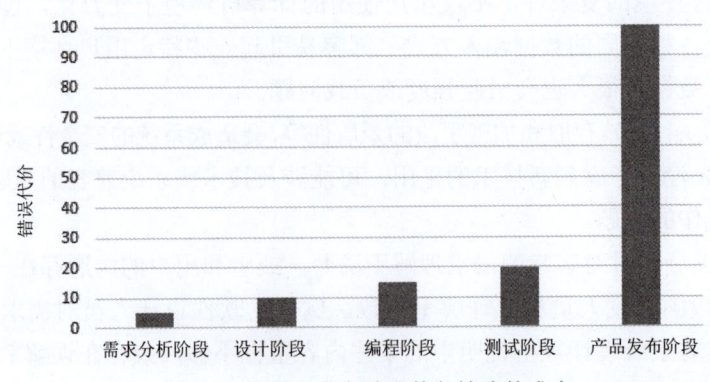

图2-6 软件开发各阶段修复缺陷的成本

2.4.3 软件缺陷严重程度分类

1. 致命

通常表现为：主流程无法跑通；系统无法运行；系统崩溃或资源严重不足；应用模块无法启动或异常退出；主要功能模块无法使用等。例如，内存泄漏、系统容易崩溃、功能设计与需求严重不符、系统无法登录、循环报错、无法正常退出。

2. 严重

通常表现为：影响系统级操作；主要功能存在严重缺陷但不会影响系统稳定性等问题。例如，功能报错、轻微的数值计算错误。

3. 高

通常表现为：功能性错误的问题。例如，功能未能实现、按钮没有实现具体的操作等。

4. 一般 / 中等

通常表现为：界面、性能缺陷的问题。例如，边界条件下错误、大数据下容易无响应、大数据操作时没有提供进度条等。

5. 轻微 / 低

通常表现为：易用性及建议性的问题。例如，界面颜色搭配不好、文字排列不整齐、出现错别字、界面格式不规范，但是这些问题不影响功能。

2.4.4 软件可靠性

软件系统规模越做越大且越复杂，其可靠性会越来越难保证，应用本身对系统运行的可靠性要求也会越来越高。在一些关键的应用领域，如航空、航天等，其对软件的可靠性要求尤为高。在银行等服务性行业，其软件系统的可靠性也直接关系着自身的声誉和生存发展竞争能力。特别是软件可靠性比硬件可靠性更会严重影响整个系统的可靠性。在许多项目的开发过程中，对软件可靠性没有提出明确的要求，开发商（部门）也不在软件可靠性方面花费更多的精力，往往只注重运行速度、结果的正确性和用户界面的友好性等方面，而忽略了软件可靠性，在软件投入实际使用后才发现大量的可靠性问题，增加了维护工作的难度和工作量，严重时只有将软件"束之高阁"，无法投入使用。

1. 软件可靠性与硬件可靠性的区别

软件可靠性与硬件可靠性主要存在以下区别：

（1）硬件有老化损耗现象，硬件失效是物理故障，是器件物理变化的必然结果，有浴盆曲线现象；软件不发生此类变化，没有磨损现象，但会有陈旧落后的问题，没有浴盆曲线现象。

（2）硬件可靠性的决定因素是时间，受设计、生产、运用的所有过程影响；软件可靠性的决定因素是与输入数据有关的软件差错，是输入数据和程序内部状态的函数，更多地决定于人。

（3）硬件的纠错维护可通过修复或更换失效的硬件重新恢复功能；软件的维护只有通

过重新设计。

（4）对硬件可采用预防性维护技术预防故障，采用断开失效部件的办法诊断故障；而软件则不能采用这些技术。

（5）事先估计可靠性测试和可靠性的逐步增长等技术对软件和硬件有不同的意义。

（6）为提高硬件可靠性可采用冗余技术，而同一软件的冗余不能提高可靠性。

（7）硬件可靠性检验方法已建立，并已有一整套标准化且完整的理论；而软件可靠性验证方法仍未建立，更没有完整的理论体系。

（8）硬件已有成熟的产品市场；而软件产品市场还很新。

（9）软件错误是永恒的、可重现的；而一些瞬间的硬件错误可能会被误认为是软件错误。

总的说来，软件可靠性比硬件可靠性更难保证，即使是美国宇航局的软件系统，其可靠性仍比硬件可靠性低一个数量级。

2. 影响软件可靠性的因素

软件可靠性是关于软件能够满足需求功能的性质，软件不能满足需求是因为软件中的差错引起了软件故障。那么软件中有哪些可能的差错呢？

软件差错是软件开发各阶段潜在的人为错误，具体如下：

（1）需求分析定义错误：如，用户提出的需求不完整；用户需求的变更未及时消化；软件开发者和用户对需求的理解不同等问题。

（2）设计错误：如，处理的结构和算法错误；缺乏对特殊情况和错误处理的考虑等。

（3）编码错误：如，语法错误；变量初始化错误等。

（4）测试错误：如，数据准备错误；测试用例错误等。

（5）文档错误：如，文档不齐全；文档相关内容不一致；文档版本不一致；文档缺乏完整性等。

从上游到下游，错误的影响是发散的，所以要尽量把错误消除在软件开发前期阶段。错误引入软件的方式可归纳为两种特性：程序代码特性和开发过程特性。程序代码最直观的特性是长度，另外还有算法和语句结构等，程序代码越长，结构越复杂，其可靠性越难保证；开发过程特性包括采用的工程技术和使用的工具，也包括开发者个人的业务经历和水平等。

影响软件可靠性的另一个重要因素是健壮性，即对非法输入的容错能力。所以，提高可靠性从原理上看就是要减少错误和提高健壮性。

1983年，美国IEEE计算机学会对"软件可靠性"作出了明确定义。此后，该定义被美国标准化研究所接受为国家标准。1989年，我国也接受该定义为国家标准。该定义包括两方面的含义：

● 在规定的条件下和规定的时间内，软件不引起系统失效的概率。
● 在规定的时间周期内，在所述条件下程序执行所要求的功能的能力。

软件可靠性是指在一段时间内软件正常运行的概率，它与操作有很大关系，是动态的，而不是静态的。其中的概率是系统输入和系统使用的函数，也是软件中存在的故障的函数，系统输入将确定是否会遇到已存在的故障（如果故障存在）。

2.4.5 软件质量

概括地说，软件质量就是"软件与明确的和隐含的定义的需求相一致的程度"。具体地说，软件质量是软件符合明确叙述的功能和性能需求、文档中明确描述的开发标准以及所有专业开发的软件都应具有的隐含特征的程度。

（1）影响软件质量的主要因素。下述这些因素是从管理角度对软件质量的度量，可划分为 3 组，分别反映用户在使用软件产品时的 3 种观点。

1）正确性、健壮性、完整性、可用性、高效率和低风险（产品运行）。

2）可理解性、可维修性、可测试性和灵活性（产品修改）。

3）可移植性、可再用性和互运行性（产品转移）。

（2）区分软件质量的标准。下述这些因素是区分软件质量的标准，可划分为 3 组。

1）软件需求是度量软件质量的基础，与需求不一致就是质量不高。

2）指定的标准定义了一组指导软件开发的准则，如果没有遵守这些准则，肯定会导致软件质量不高。

3）软件通常有一组没有显式描述的隐含需求（如期望软件是容易维护的）。如果软件满足明确描述的需求，但却不满足隐含的需求，那么软件的质量仍然是值得怀疑的。

任务实施

资产管理系统缺陷报告

表 2-17 是任务 2.3 实施登录和个人信息管理两个模块测试用例设计的缺陷统计。登录、个人信息管理两个模块的缺陷报告见表 2-18。

表 2-17　资产管理系统缺陷统计　　　　　　　　　　　　　　　单位：个

模块名称	按缺陷严重程度					小计
	严重	很高	高	中	低	
登录	2	2	1	1	1	7
个人信息管理	0	1	10	0	1	12
……	……	……	……	……	……	……
小计	2	3	11	1	2	19

表 2-18　资产管理系统缺陷报告

缺陷编号	模块名称	界面	摘要	描述	缺陷严重程度	提交人	附件说明
1	登录	登录界面	"登陆"按钮字错误，应为"登录"	1. 正常进入登录界面 2. "登陆"按钮字错误，应为"登录"	低	01_01	

续表

缺陷编号	模块名称	界面	摘要	描述	缺陷严重程度	提交人	附件说明
2	登录	登录界面	"登录"按钮位置排版与UI设计不一致	1. 正常进入登录界面 2. "登录"按钮位置排版与UI设计不一致	中	01_01	
3	登录	登录界面	密码明文显示	1. 正常进入登录界面 2. 输入密码 3. 密码明文显示	很高	01_01	
4	登录	登录界面	"换一张?"按钮更换验证码功能失效	1. 正常进入登录界面 2. 单击"换一张?"按钮 3. "换一张?"按钮更换验证码功能失效	高	01_01	
5	登录	登录界面	任务ID输入小数后登录出现400错误	1. 正常进入登录界面 2. 输入任务ID:2.9 3. 其他输入正确 4. 单击"登录"按钮 5. 任务ID输入小数后登录出现400错误	严重	01_01	
6	登录	登录界面	任务ID输入超过10位后登录出现400错误	1. 正常进入登录界面 2. 任务ID:22222222222 3. 其他输入正确 4. 单击"登录"按钮 5. 任务ID输入超过10位后登录出现400错误	严重	01_01	
7	登录	登录界面	输入的密码可以复制	1. 正常进入登录界面 2. 密码:aaaaaa 3. 输入的密码可以复制	很高	01_01	

续表

缺陷编号	模块名称	界面	摘要	描述	缺陷严重程度	提交人	附件说明
8	个人信息管理	个人信息界面	修改的手机号小于11位可以保存	1. 正常登录系统 2. 进入个人信息界面 3. 手机号 177723367 4. 单击"保存"按钮 5. 修改的手机号小于11位可以保存	高	01_01	
9	个人信息管理	个人信息界面	修改的手机号不以1开头可以保存	1. 正常登录系统 2. 进入个人信息界面 3. 输入手机号 27772336781 4. 单击"保存"按钮 5. 修改的手机号不以1开头可以保存	高	01_01	
10	个人信息管理	个人信息界面	修改的手机号含字母可以保存	1. 正常登录系统 2. 进入个人信息界面 3. 手机号：17as2336781 4. 单击"保存"按钮 5. 修改的手机号含字母可以保存	高	01_01	
11	个人信息管理	个人信息界面	修改的手机号含特殊字符可以保存	1. 正常登录系统 2. 进入个人信息界面 3. 手机号：177%90211 4. 单击"保存"按钮 5. 修改的手机号含特殊字符可以保存	高	01_01	
12	个人信息管理	个人信息界面	修改的手机号含中文可以保存	1. 正常登录系统 2. 进入个人信息界面 3. 手机号：177中文90211 4. 单击"保存"按钮 5. 修改的手机号含中文可以保存	高	01_01	
13	个人信息管理	修改密码窗口	未填写当前密码保存，提示为请填写旧密码，提示不友好	1. 正常登录系统 2. 进入修改密码界面 3. 当前密码：空 4. 其他输入正确 5. 单击"保存"按钮 6. 未填写当前密码保存，提示为"请填写旧密码"，提示不友好	低	01_01	

续表

缺陷编号	模块名称	界面	摘要	描述	缺陷严重程度	提交人	附件说明
14	个人信息管理	修改密码窗口	当前密码填写错误可以修改密码	1. 正常登录系统 2. 进入修改密码界面 3. 当前密码：输入错误的密码 4. 其他输入正确 5. 单击"保存"按钮 6. 当前密码填写错误可以修改密码	很高	01_01	
15	个人信息管理	修改密码窗口	新密码为连续数字可以修改密码	1. 正常登录系统 2. 进入修改密码界面 3. 新密码：123456 4. 其他输入正确 5. 单击"保存"按钮 6. 新密码为连续数字可以修改密码	高	01_01	
16	个人信息管理	修改密码窗口	新密码为相同数字可以修改密码	1. 正常登录系统 2. 进入修改密码界面 3. 新密码：111111 4. 其他输入正确 5. 单击"保存"按钮 6. 新密码为相同数字可以修改密码	高	01_01	
17	个人信息管理	修改密码窗口	新密码为相同字母可以修改密码	1. 正常登录系统 2. 进入修改密码界面 3. 新密码：aaaaaa 4. 其他输入正确 5. 单击"保存"按钮 6. 新密码为相同字母可以修改密码	高	01_01	
18	个人信息管理	修改密码窗口	新密码为连续字母可以修改密码	1. 正常登录系统 2. 进入修改密码界面 3. 新密码：abcdef 4. 其他输入正确 5. 单击"保存"按钮 6. 新密码为连续字母可以修改密码	高	01_01	
19	个人信息管理	修改密码窗口	新密码与当前密码相同可以修改	1. 正常登录系统 2. 进入修改密码界面 3. 当前密码：abcdef 4. 新密码：abcdef 4. 其他输入正确 5. 单击"保存"按钮 6. 新密码与当前密码相同可以修改	高	01_01	

【思考与练习】

理论题

1. "Bug"指的是什么？
2. 软件缺陷的等级有几类？分别是什么？

实训题

根据任务 2.3 实训题编写的测试用例进行测试并编写缺陷报告。

任务 2.5　编写功能测试总结报告

任务描述

在软件项目测试过程中，要记录测试过程中出现的问题。测试完成后，要编写功能测试总结报告，对产品测试过程中存在的 Bug 进行分析，为保障软件顺利提交提供理论依据，为验收测试项目提供交付依据。

在编写功能测试总结报告时要注意：

- 需要及时总结反思：认识到编写功能测试总结报告是对测试工作的总结和反思，有助于发现问题并持续改进。
- 需要建立反馈机制：功能测试总结报告是向开发团队和管理层反馈测试结果的重要途径，有助于推动项目的顺利进行。

任务要求

根据任务 2.3 资产管理系统测试用例和任务 2.4 缺陷报告编写一个功能测试总结报告。

知识链接

功能测试总结报告的模板

****

1　引言

1.1　编写目的

[本测试报告的具体编写目的，指出预期的读者范围]

1.2　项目背景

[项目背景说明]

2　测试参考文档

[参考文档说明]

3　项目组成员

[描述测试的团队和成员]

4　测试环境与配置

[简要介绍测试环境及配置]

5　测试进度

5.1　测试进度回顾

[描述测试过程中的测试进度以及总结]

表 2-19 为测试进度表。

表 2-19　测试进度表

测试阶段	实际时间安排	参与人员（工位号）	实际测试工作安排
测试方案		01_01	
测试用例			
第一遍全面测试			
……			

5.2　功能测试回顾

[描述测试过程中软件系统的测试过程以及结果]

6　测试用例汇总

表 2-20 为测试用例汇总表。

表 2-20　测试用例汇总表

功能模块	测试用例总数/个	用例编写人（工位号）	执行人（工位号）
登录		01_01	01_01
……			
用例合计			

7　缺陷汇总

[对发现的缺陷按照不同标准进行汇总]

表 2-21 为缺陷汇总表。

表 2-21　缺陷汇总表

功能模块	按缺陷严重程度/个						缺陷类型/个			
	严重	很高	高	中	低	合计	功能缺陷	UI 缺陷	建议性缺陷	合计
登录										
……										
合计										

8　测试结论

[最终测试结果总结说明、测试过程中遇到的重要问题以及如何解决、被测系统的质量总结、个人的收获以及团队的得失等]

****

任务实施

资产管理系统功能测试总结报告

****

1　引言

1.1　编写目的

本文档是测试工程师对 B/S 资产管理系统的测试总结，主要对被测软件的质量、功能、缺陷，团队得失和软件是否符合要求进行总体评价。本文档的预期读者包括：项目负责人、评审人员、产品使用人员、软件设计开发人员以及测试人员。主要达到以下目的：

（1）对被测软件的质量和功能进行总结，评估软件是否达到发布要求。

（2）理清系统存在的缺陷，为修复缺陷提供建议。

（3）分析测试过程，总结本次测试任务中个人与团队的得失，便于增强团队整体的测试水平和协作能力。

（4）确定被测软件是否满足需求说明书的各项要求，保证软件应有功能正常实现。

（5）检测该系统是否能满足用户的需求，以便于系统发布。

1.2　项目背景（详见任务 2.2 的任务实施中的 1.3 项目背景）

2　测试参考文档

表 2-22 为参考文档汇总表。

表 2-22　参考文档汇总表

文档名称	版本	作者（组名或工位号）	日期
《资产管理系统需求说明书》	V1.0	项目开发组	2024/2/1
《资产管理系统测试方案》	V1.0	01_01 01_02 01_03	2024/3/25
《资产管理系统测试用例》	V1.0	01_02 01_03	2024/3/26
《资产管理系统缺陷报告》	V1.0	01_02	2024/3/28

3　项目组成员

表 2-23 为项目组成员任务分配表。

4　测试环境与配置

4.1　硬件配置

表 2-23 项目组成员任务分配表

角色	人员（工位号）	职责
项目负责人	01_01	➢ 负责测试方案文档的编写 ➢ 负责测试总结报告的编写 ➢ 负责监督测试 ➢ 负责汇总测试用例、缺陷报告清单 ➢ 负责提交文档 ➢ 负责文档提交信息截图 ➢ 在自由交叉测试中，负责×××模块的用例测试
测试工程师	01_02	➢ 负责×××模块的测试用例编写 ➢ 在全面测试中，负责×××模块的测试用例执行 ➢ 在自由交叉测试中，负责×××模块的用例测试 ➢ 负责在平台上提交 Bug ➢ 负责编写缺陷报告清单 ➢ 负责 Bug 截图
测试工程师	01_03	➢ 负责×××模块的测试用例的执行 ➢ 在自由交叉测试中，负责×××模块的用例执行 ➢ 负责在平台上提交 Bug ➢ 负责编写缺陷报告清单 ➢ 负责 Bug 截图

表 2-24 为硬件配置表。

表 2-24 硬件配置表

关键项	数量/台	配置
PC	3	CPU：Intel(R) Core(TM) i7-6700HQ
		内存：16GB
		硬盘：1.28TB
		分辨率：1920×1080
		显示器：联想

4.2　软件配置

表 2-25 为软件配置表。

表 2-25 软件配置表

名称/类型	配置
操作系统	Windows 10
浏览器	Chrome
输入法	搜狗输入法
文本编辑器	Office 2016
采用工具	手工测试
采用技术	黑盒测试

4.3 测试方法

表 2-26 为测试方法分类表。

表 2-26 测试方法分类表

测试分类	具体方法	测试方法
功能测试	核实软件测试的各项功能以及业务流程是否完整，确保用户能够正常使用	采用黑盒测试：等价类划分法、边界值法、错误推测法、因果图法、场景法、正交实验法、决策表法
易用性测试	测试系统是否易使用、易理解和易操作	手工测试、目测
UI 界面测试	测试系统文字显示是否正确、界面排版、色彩搭配是否合理	手工测试、目测
文档测试	检查需求说明书等文档中的潜在缺陷	手工测试、目测
软件审查	针对软件的功能、性能、业务流程等进行一系列软件测试评审过程	目测

5 测试进度

5.1 测试进度回顾

本次测试由 01 测试小组测试完成，共用时 9 天，所有测试用例全部执行，测试完成度 90%，测试进度见表 2-27。

表 2-27 测试进度表

测试阶段	时间安排	测试内容工作安排	参与人员（工位号）	产出
阅读需求	3月23～24日	➢阅读《需求说明书》	01_01 01_02 01_03	无
测试方案文档	3月24～25日	➢01_01 负责测试方案文档的编写 ➢01_02、01_03 辅助编写测试方案文档	01_01	《01_01 测试方案文档》
测试用例	3月26日	➢01_02 负责×××模块的测试用例编写 ➢01_03 负责×××模块的测试用例编写	01_02 01_03	《01_01 测试用例》
第一次全面测试	3月27日	➢01_02 负责×××模块的测试用例的执行 ➢01_03 负责×××模块的测试用例的执行	01_02 01_03	《01_01 缺陷报告清单》
自由交叉测试	3月28～31日	➢01_01 负责×××模块的用例测试 ➢01_02 负责×××模块的用例测试 ➢01_03 负责×××模块的用例执行	01_01 01_02 01_03	《缺陷报告清单》
测试总结报告	3月31日	➢01_01 负责编写测试总结报告	01_01	《01_01 测试总结报告》

5.2 功能测试回顾

（1）本次测试由 01 测试小组完成测试资产管理系统，对登录、个人信息管理、资产类别、品牌、取得方式、供应商、存放地点、部门管理、资产入库、资产借还以及资产报废等模块进行了功能测试，历时 9 天。

（2）测试小组 3 人共写出测试用例 507 个，2 人执行所有测试用例，用例覆盖率为 96%。

（3）总共找出 64 个 Bug，其中严重程度为严重的 Bug 有 3 个，为很高的 Bug 有 10 个，为高的 Bug 有 20 个。

6 测试用例汇总

表 2-28 为本次测试用例汇总表，图 2-7 所示为测试用例分布图。

表 2-28 测试用例汇总表

模块名称	测试用例总数 / 个	用例编写人（工位号）	执行人（工位号）
登录	44	01_02	01_02
个人信息管理	60	01_02	01_02
……	……	……	……
总计	104		

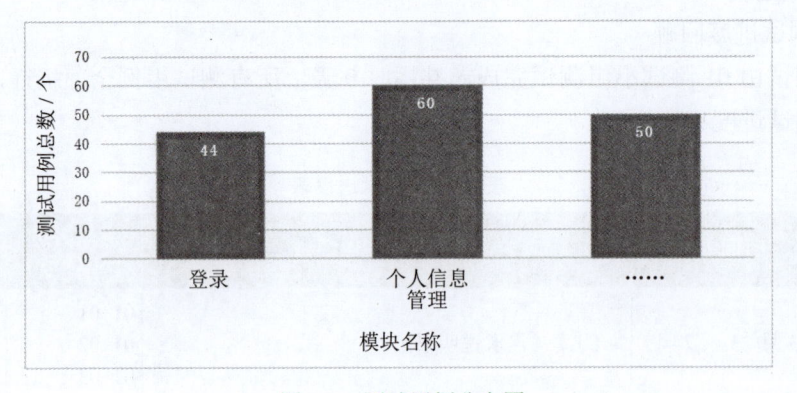

图 2-7 测试用例分布图

7 缺陷汇总

表 2-29 为缺陷汇总表，图 2-8 所示为缺陷分布图。

表 2-29 缺陷汇总表

功能模块	按缺陷严重程度 / 个						缺陷类型 / 个			
	严重	很高	高	中	低	合计	功能缺陷	UI缺陷	建议性缺陷	合计
登录	1		5	2	1	9				
个人信息管理			13			13				
……	……	……	……	……	……	……	……	……	……	……
合计	1		18	2	1	22				

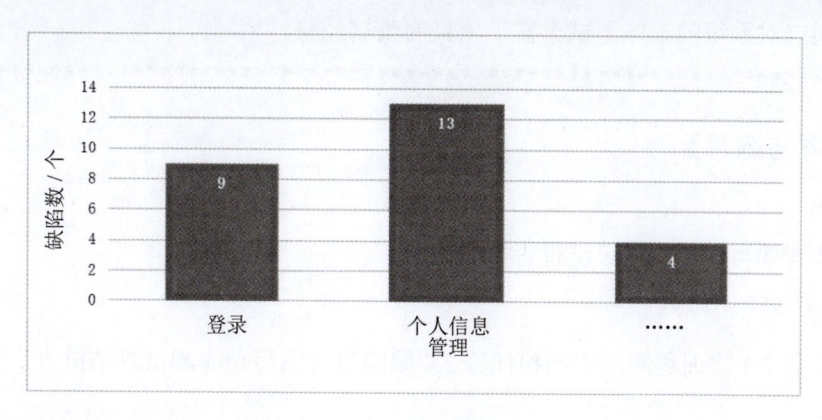

图 2-8　缺陷分布图

8　测试结论

8.1　系统整体测试情况总结

本次由测试小组 3 人协作完成测试资产管理系统的整体测试，进度安排和人员分配合理，测试情况完成较好。通过阅读需求说明书的要求，完整地测试了登录、个人信息管理等 11 个模块；并且使用黑盒测试方法编写测试用例 507 个，通过执行测试用例和交叉自由测试，共发现了 64 个 Bug。

8.2　测试过程中遇到的问题

（1）用例没有 100% 的执行。

（2）某些缺陷偶发，难以重现。

（3）测试过程中团队协作不默契。

（4）某些测试环节不能如期进行。

8.3　解决问题的办法

（1）及时检查，测试未测到的用例。

（2）仔细检查，发现未能重现的缺陷。

（3）加强队员之间的沟通。

（4）对未能如期进行的测试环节进行及时的调整。

8.4　质量总结

在本次测试 B/S 资产管理系统中，发现缺陷较多，不建议立即发布，应提交给软件设计师修复缺陷后，再进行回归测试。

8.5　个人收获

（1）学习了软件测试的相关知识。

（2）提高了软件测试实践能力。

（3）增强了团队协作意识。

8.6　团队收获

（1）在解决问题的过程中及时沟通，增强了团队协作能力。

（2）在本次测试过程中不断采用全面的测试方法，提高了团队的整体测试水平。

（3）通过对系统的总体测试丰富了项目的策划经验。

****

【思考与练习】

理论题

为什么要编写功能测试总结报告？

实训题

根据任务 2.3 实训题测试用例和任务 2.4 缺陷报告编写功能测试总结报告。

任务 2.6　测试项目管理工具：禅道

任务描述

在软件测试过程中，常常是几个项目先后或同步进行，如何有效地管理测试过程和测试人员，就需要借助软件测试项目管理工具，如 Jira、Tarantula、TestLodg、HipTes、禅道等，本任务主要以禅道为例进行讲解。

在管理测试项目时要注意：

- 有效地使用管理工具：掌握和使用测试项目管理工具是提高测试效率和质量的重要手段。
- 具备团队协作精神：在测试项目管理中，要具备团队协作精神，并且有效地利用禅道等测试项目管理工具进行高效的团队协作。

任务要求

利用禅道对资产管理系统的测试过程进行管理。

禅道的安装

知识链接

2.6.1　禅道工具的概述

1. 禅道的特点

禅道是一款软件测试项目管理工具，主要有以下几个特点：

（1）适合中小团队开发与测试使用，对于项目的迭代管理非常方便。

（2）从项目的计划到发布，完整覆盖研发项目的核心流程，可以细分项目需求、任务、缺陷和用例。

（3）支持敏捷方法 scrum，支持敏捷但不限于敏捷，更适合国内的人员使用。

（4）基于 ZPL 协议发布，开源版免费使用。

2. 禅道的版本

禅道主要有以下几个版本：专业版、企业版、集团版和开源版。如果只是学习使用，建议下载开源版本，其他几个版本都需付费。

2.6.2　禅道的下载与安装

禅道的下载与安装步骤如下：

（1）输入禅道的网址：https://www.zentao.net/，如图 2-9 所示，可以选择下载的版本，本任务是下载开源版。

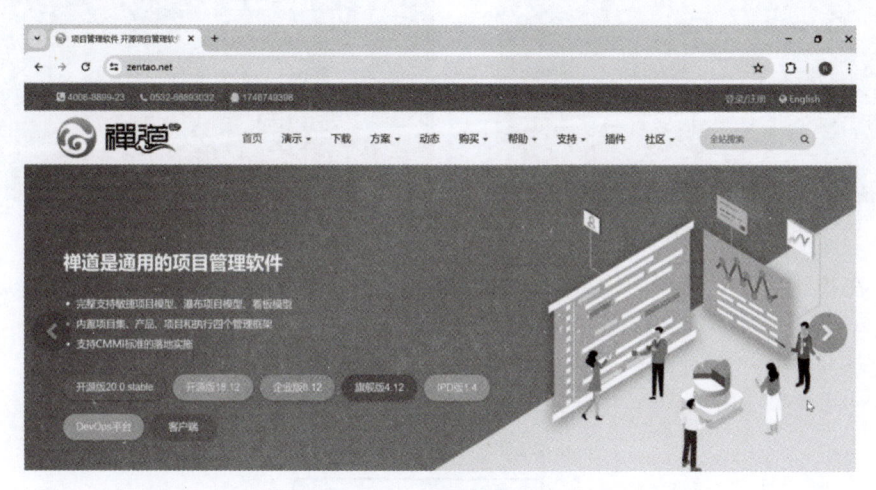

图 2-9　禅道下载网址

（2）单击"开源版 20.0 stable"，可以选择自己电脑对应的版本进行下载，本任务下载的是"Windows 一键安装包 -64 位"，如图 2-10 所示。

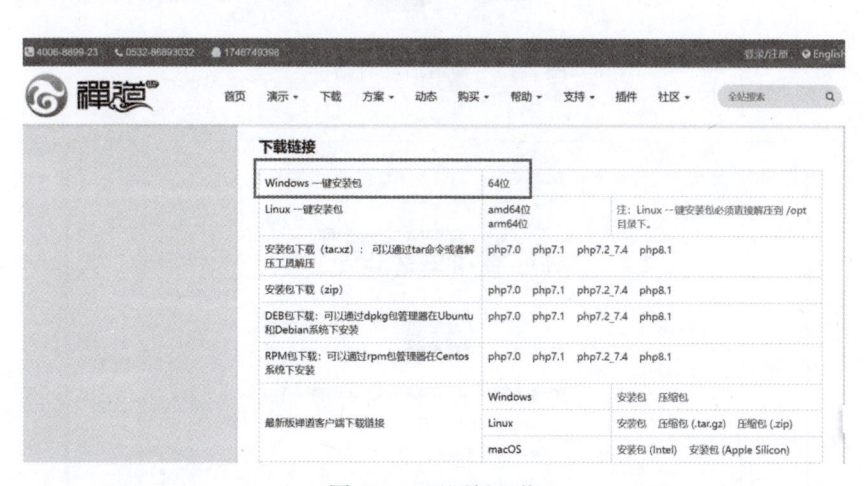

图 2-10　开源版下载

（3）下载之后将安装包 ZenTaoPMS-20.0-zbox.win64.exe 解压到某个根目录盘符（本任务用的是 H 盘），在 H 盘会生成目录 ZenTao。打开目录，双击 ZenTao.exe 文件启动，如图 2-11 所示。可以点击"修改",修改为自己熟悉的用户名和密码。点击按钮"启动禅道",如果不能正常启动,请检查端口是否被占用。当启动禅道后,然后点击"访问禅道",如图 2-12 所示。

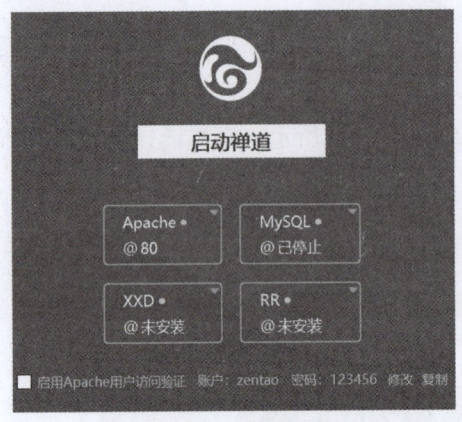

图 2-11　启动禅道

图 2-12　访问禅道

（4）在禅道启动对话框中输入默认的用户名（zentao）和密码（123456），然后点击"登录",如图 2-13 所示,打开禅道开源版,如图 2-14 所示。

图 2-13　禅道启动对话框

图 2-14　禅道开源版

（5）单击"开源版"按钮，输入软件禅道项目管理系统的用户名（admin）和密码（123456），点击登录，如图 2-15 所示，会提示当前密码安全性比较弱，根据提示修改密码，如图 2-16 所示，再重新登录，就可以进入到禅道首页，如图 2-17 所示。

图 2-15　登录禅道

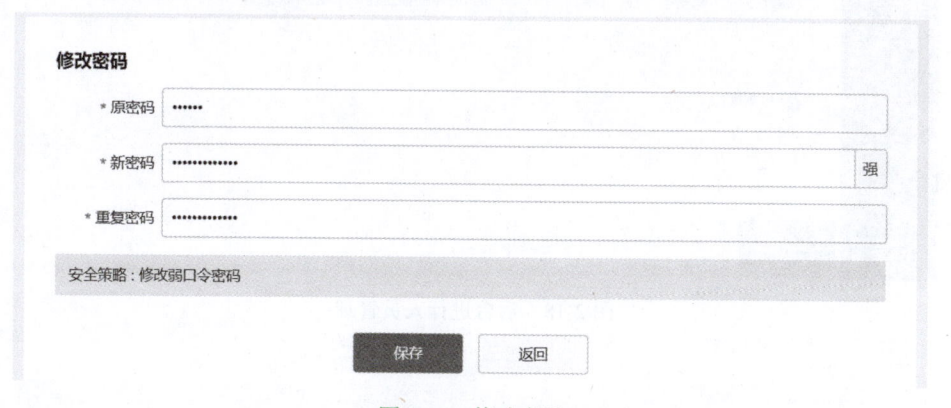

图 2-16　修改密码

图 2-17　禅道首页

任务实施

利用禅道对资产管理系统的测试过程进行管理

1. 人员管理

首先从后台进行人员管理,点击左侧"更多"→"后台",如图2-18所示,先添加下级部门,如图2-19所示,然后再添加用户并关联具体的部门,如图2-20所示。

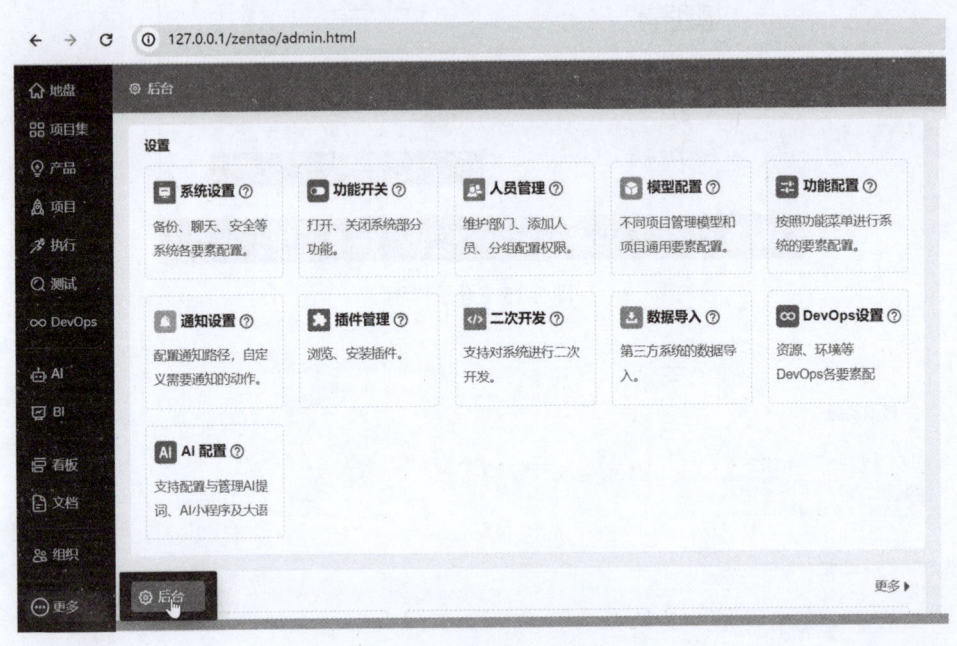

图2-18 后台进行人员管理

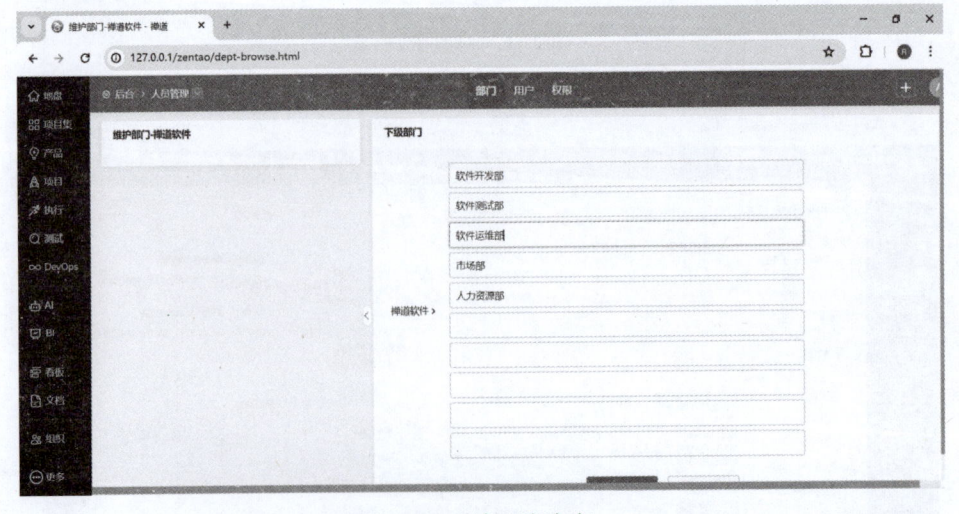

图2-19 添加下级部门

图 2-20 添加用户并关联部门

2. 添加项目集

根据当前业务的具体需求，点击左侧"项目集"来添加项目集，比如资产项目集，如图 2-21 所示，然后保存并启动项目集，如图 2-22 所示。

图 2-21 添加项目集

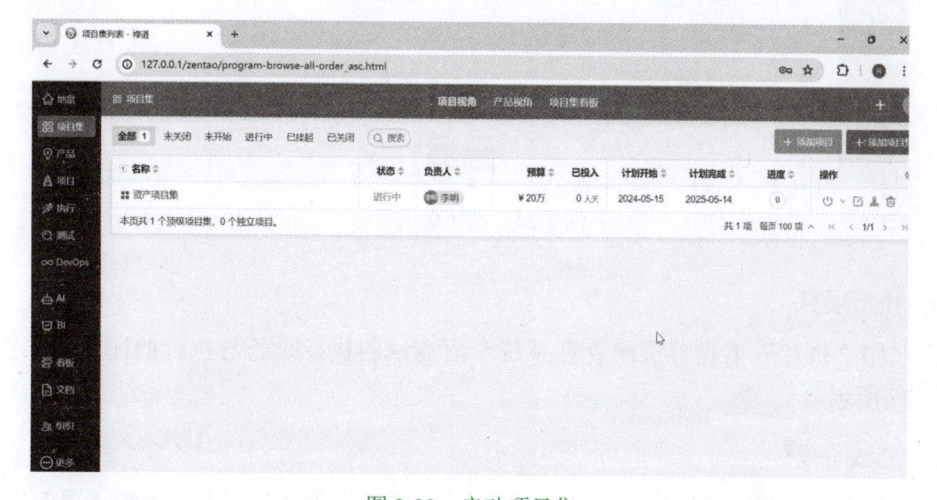

图 2-22 启动项目集

3. 添加产品研发需求

根据当前业务的需求，在左侧"产品"下添加具体研发的产品，需要开发哪些模块，提出具体的研发需求，如图 2-23 所示。

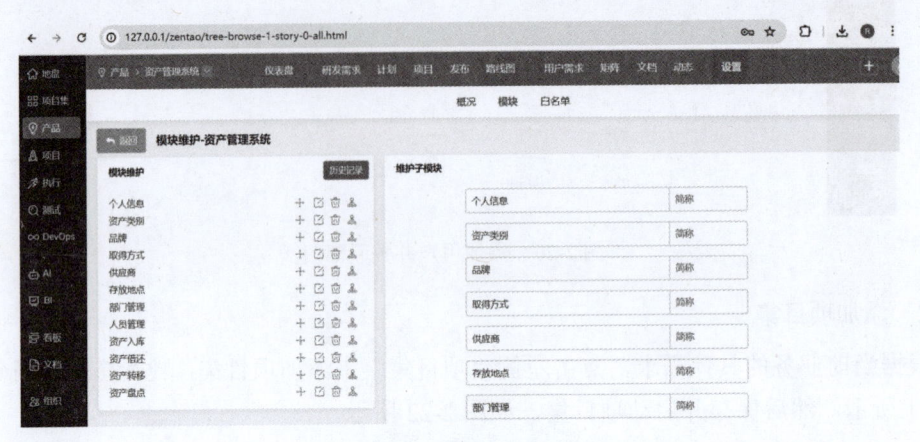

图 2-23　添加研发需求

4. 添加项目

在左侧"项目"下可以添加开发的项目，也可以添加测试的项目，如图 2-24 所示，然后启动项目，如图 2-25 所示。

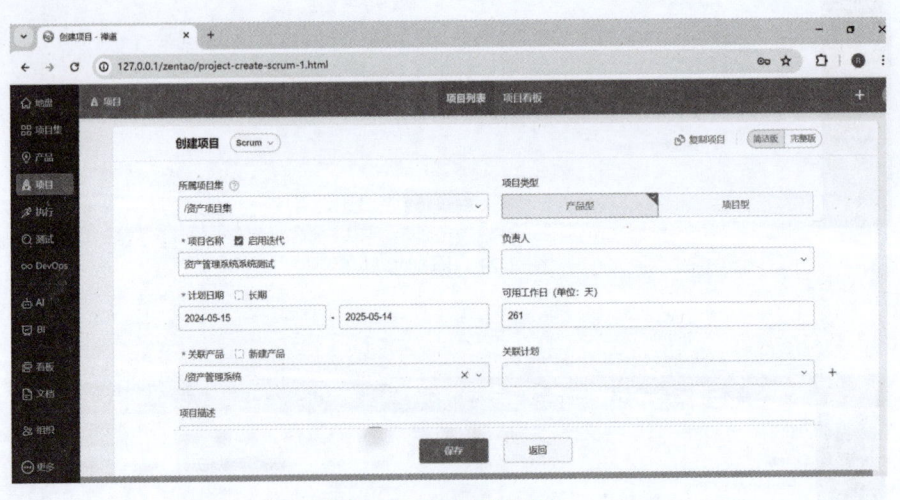

图 2-24　添加测试项目

5. 执行项目

在左侧"执行"下设置资产管理系统全面测试的执行时长与执行的团队，如图 2-26 和图 2-27 所示。

6. 测试阶段

首先设置当前测试的模块，如图 2-28 所示，在左侧"测试"下点击顶端"用例"按钮，输入或导入当前测试模块的测试用例，如图 2-29 所示，然后执行测试用例，不通过的测试用例即转为 Bug，如图 2-30 所示。

图 2-25　启动测试项目

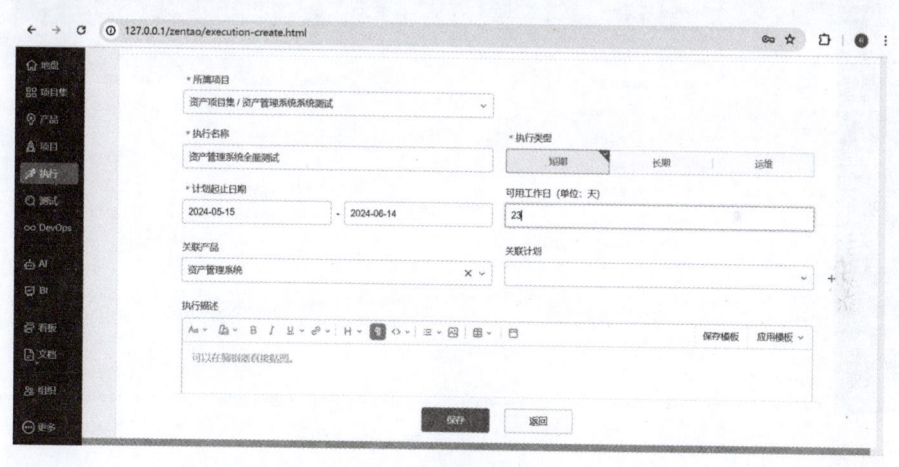

图 2-26　设置执行项目

图 2-27　添加执行团队

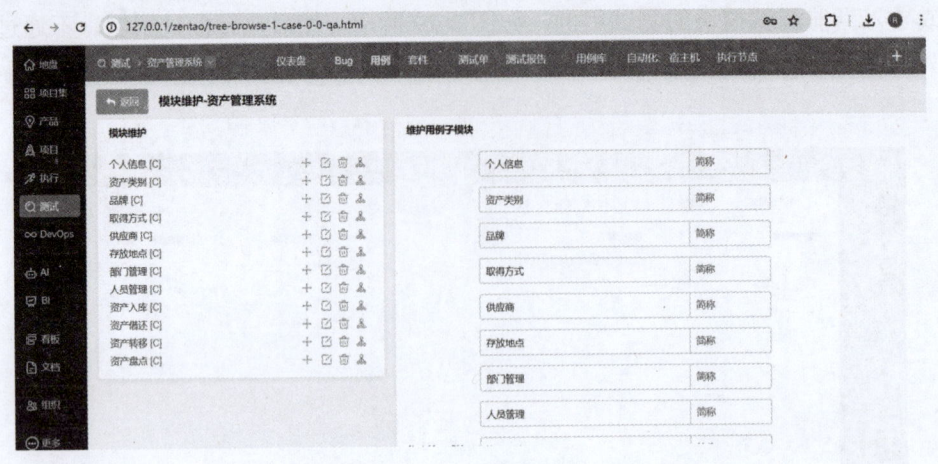

图 2-28　设置测试的模块

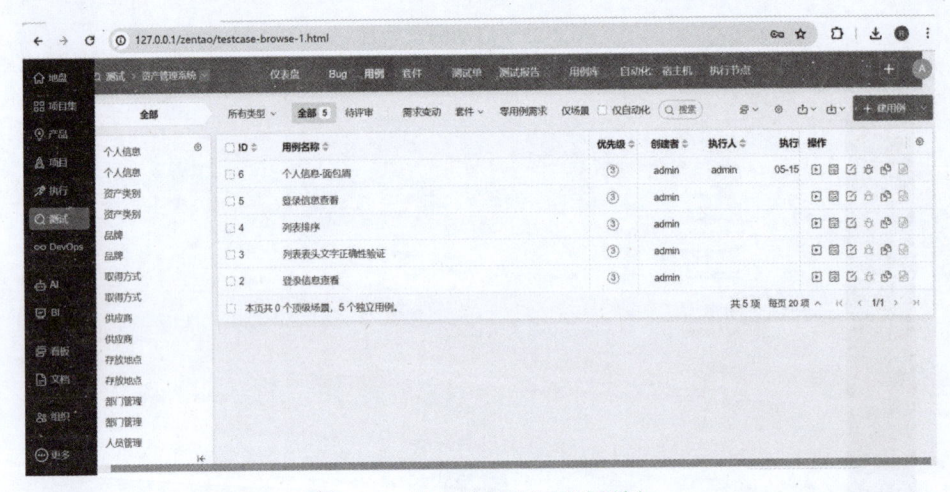

图 2-29　输入或者导入测试用例

图 2-30　不通过的测试用例转为 Bug

生成的 Bug 可以按类型生成报表进行查看，比如按照模块统计 Bug 数量，如图 2-31 所示，相应的饼图如图 2-32 所示。

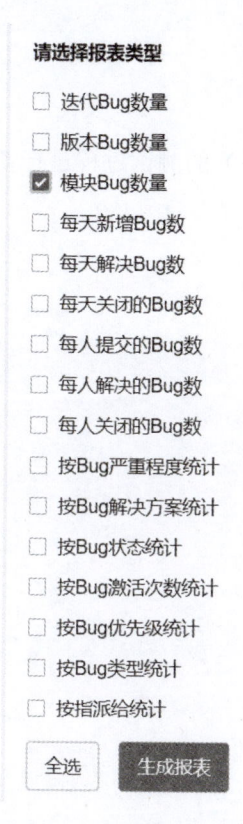

图 2-31　按模块统计 Bug 数量

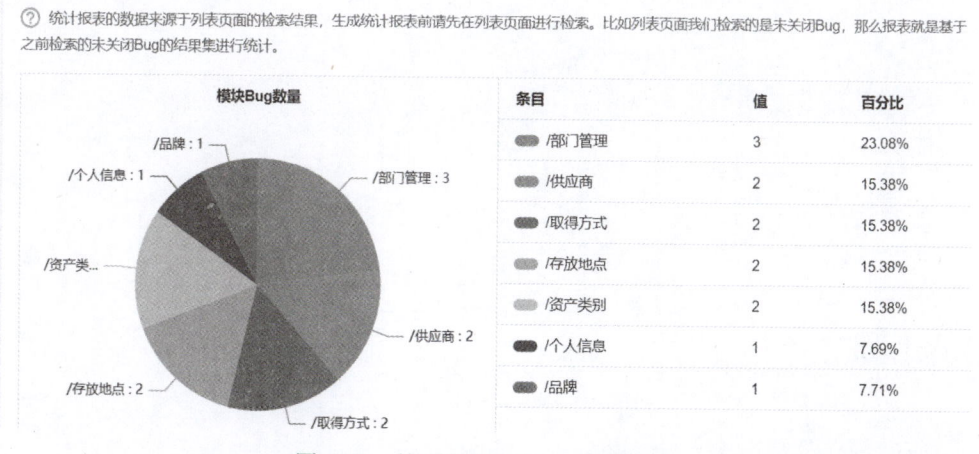

图 2-32　利用饼图显示 Bug 数量分布

【思考与练习】

理论题

为什么要使用测试管理工具?

实训题

使用禅道对某个系统（自己选择）的测试过程进行管理。

项目 3　Selenium 自动化测试

项目导读

　　自动化测试是把以人为驱动的测试行为转换成为机器执行的一种过程，比如对浏览器窗口的各种操作和各种元素的定位。本项目主要采用 Python+PyCharm+Selenium+Chrome 的测试环境，利用 ID、NAME、CLASS_NAME、TAG_NAME、TEXT、PARTIAL_TEXT、XPATH 和 CSS_SELECTOR 8 种元素定位法，模拟人进行键盘鼠标操作、滚动条滚动、切换窗口、切换表单、处理弹出警告框、上传文件等一系列的操作，达到自动化测试的目的。

教学目标

知识目标：
- 了解自动化测试与手工测试的区别。
- 掌握 ID、NAME、CLASS_NAME、TAG_NAME、LINK_TEXT、PARTIAL_LINK_TEXT、XPATH 和 CSS_SELECTOR 8 种元素定位法。
- 掌握模拟键盘鼠标操作、滚动条滚动、切换窗口、切换表单、处理弹出警告框、上传文件、截图等一系列操作的脚本编写法。

技能目标：
- 能综合利用 8 种元素定位法和常用的页面操作进行自动化测试。
- 能搭建 Unittest 框架进行自动化测试。
- 能使用 PageObject 设计模式进行自动化测试。

素质目标：
- 具备使用自动化测试工具提高软件测试效率的意识。
- 具备使用自动化测试提高软件质量的意识。

任务 3.1　Selenium 自动化测试基础知识

任务描述

浏览器窗口的操作主要有：最大化、最小化、前进、后退、刷新、关闭等，利用自动化测试脚本可以模拟人对浏览器窗口的一系列操作。

在学习 Selenium 自动化测试基础知识时要注意：
- 建立科学探索精神：认识到通过自动化测试，提升软件质量和测试效率的科学性。
- 建立创新意识：认识到自动化测试是测试领域的一次创新，是推动软件行业发展的重要力量。

任务要求

编写脚本模拟完成对浏览器窗口的各种操作。
（1）引入 Selenium。
（2）打开 Chrome 浏览器。
（3）最大化浏览器窗口。
（4）进入百度页面。
（5）进入百度贴吧页面。
（6）后退然后前进。
（7）刷新页面。
（8）分别打印页面标题并设置等待时间。
（9）关闭浏览器。

知识链接

传统的软件测试采用手工执行的方式，具有执行效率低、容易出错等缺点，特别是在进行回归测试时，属于一种重复性劳动。为了节省人力、时间及硬件资源，提高测试效率，便引入了自动化测试的概念。

自动化软件测试是把以人为驱动的测试行为转化为机器执行的一种过程，是通过测试工具、测试脚本（Test Scripts）等手段，按照测试工程师的预定计划对软件产品进行自动的测试，从而验证软件是否满足用户的需求。

3.1.1　自动化测试的特点

1. 自动化测试的优势

传统的手工测试既耗时又单调，需要投入大量的人力资源。有时由于时间限制，导致无法在应用程序发布前彻底地手动测试所有功能，这就有未检测到应用程序中可能存在的严重错误的风险。而自动测试极大地加快了测试流程，从而解决了上述问题。通过创建用于检查软件所有方面的测试，然后在每次软件代码更改时运行这些测试，即可大大缩短软件的测试周期。同时，由于自动化测试把测试人员从简单重复的机械劳动中解放了出来，使测试人员可以主要承担测试工具无法替代的测试任务，也可以大大地节省人力资源，从而降低测试成本。

另外，自动化测试可以提高测试质量，如在性能测试领域，可以进行负载压力测试、大数据量测试等。由于测试工具可以精确重现测试步骤和顺序，可大大提高缺陷的可重现率。另外，利用测试工具的自动执行功能，可以提高测试的覆盖率。表 3-1 列出了自动化测试的优点。

表 3-1　自动化测试的优点

优点	描述
快速	自动化测试的运行比实际用户快得多
可靠	自动化测试每次运行时都会准确执行相同的操作，因此消除了人为的错误
可重复	可以通过重复执行相同的操作来测试软件的反应
可编程	可以编写复杂的测试脚本来找出隐藏的信息
全面	可以建立一套测试来测试软件的所有功能
可重用	可以在不同版本的软件上重复使用测试，甚至在用户界面更改的情况下也不例外

2. 自动化测试的局限性

自动化测试借助了计算机的计算能力，可以重复地、精确地进行测试，但是因为工具是缺乏思维能力的，因此在以下方面，它永远无法取代手工测试。

（1）测试用例的设计。

（2）界面和用户体验的测试。

（3）正确性的检查。

目前，在实际测试工作中，仍然是以手工测试为主，自动化测试为辅。

3.1.2　软件自动化测试的选择

1. 自动化测试的适用条件

自动化测试的适用条件如下：

（1）软件需求变动不频繁。测试脚本的稳定性决定了自动化测试的维护成本。如果软件需求变动过于频繁，测试人员需要根据变动的需求来更新测试用例以及相关的测试脚本，而脚本的维护本身就是一个代码开发的过程，需要进行修改、调试，必要时还要修改自动化测试的框架，如果所花费的成本不低于利用其节省的测试成本，那么自动化测试便是失败的。若项目中的某些模块相对稳定，某些模块需求变动性很大，便可对相对稳定的模块进行自动化测试，而对变动较大的模块仍是用手工测试。

（2）软件项目周期比较长。自动化测试需求的确定、自动化测试框架的设计、测试脚本的编写与调试均需要相当长的时间来完成，这样的过程本身就是一个测试软件的开发过程，需要较长的时间来完成。如果项目的周期比较短，没有足够的时间去支持这样一个过程，那么自动化测试便是失败的。

（3）自动化测试脚本可重复使用。如果费尽心思开发了一套近乎完美的自动化测试脚本，但是脚本的重复使用率很低，致使其间所耗费的成本大于所创造的经济价值，那么自动化测试便成了测试人员的练手之作，而并非真正可产生效益的测试手段了。

另外，在手工测试需要投入大量的时间与人力时，也需要考虑引入自动化测试，比如性能测试、配置测试和大数据量输入测试等。

2. 自动化测试方案的选择

在企业内部通常存在许多不同种类的应用平台，应用开发技术也不尽相同，甚至在一个应用中可能跨越了多种平台，或同一应用的不同版本之间存在技术差异，所以选择软件自动化测试方案时必须深刻理解这一选择可能带来的变动，如来自诸多方面的风险和成本开销。企业用户在进行软件测试自动化方案的选型时，应参考的原则有以下几种：

（1）选择用尽可能少的自动化产品覆盖尽可能多的平台，以降低产品投资和团队的学习成本。

（2）通常应该优先考虑测试流程管理自动化，以满足为企业测试团队提供流程管理支持的需求。

（3）在投资有限的情况下，性能测试自动化产品将优先于功能测试自动化产品。

（4）在考虑产品性价比的同时，应充分关注产品的支持服务和售后服务的完善性。

（5）尽量选择趋于主流的产品，以便通过行业间交流甚至网络等方式获得更为广泛的经验和支持。

（6）应对自动化测试方案的可扩展性提出要求，以满足企业不断发展的技术和业务需求。

3. 自动化测试的具体要求

自动化测试的具体要求如下：

（1）介入的时机。过早地进行自动化测试会带来维护成本的增加，因为早期的系统界面一般不够稳定，此时可以根据界面原型提供的控件来尝试工具的适用性。待界面确定后，再根据选择的工具进行自动化测试。

（2）对自动化测试工程师的要求。自动化测试工程师必须具备一定的工具使用基础和自动化测试脚本开发的基础知识，还要了解各种测试脚本的编写和设计方法。

3.1.3 自动化测试环境的配置

1. 安装 Python 3.10

自动化测试环境的配置

（1）双击 Python 安装文件，出现如图 3-1 所示的窗口，选中窗口中的复选框，将相应内容添加到环境变量，选择自定义安装命令"Customize installation"，弹出如图 3-2 所示的"选项特征"窗口。

图 3-1　勾选添加相应内容到环境变量

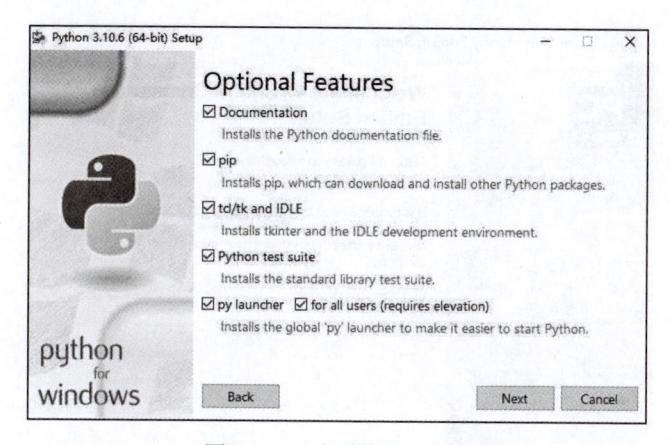

图 3-2　"选项特征"窗口

（2）保持默认设置，选中所有的选项，单击"Next"按钮，弹出如图 3-3 所示的"高级选项"窗口。保持默认选项，在"Customize install location"的输入框中输入安装路径"C:\Python\Python310"，然后单击"Install"按钮，等待安装完成。

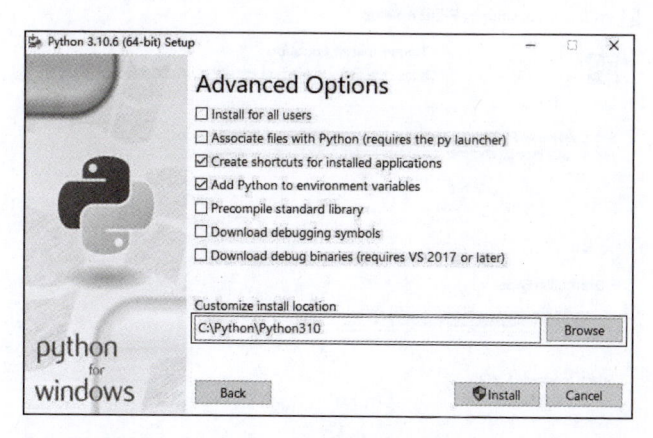

图 3-3　"高级选项"窗口

（3）打开 cmd 命令窗口，输入"python"，弹出如图 3-4 所示的信息，表明 Python 安装成功。

图 3-4　命令显示成功安装

2. 安装 PyCharm

双击安装文件，弹出如图 3-5 所示的"欢迎安装 PyCharm 社区版"对话框，单击"Next"按钮，后续安装过程可以全部保持默认设置，直到安装完成，如图 3-6～图 3-10 所示。

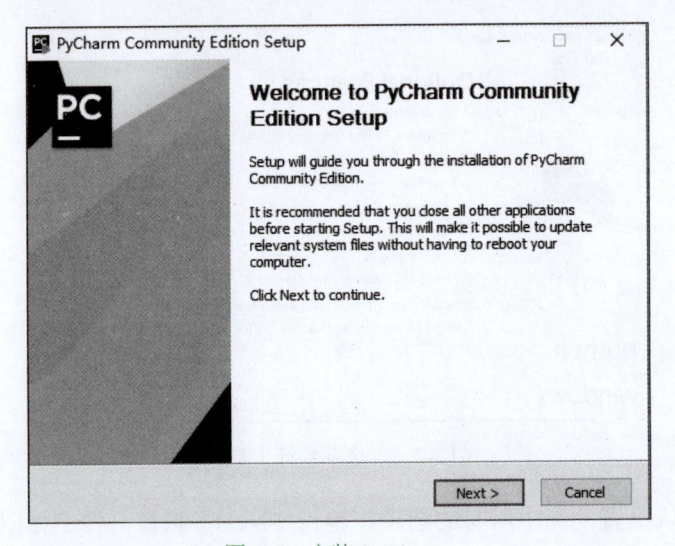

图 3-5　安装 PyCharm

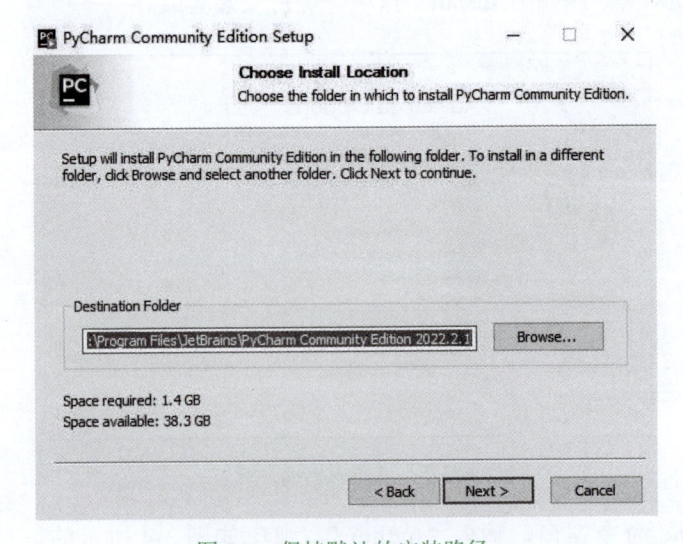

图 3-6　保持默认的安装路径

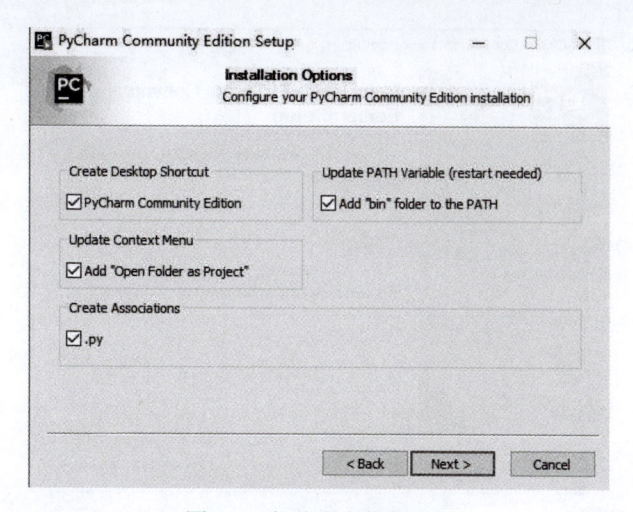

图 3-7　勾选所有的复选框

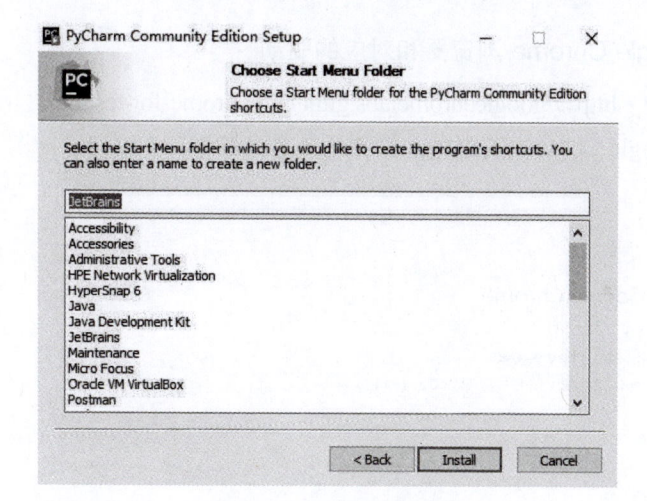

图 3-8　保持默认的选项

图 3-9　正在安装界面

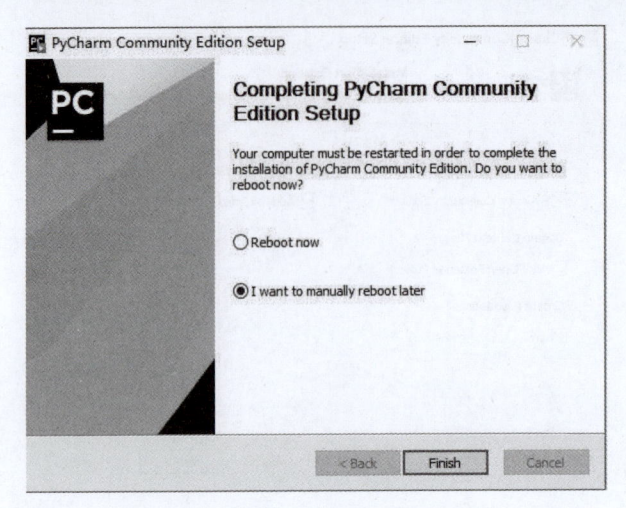

图 3-10　安装结束，可以选择稍后启动

3. 安装 Google Chrome 浏览器和对应的驱动

（1）登录网址：https://googlechromelabs.github.io/chrome-for-testing/，下载 Google Chrome 并安装，单击 Google Chrome 的帮助，查看版本为 122.0.6261.112，如图 3-11 所示。

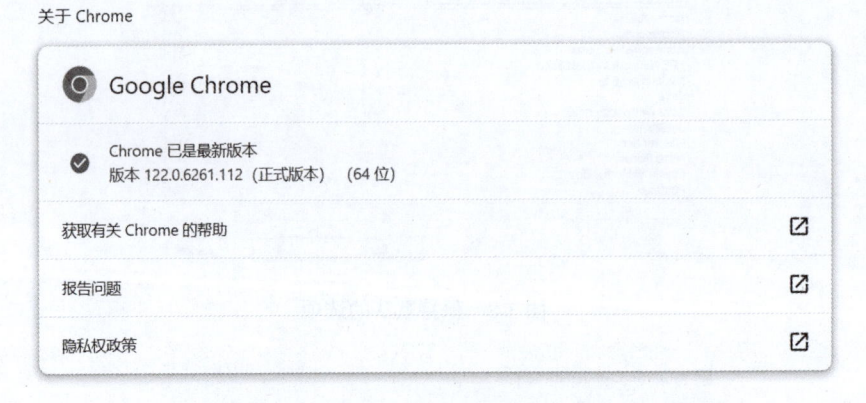

图 3-11　查看 Chrome 版本

（2）登录第一步的网址，根据浏览器版本选择对应的驱动进行下载，如图 3-12 所示。如果已安装 Google 浏览器且是旧版本，可以使用如下网址进行下载对应的驱动：http://chromedriver.storage.googleapis.com/index.html。

（3）下载后将驱动 chromedriver.exe 复制到 Google Chrome 对应的安装目录 "C:\Program Files\Google\Chrome\Application" 下，如图 3-13 所示。

4. 启动与运行程序

（1）打开 PyCharm，初始启动界面如图 3-14 所示，是黑底白字，如果想改成白底黑字，点击 File → Settings → Appearance&Behavior → Appearance，将 Theme 的主题修改为 IntelliJ Light，如图 3-15 所示。

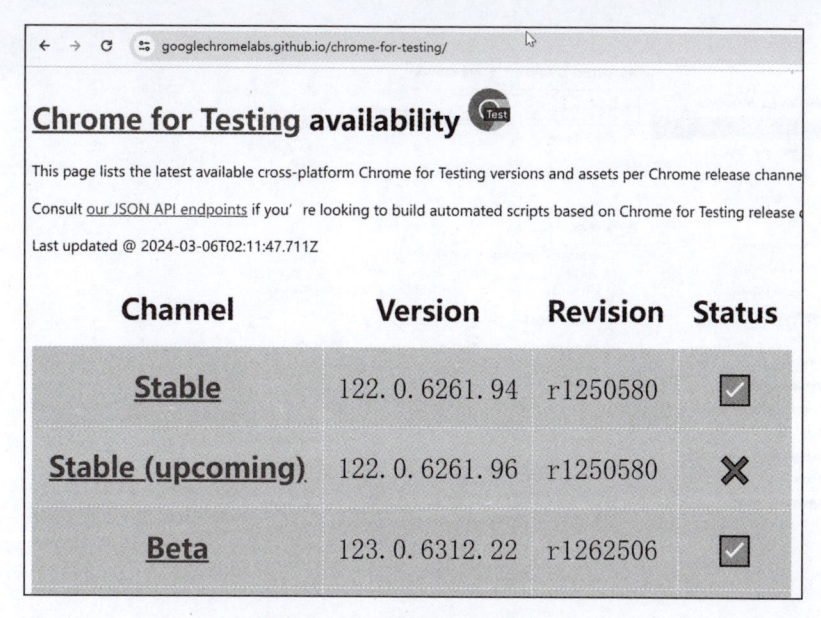

图 3-12 下载 Chrome 驱动

图 3-13 chromedriver 驱动放置的文件夹

图 3-14 启动 PyCharm 界面

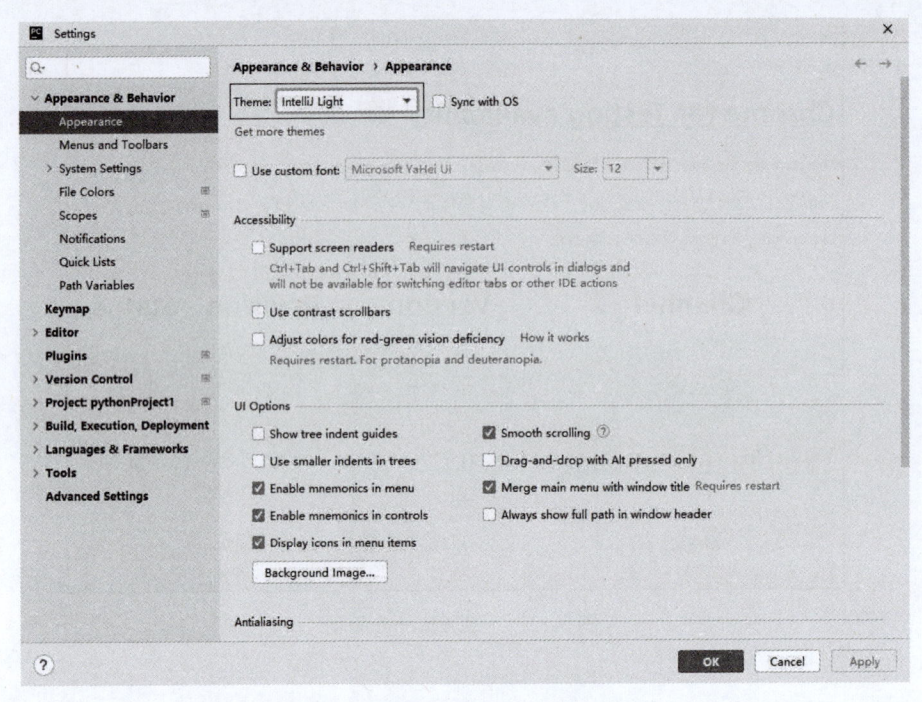

图 3-15 设置 PyCharm 为白底黑字界面

（2）点击 File → New Project，新建一个项目，如图 3-16 所示，并在弹出的界面中进行命名，在 Base interpreter 中选择安装的 Python 解释器，然后单击 Create，如图 3-17 所示，在弹出的窗口中选择 This Window，如图 3-18 所示，将项目加载到本窗口，新建项目的界面如图 3-19 所示。

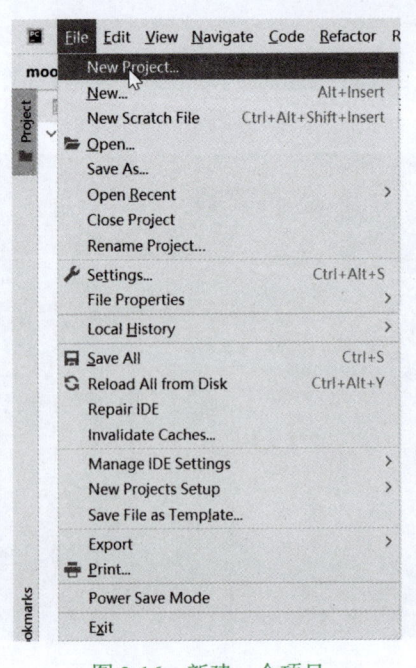

图 3-16 新建一个项目

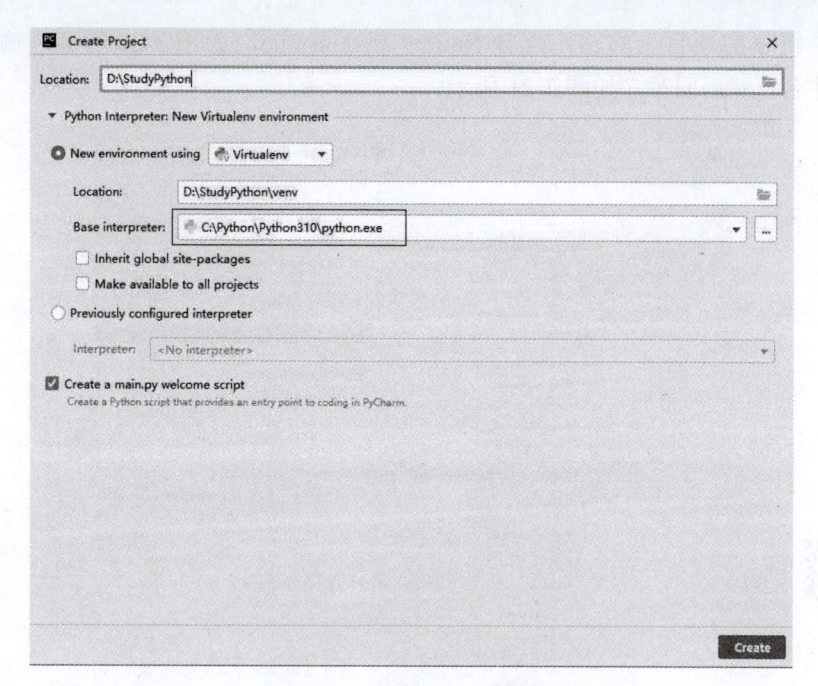

图 3-17　加载 python 解释器

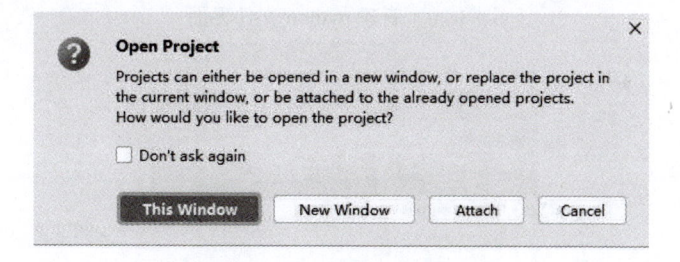

图 3-18　新项目加载到本窗口

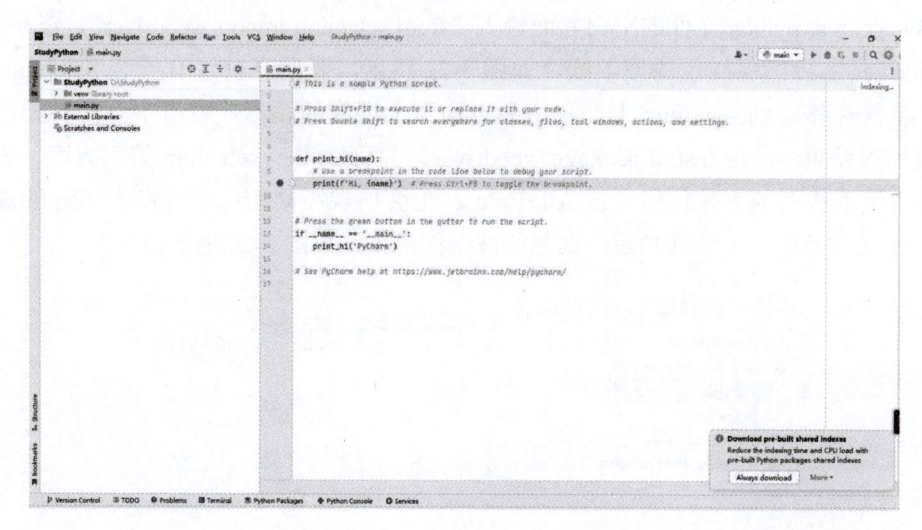

图 3-19　新建项目的界面

（3）在新建的项目上右击，选择 New → Python File，如图 3-20 所示，输入新建的 Python 文件名，然后回车，如图 3-21 所示。

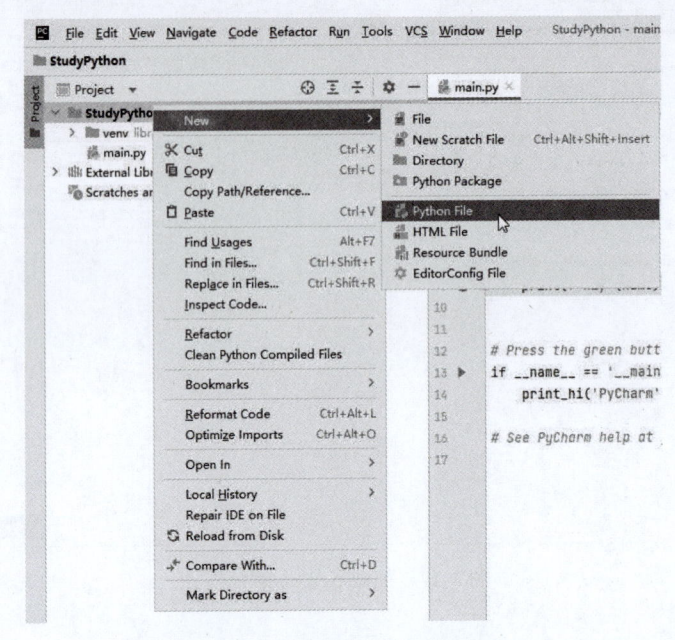

图 3-20　新建 python 文件界面

图 3-21　将 python 文件命名为 demo.py

（4）在新建 python 文件的空白界面输入"from selenium import webdriver"，在 selenium 和 webdriver 上会出现红色的波浪线，如图 3-22 所示，表明当前没有安装 Selenium 第三方库，将鼠标移动到 selenium 上，左边会出现一个灯泡的图标，点击下三角，弹出如图 3-23 所示的界面，点击 install package webdriver，并可以安装 selenium 第三方库。也可以在有红色波浪线的地方按住组合键 Alt+Enter，也会出现相同的选项，点击 install package webdriver 安装即可。安装成功后，红色的波浪线消失，如图 3-24 所示。

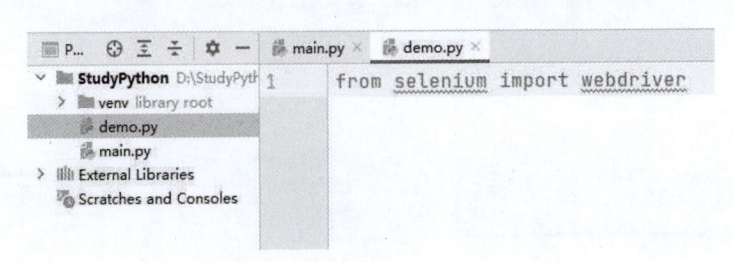

图 3-22　输入导入 selenium 包的包

图 3-23　安装 selenium 包

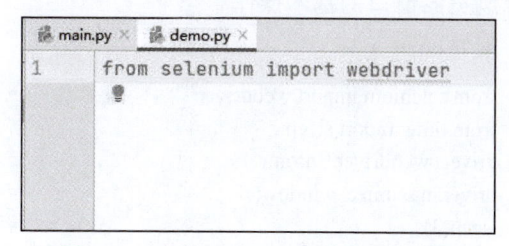

图 3-24　安装 selenium 包成功后的界面

3.1.4　Selenium 的基本操作

Selenium 的基本操作如下：

（1）引入 Selenium 模块。

from selenium import webdriver

（2）启动 Chrome 浏览器。

driver = webdriver.Chrome()

（3）打开网页。

driver.get()

（4）浏览器窗口最大化。

driver.maximize_window()

（5）退出浏览器。

driver.quit()

（6）等待时间。

time.sleep()

（7）关闭窗口。

driver.close()

（8）前进。

driver.forward()

（9）后退。

driver.back()

（10）刷新。

driver.refresh()

（11）打印。

print()

（12）获取打开网址的标题。

driver.title

🔊 任务实施

浏览器窗口的基本操作

具体的脚本如下：

```python
from selenium import webdriver                    # 导入 Selenium
from time import sleep                            # 导入 sleep
driver=webdriver.Chrome()                         # 打开 Chrome 浏览器
driver.maximize_window()                          # 最大化浏览器窗口
sleep(3)                                          # 设置等待时间 3s
driver.get("https://www.baidu.com/")              # 打开百度窗口
print(driver.title)                               # 打印百度窗口标题
sleep(3)                                          # 设置等待时间 3s
driver.get("https://tieba.baidu.com/index.html")  # 打开百度贴吧窗口
print(driver.title)                               # 打印百度贴吧窗口标题
sleep(3)
driver.back()                                     # 页面后退
sleep(3)
driver.forward()                                  # 页面前进
sleep(3)
driver.refresh()                                  # 页面刷新
sleep(3)
driver.quit()                                     # 关闭浏览器
```

浏览器窗口的基本操作

【思考与练习】

理论题

浏览器窗口的基本操作有哪些？

实训题

编写脚本模拟百度首页"新闻""hao123""地图""视频""学术"等窗口的切换。

任务 3.2　Selenium 8 种元素定位法

🔍 任务描述

在 UI 层面的自动化测试中，元素的定位与操作是基础，但却是编写自动化测试脚本时最常用和最重要的部分，也是经常遇到的困难所在。WebDriver 提供了 8 大元素定位方法：ID、NAME、CLASS_NAME、LINK_TEXT、PARTIAL_LINK_TEXT、TAG_NAME、XPATH 和 CSS_SELECTOR。

在学习 Selenium 8 种元素定位法时要注意：

- 建立分类思维能力：通过分析不同的元素定位方法，培养学生的分类思维能力。
- 具备问题解决能力：根据页面元素的特点选择合适的定位方法，锻炼问题解决能力。

任务要求

利用 8 种元素定位法登录资产管理系统并添加资产类别。

（1）打开资产管理系统首页：http://127.0.0.1:8080/pams/front/login.do。

（2）通过 ID 方法定位用户名输入框。

（3）通过 NAME 方法定位密码输入框。

（4）通过 CLASS_NAME 方法定位登录按钮。

（5）通过 LINK_TEXT 或者 PARTIAL_LINK_TEXT 方法定位"资产类别"。

（6）用 CSS_SELECTOR 方法定位新增按钮，打开新增资产类别界面。

（7）用 TAG_NAME 方法定位类别名称输入框。

（8）用 XPATH 方法定位类别编码输入框。

（9）用 ID 方法定位保存按钮。

知识链接

3.2.1 通过 ID 定位

通过 ID 定位的方法：find_element(BY.ID," ")。

例：打开百度首页，通过 ID 定位到搜索框，然后输入"通过 ID 定位"。

具体的操作步骤如下：

（1）打开百度首页，在百度输入框中右击，选择"检查"命令，或者直接按 F12 键，如图 3-25 所示。

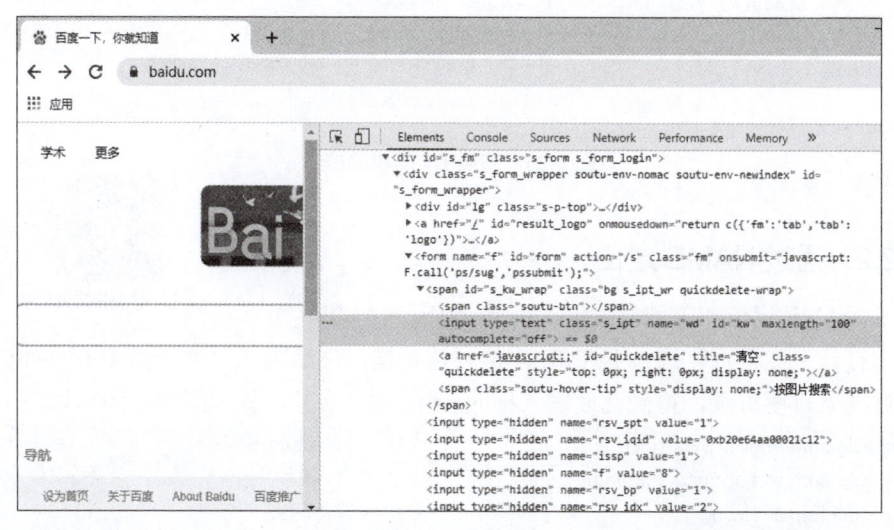

图 3-25　百度首页

（2）高亮显示的代码就是百度输入框对应的属性。

`<input type="text" class="s_ipt" name="wd" id="kw" maxlength="100" autocomplete="off">`

从定位到的元素属性中看到有个 id 属性：id="kw"，可以通过它定位到这个元素。

(3)定位到搜索框后,用 send_keys() 方法输入文本"通过 ID 进行定位"。具体的脚本如下所示:

```
from selenium import webdriver                      # 引入 selenium 模块
from selenium.webdriver.common.by import By         # 引入 By 模块
from time import sleep                              # 引入等待时间
driver=webdriver.Chrome()                           # 打开谷歌浏览器
driver.maximize_window()                            # 窗口最大化
driver.get("https://www.baidu.com/")                # 打开百度首页
sleep(3)                                            # 设置等待时间
driver.find_element(By.ID,"kw").send_keys(" 通过 ID 进行定位 ")
# 通过 ID 定位百度输入框,输入"通过 ID 进行定位"
sleep(4)                                            # 设置等待时间 4 秒
```

提示:当输入脚本 driver.find_element(By.ID,"kw").send_keys(" 通过 ID 进行定位 ") 时,By 会再现红色的波浪线,按住组合键 Alt+Enter 或者单击左边红色的灯泡,出现提示,如图 3-26 所示,单击 Import 'selenium.webdriver.common.by.By' 即可以安装 By 模块。以后在编写代码时,只要出现红色的波浪线,都可以采用这种方法导入新的模块。

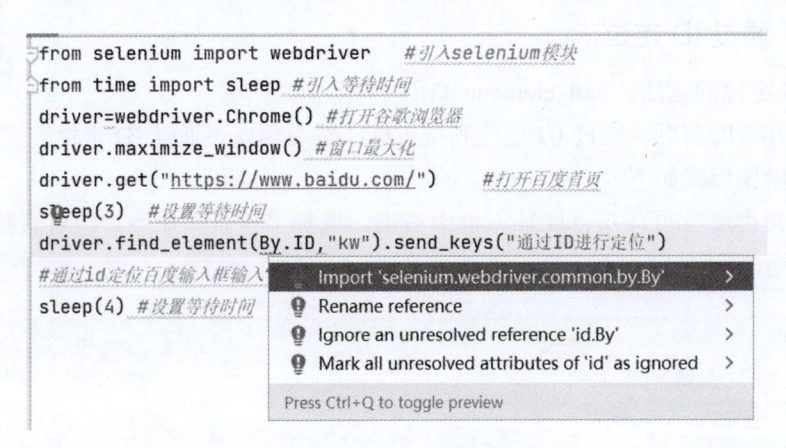

图 3-26　安装 By 模块的提示

3.2.2　通过 NAME 定位

通过 NAME 定位的方法是:find_element(By.NAME," ")。

例:打开百度首页,通过 NAME 定位到搜索框,然后输入"通过 NAME 定位"。

通过观察百度首页,得到百度输入框的 name 是"wd",具体的脚本编写如下:

```
from selenium import webdriver                      # 引入 selenium 模块
from selenium.webdriver.common.by import By         # 引入 By 模块
from time import sleep                              # 引入等待时间
driver=webdriver.Chrome()                           # 打开谷歌浏览器
driver.maximize_window()                            # 窗口最大化
driver.get("https://www.baidu.com/")                # 打开百度首页
sleep(3)                                            # 设置等待时间
driver.find_element(By.NAME,"wd").send_keys(" 通过 NAME 进行定位 ")
```

\# 通过 NAME 定位百度输入框输入"通过 NAME 进行定位"
sleep(4)   # 设置等待时间

3.2.3 通过 CLASS_NAME 定位

通过 CLASS_NAME 定位的方法是：find_element(By.CLASS_NAME," ")。

例：打开百度首页，通过 CLASS_NAME 定位到搜索框，然后输入"通过 CLASS_NAME 定位"。从图 3-25 中得到百度搜索框的 CLASS_NAME 是"s_ipt"，具体的脚本编写如下：

```
from selenium import webdriver                    # 引入 selenium 模块
from selenium.webdriver.common.by import By       # 引入 By 模块
from time import sleep                            # 引入等待时间
driver=webdriver.Chrome()                         # 打开谷歌浏览器
driver.maximize_window()                          # 窗口最大化
driver.get("https://www.baidu.com/")              # 打开百度首页
sleep(3)                                          # 设置等待时间
driver.find_element(By.CLASS_NAME,"s_ipt").send_keys(" 通过 CLASS_NAME 进行定位 ")
# 通过 CLASS_NAME 定位百度输入框输入"通过 CLASS_NAME 进行定位"
sleep(4)                                          # 设置等待时间
```

3.2.4 通过 TAG_NAME 定位

通过 TAG_NAME 定位的方法是：find_element(By.TAG_NAME," ")。

例：打开百度首页，通过 TAG_NAME 定位到"百度图标"，如图 3-27 所示，从定位到的元素属性中，可以看到每个元素都有 tag（标签）属性，如百度图标的标签属性，就是最前面是 area 的行。

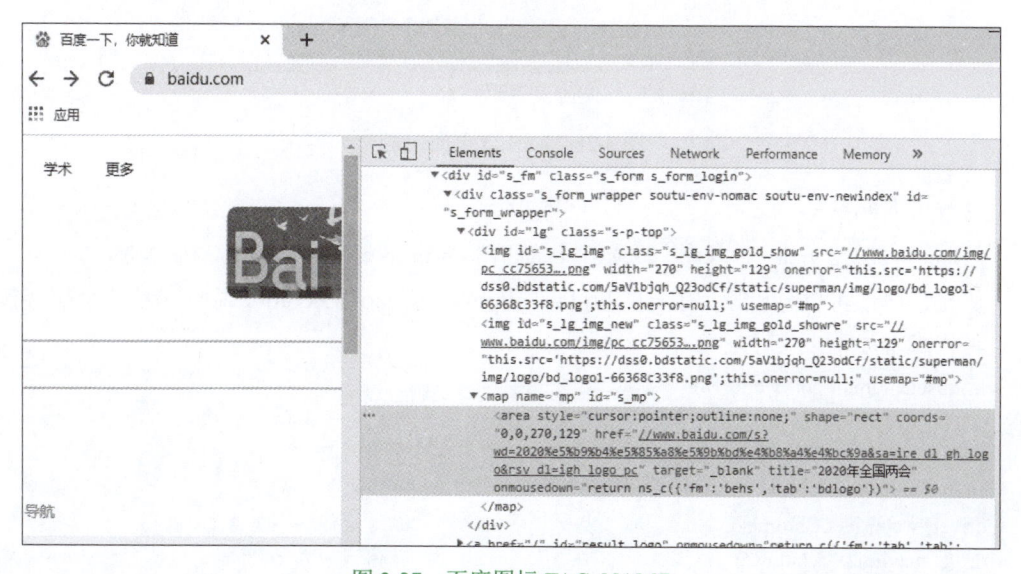

图 3-27 百度图标 TAG_NAME

具体的脚本如下：

from selenium import webdriver	# 引入 selenium 模块
from selenium.webdriver.common.by import By	# 引入 By 模块
from time import sleep	# 引入等待时间
driver=webdriver.Chrome()	# 打开谷歌浏览器
driver.maximize_window()	# 窗口最大化
driver.get("https://www.baidu.com/")	# 打开百度首页
sleep(3)	# 设置等待时间
driver.find_element(By.TAG_NAME,"area").click()	# 点击百度图标
sleep(4)	# 设置等待时间

说明：点击百度图标用的事件是 click()。

3.2.5 通过 LINK_TEXT 定位

通过 LINK_TEXT 定位的方法是：find_element(By.LINK_TEXT,"")。

例：打开百度首页，通过 LINK_TEXT 定位到"hao123"，如图 3-28 所示。

通过 LINK_TEXT 定位元素

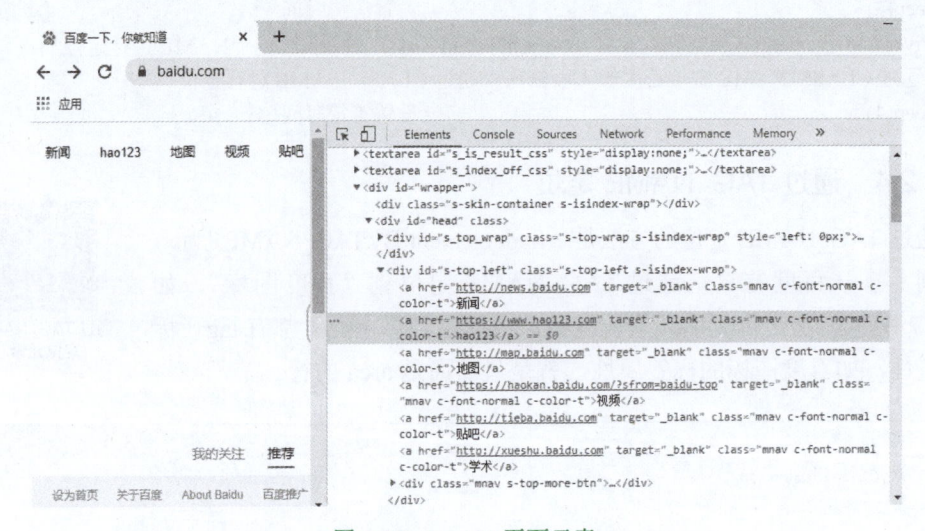

图 3-28 hao123 页面元素

查看页面元素：

<a href "https://www.hao123.com" target= "_blank" class="mnav c-font-normal c-color-t">hao123</a>

从元素属性可以分析出，有一项 href = "http://www.hao123.com"，说明它是一个超链接。

具体脚本如下：

from selenium import webdriver	
driver=webdriver.Chr from selenium import webdriver	# 引入 selenium 模块
from selenium.webdriver.common.by import By	# 引入 By 模块
from time import sleep	# 引入等待时间
driver=webdriver.Chrome()	# 打开谷歌浏览器
driver.maximize_window()	# 窗口最大化
driver.get("https://www.baidu.com/")	# 打开百度首页
sleep(3)	# 设置等待时间

```
driver.find_element(By.LINK_TEXT,"hao123").click()      # 点击 hao123 网页链接
sleep(4)                                                # 设置等待时间
```

3.2.6 通过 PARTIAL_LINK_TEXT 定位

通过 PARTIAL_LINK_TEXT 定位的方法是：find_element(By. PARTIAL_LINK_TEXT," ")。

例：打开百度首页，用模糊匹配 PARTIAL_LINK_TEXT 定位百度页面上"hao123"这个按钮。

有时候一个超链接的字符串可能比较长，如果输入全称的话，会显示很长，这时候可以用模糊匹配方式，截取其中一部分字符串就可以了，如"hao123"，只需输入"ao123"进行模糊匹配然后定位。具体的脚本如下：

```
from selenium import webdriver
driver=webdriver.Chr from selenium import webdriver        # 引入 selenium 模块
from selenium.webdriver.common.by import By                # 引入 By 模块
from time import sleep                                     # 引入等待时间
driver=webdriver.Chrome()                                  # 打开谷歌浏览器
driver.maximize_window()                                   # 窗口最大化
driver.get("https://www.baidu.com/")                       # 打开百度首页
sleep(3)                                                   # 设置等待时间
driver.find_element(By. PARTIAL_LINK_TEXT,"ao123").click() # 点击 hao123 网页链接
sleep(4)                                                   # 设置等待时间
```

3.2.7 通过 XPATH 定位

通过 XPATH 定位的方法是：find_element(By.XPATH,"")。

例：打开百度首页，用 XPATH 定位到百度搜索框，并输入"通过 XPATH 定位"。

XPATH 即为 XML 路径语言，它是一种用来确定 XML 文档中某部分位置的语言。XPATH 基于 XML 的树状结构，提供在数据结构树中找寻节点的能力。

首先了解一下 XPATH 语法，如表 3-2 所示。

表 3-2　XPATH 语法

符号	名称	表示的意义
/	绝对路径	表示从 xml 的根位置开始或子元素（一个层次结构）
//	相对路径	表示不分任何层次结构的选择元素
*	通配符	表示匹配所有元素
[]	条件	表示选择什么条件下的元素
@	属性	表示选择属性节点
and	关系	表示条件的与关系（等价于 &&）
text()	文本	表示选择文本内容

XPATH 是一种路径语言，跟前面的定位方法不太一样，在页面元素对应的脚本处右击，选择 Copy → Copy XPath 或 Copy full Copy，如图 3-29 所示，然后在 PyCharm 中粘贴路径。

具体脚本编写如下：

```
from selenium import webdriver   # 引入 selenium 模块
from selenium.webdriver.common.by import By  # 引入 By 模块
from time import sleep # 引入等待时间
driver=webdriver.Chrome() # 打开谷歌浏览器
driver.maximize_window() # 窗口最大化
driver.get("https://www.baidu.com/")      # 打开百度首页
sleep(3)  # 设置等待时间
driver.find_element(By.XPATH,'//*[@id="kw"]').send_keys(" 通过 XPATH 进行定位 ")
# 通过 XPATH 定位百度输入框输入"通过 XPATH 进行定位"
sleep(4) # 设置等待时间
```

图 3-29 "Copy XPath" 命令

3.2.8 通过 CSS_SELECTOR 定位

通过 CSS_SELECTOR 定位的方法是：find_element(By.CSS_SELECTOR," ")。

例：打开百度首页，用 CSS_SELECTOR 定位到百度搜索框，并输入"通过 CSS_SELECTOR 定位"。

CSS 是另外一种通过路径导航实现某个元素的定位方法，此方法比 XPATH 更为简洁，运行速度更快。在页面元素对应的脚本处右击，选择 Copy → Copy selector，如图 3-30 所示，然后在 PyCharm 中粘贴 selector。

通过 CSS_SELECTOR 定位元素

具体的脚本编写如下：

```
from selenium import webdriver               # 引入 selenium 模块
from selenium.webdriver.common.by import By  # 引入 By 模块
```

```
from time import sleep                          # 引入等待时间
driver=webdriver.Chrome()                       # 打开谷歌浏览器
driver.maximize_window()                        # 窗口最大化
driver.get("https://www.baidu.com/")            # 打开百度首页
sleep(3)                                        # 设置等待时间
driver.find_element(By.CSS_SELECTOR,'#kw').send_keys(" 通过 CSS_SELECTOR 进行定位 ")
# 通过 CSS_SELECTOR 定位百度输入框输入"通过 CSS_SELECTOR 进行定位"
sleep(4)                                        # 设置等待时间
```

图 3-30 "Copy selector"命令

3.2.9 复数定位法

每种元素定位法都有对应的复数定位方法，分别对应如下：
ID 复数定位：find_elements(By.ID, "")；
NAME 复数定位：find_elements(by.NAME,"")；
CLASS_NAME 复数定位：find_elements(By.CLASS_NAME,"")；
TAG_NAME 复数定位：find_elements(By.TAG_NAME,"")；
LINK_TEXT 复数定位：find_elements(By.LINK_TEXT,"")；
PARTIAL_LINK_TEXT 复数定位：find_elements(By.PARTIAL_LINK_TEXT,"")
XPATH 复数定位：find_elements(By.XPATH,"")；
CSS_SELECTOR 复数定位：find_elements(By.CSS_SELECTOR,"")

如果要使用复数定位，就要知道使用的元素是当前页面中的第几个，如图 3-31 所示，这是百度登录界面中用户名输入，TAG_NAME 标签是 input，使用组合键 Ctrl+F 查找，input 是当前页面标签中的 51 个，正确的代码编写是：

find_elements(By.TAG_NAME,"input")[50]

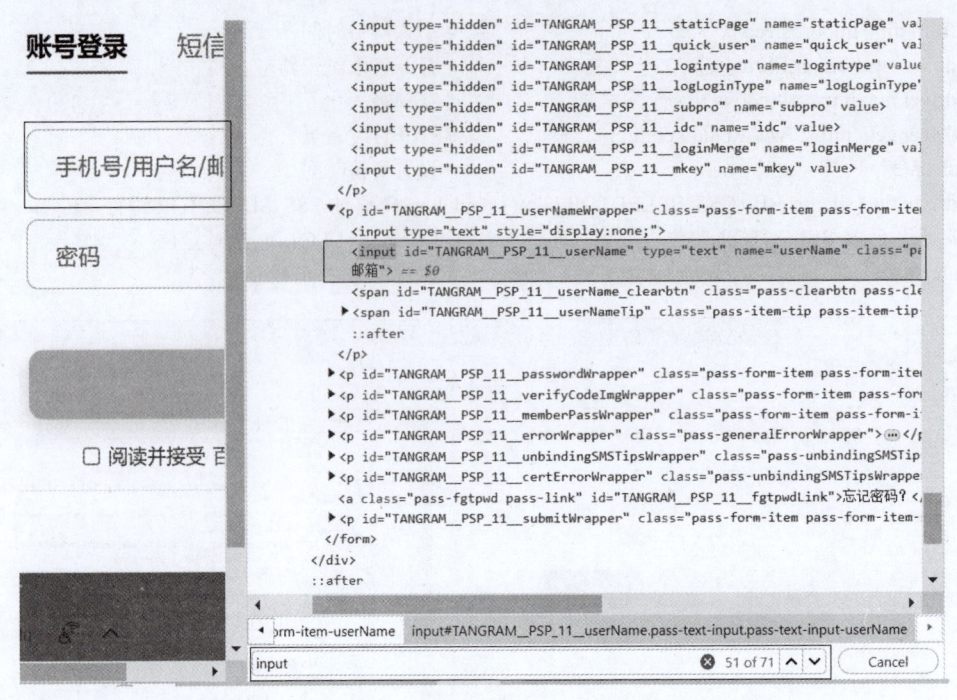

图 3-31　查找当前页面 Input 元素

具体的脚本如下：

```
from selenium import webdriver                      # 引入 selenium 模块
from selenium.webdriver.common.by import By         # 引入 By 模块
from time import sleep                              # 引入等待时间
driver=webdriver.Chrome()                           # 打开谷歌浏览器
driver.maximize_window()                            # 窗口最大化
driver.get("https://www.baidu.com/")                # 打开百度首页
sleep(3)                                            # 设置等待时间
driver.find_element(By.ID,"s-top-loginbtn").click()
sleep(3)
driver.find_elements(By.TAG_NAME,"input")[50].send_keys("13983772011")
# 通过 TAG_NAME 复数定位百度登录用户名输入框，并输入手机号
sleep(4)                                            # 设置等待时间
```

任务实施

利用 8 种元素定位法登录资产管理系统并添加资产类别。

（1）打开资产管理系统首页：http://127.0.0.1:8080/pams/front/login.do，如图 3-32 所示。

添加资产类别

（2）通过 ID 方法定位"用户名"输入框。

（3）通过 NAME 方法定位"密码"输入框。

（4）通过 CLASS_NAME 方法定位"登录"按钮。

以上操作如图 3-33 所示。

图 3-32　资产管理系统登录页

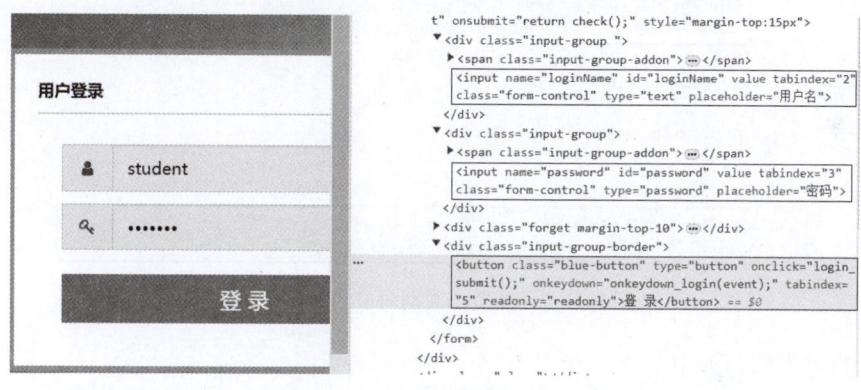

图 3-33　用户名、密码与登录按钮对应的元素

（5）通过 LINK_TEXT 或者 PARTIAL_LINK_TEXT 方法定位"资产类别"。
（6）用 CSS_SELECTOR 方法定位"新增"按钮，打开新增资产类别界面，如图 3-34 所示。

图 3-34　新增资产类别界面

（7）用 TAG_NAME 方法定位"类别名称"输入框。

（8）用 XPATH 方法定位"类别编码"输入框。

（9）用 ID 方法定位"保存"按钮。

以上三步的操作如图 3-35 所示。

```
<input id="title" name="title" type="text" placeholder="中文字符,
不超过10位" value class="input_gry">
</div>
    <div class="clear"></div>
</div>
▼<div class="popup_con_border margin-top-10">
  ▶<div class="popup_title left required" style="width:35%">…</div>
  ▼<div class="popup_font right" style="width:65%">
    <input id="code" name="code" type="text" placeholder="6~8位字符, 字
    母和数字的组合" value class="input_gry">
  </div>
  <div class="clear"></div>
</div>
</form>
</div>
<div class="modal-footer">
  <button type="button" class="btn blue margin-right-10" id="submitButto
  n" onclick="javascript:pageSave();">保存</button> == $0
```

图 3-35 添加资产类别对应的页面元素

具体的脚本编写如下：

```
from selenium import webdriver                    # 引入 selenium 模块
from selenium.webdriver.common.by import By      # 引入 By 模块
from time import sleep                            # 引入等待时间
driver=webdriver.Chrome()                         # 打开谷歌浏览器
driver.maximize_window()                          # 窗口最大化
driver.get("http://127.0.0.1:8080/pams/front/login.do")
# 打开资产管理系统首页：http://127.0.0.1:8080/pams/front/login.do
sleep(3)  # 设置等待时间
driver.find_element(By.ID,"loginName").send_keys("student")
# 通过 ID 方法定位用户名输入框
sleep(3)
driver.find_element(By.NAME,"password").send_keys("student")
# 通过 NAME 方法定位密码输入框
sleep(3)
driver.find_element(By.CLASS_NAME,"blue-button").click()
# 通过 CLASS_NAME 方法定位登录按钮
sleep(3)
driver.find_element(By.PARTIAL_LINK_TEXT," 类别 ").click()
# 用 PARTIAL_LINK_TEXT 定位资产类别
sleep(3)
driver.find_element(By.CSS_SELECTOR,"#content > div.content-box.content-tit-border > div > div.main-
    handle > button").click()
# 用 CSS_SELECTOR 方法定位新增按钮，打开新增资产类别界面
```

```
sleep(3)
driver.find_elements(By.TAG_NAME,'input')[2].send_keys(" 小米手机 ")
# 用 TAG_NAME 方法定位类别名称输入框
sleep(3)
driver.find_element(By.XPATH,'//*[@id="code"]').send_keys("ZCLB001")
# 用 XPATH 方法定位类别编码输入框
sleep(3)
driver.find_element(By.ID,"submitButton").click()
# 用 ID 方法定位保存按钮
sleep(3)
```

【思考与练习】

理论题

1. 页面元素定位法有哪几种？
2. LINK_TEXT 与 PARTIAL_LINK_TEXT 定位有什么区别？
3. XPATH 定位与 CSS_SELECTOR 定位有什么区别？

实训题

登录 QQ 邮箱并发送一封简单的邮件，登录界面如图 3-36 所示，发送邮件内容如图 3-37 所示。

图 3-36　QQ 邮箱登录界面

图 3-37　发送邮件内容

任务 3.3　Selenium 高级操作

任务描述

在自动化功能测试过程中，当用基本的 8 种元素定位方法定位不到的时候，会用到窗口切换、时间的隐性等待与强制等待、多表单切换、下拉滚动条等方法。同时在自动化测试过程中也会用到鼠标与键盘的操作、下拉列表选择、文件上传、页面截图、警告弹窗与验证码处理等。

在学习 Selenium 高级操作时要注意：
- 具备实践探索能力：通过对不同的页面元素进行定位，锻炼实践动手能力和问题解决能力。
- 具备严谨细致的态度：在编程中，要注意中英文标点符号、缩进、英文大小写的区别，否则会导致程序错误，没有办法正确地测试。

任务要求

本任务的主要目标是完成如下的自动化测试：

（1）打开资产管理系统首页：http://127.0.0.1:8080/pams/front/login.do。
（2）输入用户名与密码，并点击"登录"。
（3）点击"资产入库"，"资产状态"下拉框选择"正常"，"资产类别"下拉框选择"计算机设备及软件"，"取得方式"下拉框选择"购置"，在"资产编码/名称"输入框中模拟键盘输入"ZCLZ0002"，按 Tab 键，再按 Enter 键。
（4）模拟鼠标移动到"修改"按钮，单击。
（5）点击"选择图片并上传"按钮，选择一张图片上传。
（6）点击"提交"按钮，打印弹窗文字，接受弹窗。
（7）将当前的页面截图。
（8）在适当的地方添加强制等待时间。

知识链接

3.3.1　窗口切换

窗口切换

在进行页面操作时，我们经常会遇到单击某个链接，弹出新的窗口，这时候需要切换到新开的窗口上进行操作才能定位到元素的情形。Selenium 提供了 switch_to.window() 方法，可以实现在不同窗口之间的切换。窗口的切换有如下的一些操作：
- 获取当前窗口的名字：

print(driver.current_window_handle)

- 获取所有窗口的名字：

print(driver.window_handles)

- 获取第二个窗口的名字：

print(driver.window_handles[1])

- 进行窗口切换（id 表示要切换到的窗口的序号）：

driver.switch_to.window(driver.window_handles[id])

例：百度新闻页进行窗口之间的切换。

（1）打开百度首页，检查属性，如图 3-38 所示。可以看到"新闻"两个字，没有 ID 也没有 NAME，采用 XPATH 定位法，得到的路径为"//*[@id="s-top-left"]/a[1]"。

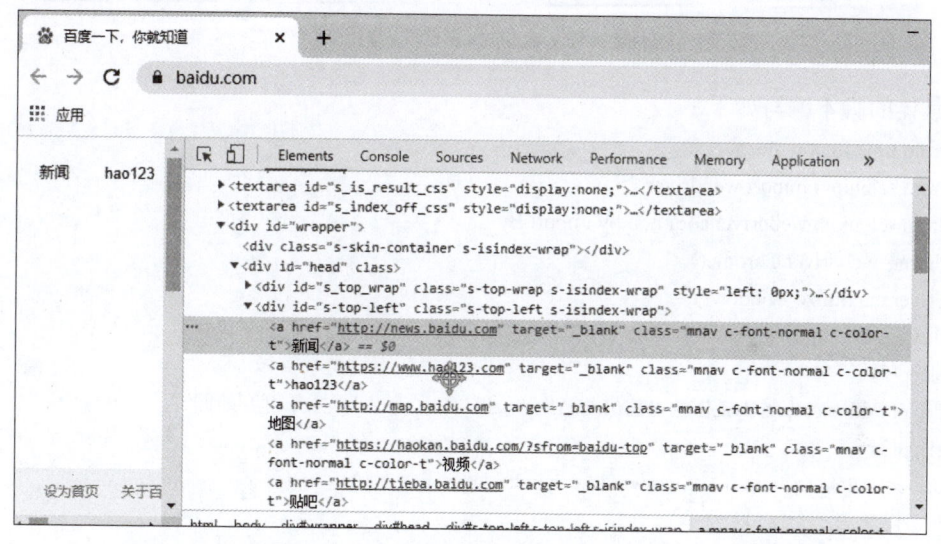

图 3-38　百度首页检查"新闻"标签元素

（2）打开百度新闻页面，检查"星火成炬 | 致青春"元素，可以看到文本，如图 3-39 所示，采用 LINK_TEXT 定位法定位文本。

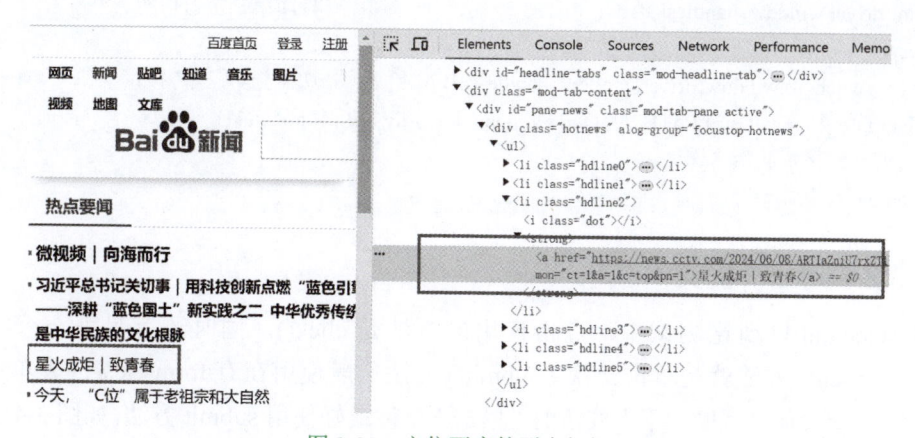

图 3-39　定位百度的要点新闻

（3）打开"星火成炬｜致青春"页面，查找"经济"的页面元素，采用 XPATH 定位法定位，如图 3-40 所示。

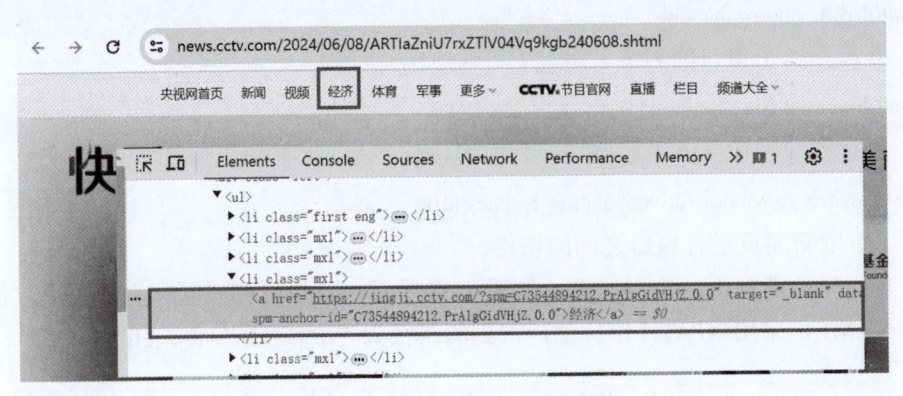

图 3-40　定位"经济"页面元素

具体的脚本编写如下：

```
from time import sleep
from selenium import webdriver
from selenium.webdriver.common.by import By
driver=webdriver.Chrome()
driver.maximize_window()
driver.get("https://www.baidu.com/")                    # 打开百度首页
sleep(3)
driver.find_element(By.LINK_TEXT," 新闻 ").click()       # 打开百度新闻
sleep(3)
driver.switch_to.window(driver.window_handles[1])
# 切换到第二个窗口
driver.find_element(By.LINK_TEXT," 星火成炬｜致青春 ").click()
sleep(3)
print(driver.current_window_handle)                     # 打印当前窗口的名字
print(driver.window_handles)                            # 打印所有窗口的名字
print(driver.window_handles[1])                         # 打印第二个窗口的名字
sleep(3)
driver.switch_to.window(driver.window_handles[2])       # 切换到第三个窗口
driver.find_element(By.XPATH,'//*[@id="topnav"]/div/div/ul/li[4]/a').click()
# 打开"经济页面"
sleep(5)
```

3.3.2　submit 提交

在 selenium 自动化测试中，点击使用的方法是 click()，同时还有另外一个方法为 submit()。click() 方法就是单击一次；submit() 方法一般使用在有 form 标签的表单中，用于表单的提交。如"百度一下"按钮的"单击"事件最好使用 submit 方法，如图 3-41 所示。

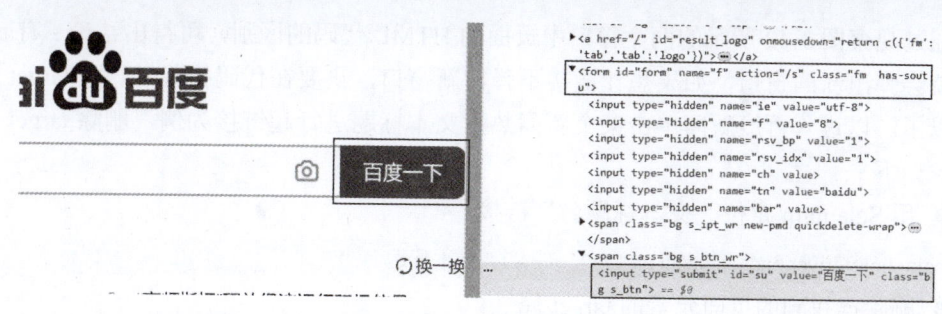

图 3-41　检查"百度一下"按钮

具体的脚本如下：

```
from selenium import webdriver
driver=webdriver.Chrome()
driver.get("https://www.baidu.com/")
driver.find_element(By.id,"kw").send_keys("submit 提交 ")
driver.find_element(By.id,"su").submit()
```

3.3.3　等待时间

在测试的过程中，我们经常发现脚本执行的时候展现出来的效果很快就结束了。为了观察执行效果，我们会增加一个等待时间来观察执行效果。这种等待时间只是为了便于观察，这种情况下是否包含等待时间是不会影响我们的执行结果的。但是，有一种情况会直接影响我们的执行结果，那就是在我们打开一个网站的时候，由于环境的因素导致页面没有下载完成时去定位元素，此时无法找到元素，这个时候我们增加一个等待时间就会显得十分重要。

什么是隐性的等待呢？隐性等待就是我们设置了一个等待时间范围，这个等待的时间是不固定的，最长的等待就是我们设置的最大值。

Implicit Waits() 为隐性等待模式，也叫智能等待，是 Selenium 提供的一个超时等待。等待一个元素被发现，或一个命令完成。如果超出了设置时间则抛出异常。

time.sleep() 为强制等待模式。设置等待最简单的方法就是进行强制等待，就是 time.sleep() 方法。不管是什么情况，让程序暂停运行一段时间，时间过后继续运行。强制等待模式的缺点是不智能，如果设置的时间太短，元素没有加载出来会报错；如果设置的时间太长，则会浪费时间。不要小瞧每次几秒的时间，出现的情形多了，代码量大了，很多个几秒就会影响整体的运行速度了，所以设置等待尽量少用强制等待时间。

强制等待是针对某一个元素进行等待时间判定；隐式等待不针对某一个元素进行等待时间判定，是针对全局元素进行等待。

3.3.4　删除页面元素属性

在操作页面时，我们经常会遇到单击某个链接弹出新的窗口的情形，如果我们想让弹出的新窗口覆盖原来的窗口，使页面中总是只存在一个窗口时，Selenium 中使用 arguments 关键字即可实现此目的。

页面元素属性删除

通过观察图 3-42 所示的两个窗口中页面的 HTML 代码的区别，可得出结论：有 target 属性就会弹出新的窗口，如果想让链接不弹出新窗口，只要在代码执行时删除 target 属性就可以了。以进入百度新闻单击某个新闻热点文本标题进行超链接为例，删除 target 属性的步骤如下：

● 用 Selenium 定位"文本标题名"链接。

login_link=driver.find_element(By.LINK_TEXT," 文本标题名 ")

● 删除已找到的页面元素的 target 属性。

driver.execute_script("arguments[0].removeAttribute('target')", login_link)

其中 arguments[0] 的意思就是去掉字符串后面的第一个参数 login_link 的真正的值。

● 单击删除 target 属性后的这个页面元素。

login_link.click()

```
<a href="http://news.baidu.com"
target="_blank" class="mnav
c-font-normal c-color-t"> 新闻 </a>

弹出新窗口 < 新闻 >
```

```
<a href="http://news.baidu.
com" class="mnav c-font-normal
c-color-t"> 新闻 </a>

不弹出新窗口 < 新闻 >
```

图 3-42　弹出新窗口与不弹出新窗口的标签属性对照

例：打开百度新闻，再打开"全国两会"新闻。

（1）打开百度首页，检查属性，如图 3-43 所示。可以看到"新闻"两个字，没有 ID 也没有 NAME，采用 XPATH 定位法，得到的路径为"//*[@id="s-top-left"]/a[1]"。

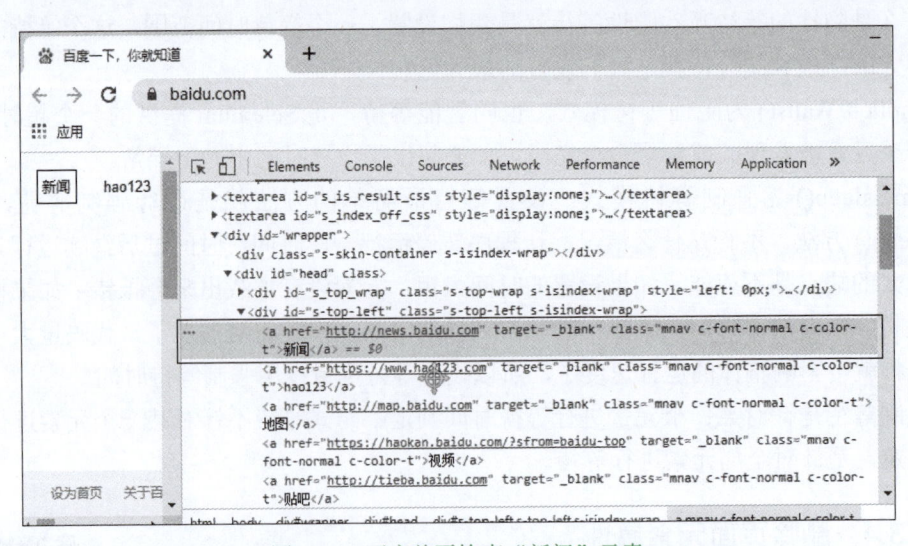

图 3-43　百度首页检查"新闻"元素

（2）打开百度新闻，检查"全国两会专题"元素，如图 3-44 所示，采用 LINK_TEXT 定位法。

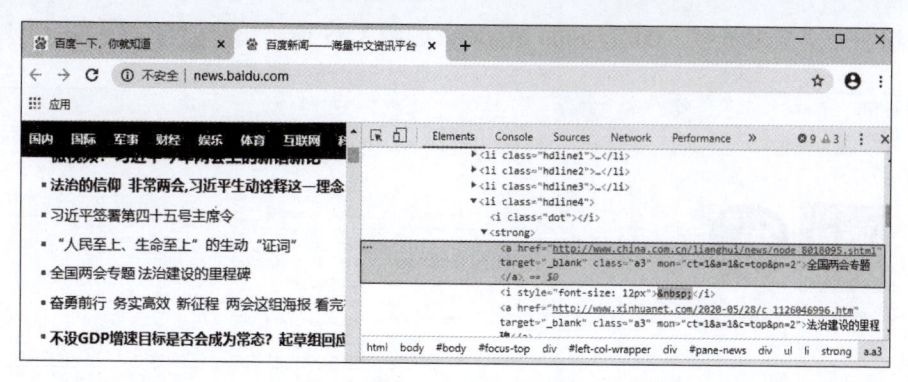

图 3-44　检查"全国两会专题"元素

具体的脚本如下：

```
from time import sleep
from selenium import webdriver
from selenium.webdriver.common.by import By
driver=webdriver.Chrome()
driver.maximize_window()
driver.get("https://www.baidu.com/")                              # 打开百度首页
sleep(3)
new1=driver.find_element(By.LINK_TEXT," 新闻 ")                    # 定位新闻
driver.execute_script("arguments[0].removeAttribute('target')",new1)#  # 删除 target 属性
new1.click()
sleep(3)
new2=driver.find_element(By.XPATH,'//*[@id="pane-news"]/div/ul/li[1]/strong/a')
# 定位微视频 | 文脉千年 物载华章
driver.execute_script("arguments[0].removeAttribute('target')",new2)  # 删除 target 属性
new2.click()
sleep(3)
```

3.3.5　多表单切换处理

在 Web 应用中，前台网页的设计一般会用到 iframe/frame 表单嵌套页面的应用。简单地讲就是一个页面标签嵌套多个页面。Selenium WebDriver 只能在同一页面识别定位元素，可以狭隘地理解成只能识别当前所在位置的页面上的元素。对于不同的 iframe/frame 表单中的元素是无法直接定位的，所以需要对多表单进行处理。

切换表单

Selenium 多表单处理方法有以下几点注意事项：

- Selenium 中使用 switch_to.frame() 方法切换到指定的 frame/iframe 中。
- switch_to.frame() 默认的是取表单的 ID 和 NAME 属性。如果没有 ID 和 NAME 属性，可通过 XPATH 路径定位。
- 对表单操作完成之后可以通过 driver.switch_to.defaultContent(); 跳出表单。

例： 以 QQ 登录窗口为例，输入用户名和密码，最后单击"客服中心"按钮。

（1）打开 QQ 邮箱网页"https://mail.qq.com/"，检查"账号密码登录"元素，可以看到该按钮在一个新表单中，ID 为 login_frame，如图 3-45 所示。

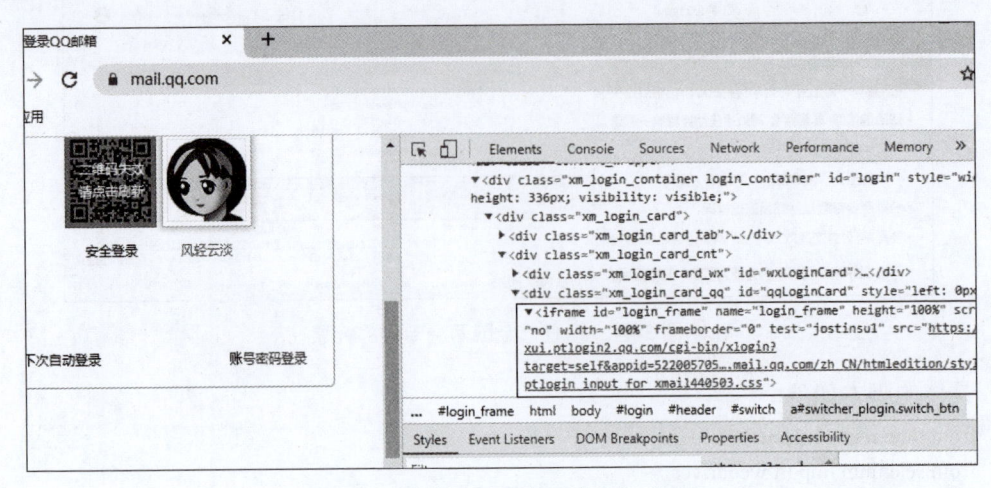

图 3-45　检查"账号密码登录"元素

（2）检查"QQ 号"输入框的元素，ID 为"u"，如图 3-46 所示。

图 3-46　检查"QQ 号"输入框的元素

（3）检查"QQ 密码"输入框的元素，ID 为"p"，如图 3-47 所示。

图 3-47　检查"QQ 密码输入框"的元素

（4）查看"客服中心"元素，用 LINK_TEXT 定位，如图 3-48 所示。

图 3-48　查看"客服中心"元素

具体的脚本如下：

```
from time import sleep
from selenium import webdriver
from selenium.webdriver.common.by import By
driver = webdriver.Chrome()
driver.maximize_window()
driver.implicitly_wait(20)                                    # 设置隐性等待时间 20s
driver.get("https://mail.qq.com/")                            # 打开 QQ 邮箱登录界面
sleep(3)
iframe1=driver.find_element(By.XPATH,'//*[@id="QQMailSdkTool_login_loginBox_qq"]/iframe')
driver.switch_to.frame(iframe1)                               # 切换表单
driver.switch_to.frame('ptlogin_iframe')                      # 切换表单
sleep(3)
driver.find_element(By.ID,"switcher_plogin").click()          # 点击密码登录
driver.find_element(By.ID,"u").send_keys("56573583")          # 输入用户名
sleep(3)
driver.find_element(By.ID,"p").send_keys("123456")            # 输入密码
sleep(3)
driver.switch_to.default_content()                            # 跳出表单
driver.find_element(By.LINK_TEXT," 客服中心 ").click()         # 点击客服中心
sleep(3)
```

3.3.6　鼠标操作

用 Selenium 进行自动化测试，有时候会遇到需要模拟鼠标操作的情况，比如鼠标移动、鼠标点击等。而 Selenium 给我们提供了一个 ActionChains 类来处理这类事件。

鼠标的基本操作见表 3-3。

鼠标操作

表 3-3 鼠标的基本操作

方法	含义
click(on_element=None)	单击鼠标左键
click_and_hold(on_element=None)	点击鼠标左键，不松开
context_click(on_element=None)	点击鼠标右键
double_click(on_element=None)	双击鼠标左键
drag_and_drop(source, target)	拖拽到某个元素然后松开
drag_and_drop_by_offset(source, xoffset, yoffset)	拖拽到某个坐标然后松开
move_by_offset(xoffset, yoffset)	鼠标从当前位置移动到某个坐标
move_to_element(to_element)	鼠标移动到某个元素
move_to_element_with_offset(to_element, xoffset, yoffset)	移动到距某个元素（左上角坐标）多少距离的位置
perform()	执行链中的所有动作
release(on_element=None)	在某个元素位置松开鼠标左键

调用 ActionChains 类中的方法时，不会立即执行，而是会将所有的操作按顺序存放在一个队列里，当用户调用 perform() 方法时，按照队列里面的顺序进行执行。调用的 perform() 方法必须放在 ActionChains 类中方法的最后。如：ActionChains(driver).double_click(on_element=None).perform()

例：在百度页面执行如下的操作：

（1）进入百度页面。

（2）将鼠标指针移动到"设置"按钮，如图 3-49 所示。

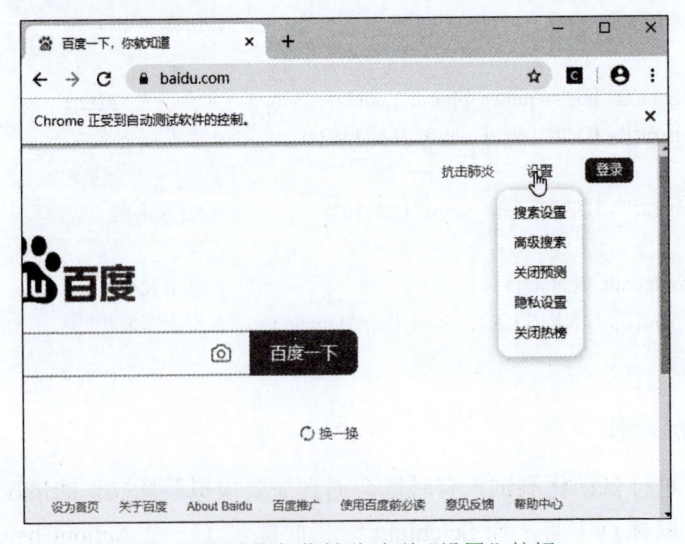

图 3-49 将鼠标指针移动到"设置"按钮

（3）在"设置"按钮上面右击，如图 3-50 所示。

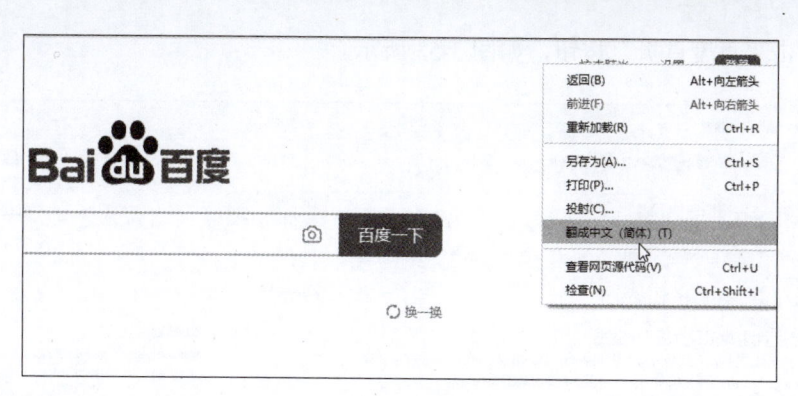

图 3-50　在"设置"按钮上右击

（4）在百度输入框中输入"正在模拟鼠标操作"，如图 3-51 所示。

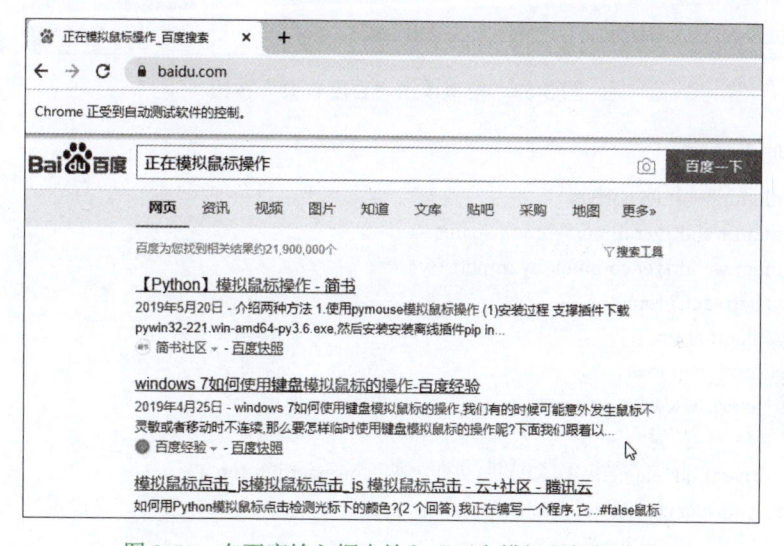

图 3-51　在百度输入框中输入"正在模拟鼠标操作"

（5）在百度输入框中双击，如图 3-52 所示。

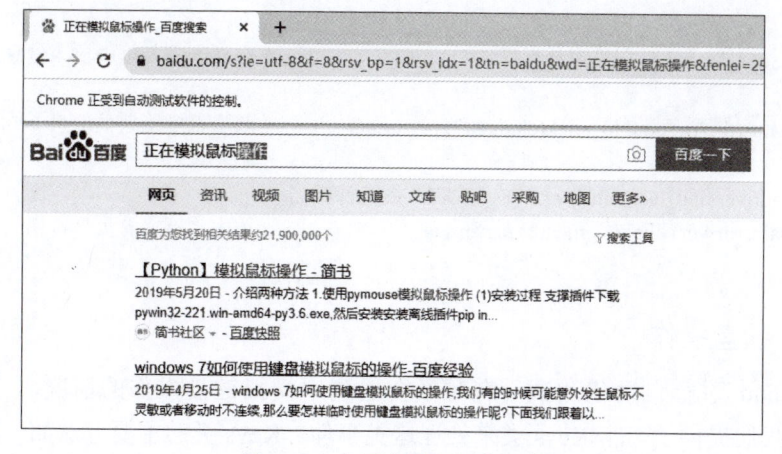

图 3-52　在百度输入框中双击

（6）单击"百度首页"按钮，如图3-53所示。

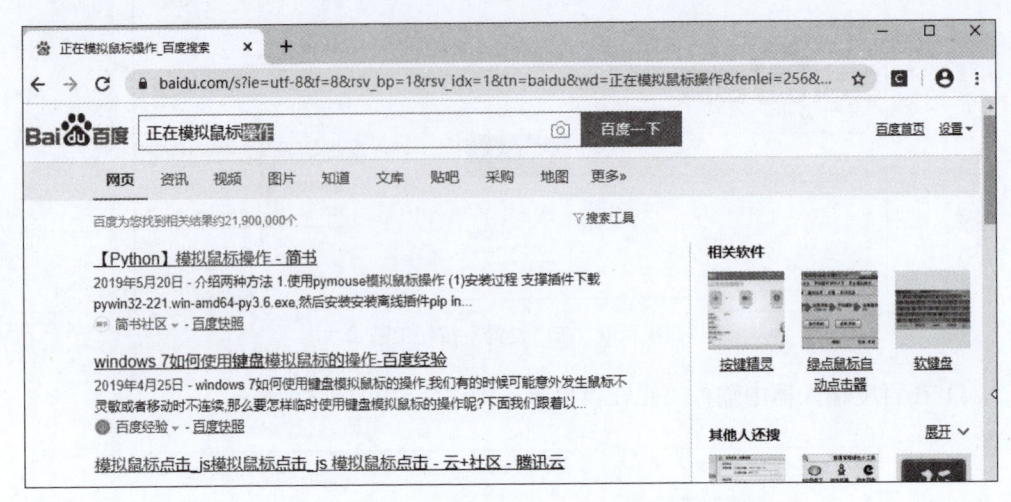

图 3-53　模拟单击"百度首页"按钮

具体的脚本如下：

```
from selenium import webdriver
from selenium.webdriver import ActionChains
from selenium.webdriver.common.by import By
driver = webdriver.Chrome()
from time import sleep
driver.maximize_window()
driver.get("https://www.baidu.com/")
sleep(5)
element1=driver.find_element(By.XPATH,'//*[@id="s-usersetting-top"]')
ActionChains(driver).move_to_element(element1).perform()      # 将鼠标移动到"设置"按钮
sleep(5)
ActionChains(driver).context_click(element1).perform()        # 在"设置"按钮上右击
sleep(5)
element2=driver.find_element(By.ID,"kw")
sleep(5)
element2.send_keys(" 正在模拟鼠标操作 ")                        # 在百度输入框中输入信息
sleep(5)
ActionChains(driver).double_click(element2).perform()         # 双击百度输入框信息
sleep(5)
element3=driver.find_element(By.LINK_TEXT," 百度首页 ")
ActionChains(driver).click(element3).perform()                # 单击"百度首页"按钮
sleep(3)
```

3.3.7　键盘操作

用Selenium进行自动化测试，有时候会遇到用模拟键盘操作的情况，Selenium给我们提供了一个Keys类来处理这类事件。Keys类的主要方法如表3-4所列。

表 3-4 Keys 类的主要方法

Key	方法	Key	方法
回车键	Keys.ENTER	下键	Keys.ARROW_DOWN
删除键	Keys.BACK_SPACE	左键	Keys.ARROW_LEFT
空格键	Keys.SPACE	右键	Keys.ARROW_RIGHT
Tab 键	Keys.TAB	'=' 键	EQUALS
退出键	Keys.ESCAPE	全选（Ctrl+A）	Keys.CONTROL,'a'
刷新键	Keys.F5	复制（Ctrl+C）	Keys.CONTROL,'c'
Shift 键	Keys.SHIFT	剪切（Ctrl+X）	Keys.CONTROL,'x'
功能键（F1～F12）	Keys.F1（可以修改为 F2～F12）	粘贴（Ctrl+V）	Keys.CONTROL,'v'
上键	Keys.ARROW_UP	Alt 键	Keys.ALT
按下某个键盘上的键	key_down(value, element=None)	发送某个键到当前焦点的元素	send_keys(*keys_to_send)
松开某个键	key_up(value, element=None)	发送某个键到指定元素	send_keys_to_element(element, *keys_to_send)

例：在 Chrome 主页进行以下操作。

（1）进入百度主页。

（2）在百度输入框中输入信息"正在模拟键盘操作"。

（3）全选信息。

（4）复制信息。

（5）粘贴信息两次。

（6）单击"视频"按钮。

（7）按 Tab 键，光标移动到"百度"图标，如图 3-54 所示。

（8）按 Enter 键，回到百度首页。

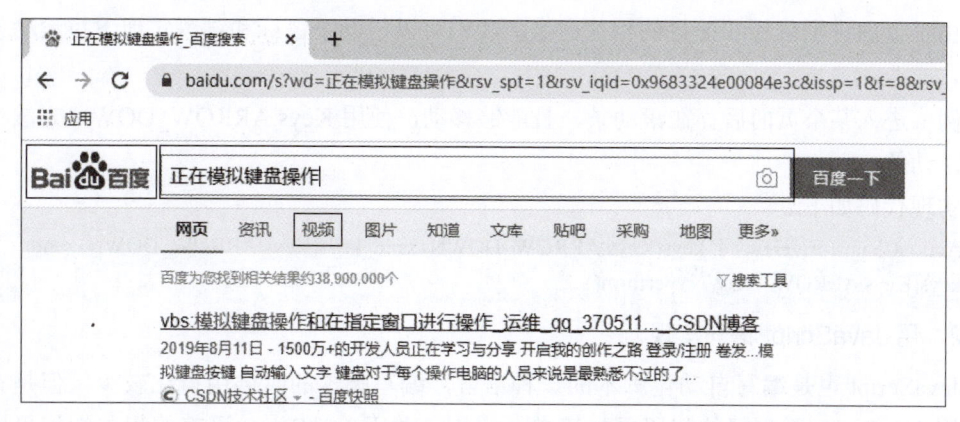

图 3-54 按 Tab 键光标移动到"百度"图标

具体的脚本如下：

```
from selenium import webdriver
from time import sleep
from selenium.webdriver.common.by import By
from selenium.webdriver.common.keys import Keys
from selenium.webdriver import ActionChains
driver=webdriver.Chrome()
driver.get("https://www.baidu.com/")                                    # 进入百度主页
driver.maximize_window()
driver.find_element(By.ID,"kw").send_keys（"正在模拟键盘操作 ")          # 百度输入框输入信息
sleep(5)
driver.find_element(By.ID,"kw").send_keys(Keys.CONTROL,"a")             # 按 CTRL+A
driver.find_element(By.ID,"kw").send_keys(Keys.CONTROL,"c")             # 按 CTRL+C
sleep(5)
driver.find_element(By.ID,"kw").send_keys(Keys.CONTROL,"v")             # 按 CTRL+V
driver.find_element(By.ID,"kw").send_keys(Keys.CONTROL,"v")             # 按 CTRL+V
sleep(5)
driver.find_element(By.ID,'su').click()                                 # 点击百度一下按钮
sleep(3)
driver.find_element(By.LINK_TEXT,' 视频 ').click()                      # 点击视频按钮
sleep(5)
ActionChains(driver).send_keys(Keys.TAB).send_keys(Keys.TAB).perform()  # 连续按两次 TAB 键
sleep(5)
ActionChains(driver).send_keys(Keys.ENTER).perform() # 按 ENTER 键
Sleep(5)
```

3.3.8　操作下拉滚动条方法

UI 自动化测试时经常会遇到元素识别不了、定位不到的问题，其原因有很多，比如元素不在 iframe/frame 里、XPATH 或 ID 写错了等。但有一种情况是元素在当前显示的页面不可见，拖动下拉滚动条后元素就出来了。在 Selenium 中有两种拖动下拉滚动条的方法，具体如下。

1．通过连续按方向箭头的方法实现

由于上面讲了鼠标和键盘的相关命令，我们可以借助于鼠标和键盘实现下拉滚动条的移动。

例：进入某个页面后存在滚动条，且能够移动，使用 Keys.ARROW_DOWN 方法实现下拉滚动条。

实现代码如下：

```
ActionChains(driver).send_keys(Keys.ARROW_DOWN).send_keys(Keys.ARROW_DOWN).send_keys(Keys.ARROW_DOWN).perform()
```

2．用 JavaScript 语句实现

JavaScript 也是编写自动化脚本的一种语言，编写脚本的时候用得比较少，但是有的时候用 JavaScript 语言写的代码更加简单、实用。关于 JavaScript 语言的相关知识可以从网上进行简单的学习。

用 JavaScript 语言实现的代码如下：

driver.execute_script("window.scrollTo(0,0)")

代码中的 (0,0) 代表页面横向和纵向的坐标。

由于上述第一种方法需要连续进行鼠标键盘的操作，比较麻烦，因此用得比较少。用 JavaScript 语句实现的方法相对简单，而且定位相对准确，因此用得比较多。

例：打开百度首页，纵向滚动条滑动 1000，如图 3-55 所示。

图 3-55　移动纵向滚动条

具体代码如下：

```
from selenium import webdriver
from time import sleep
from selenium.webdriver.common.by import By
driver=webdriver.Chrome()
driver.get("https://www.baidu.com/")
sleep(3)
driver.execute_script("window.scrollTo(0,1000)")          # 纵向滚动条滑动 1000
sleep(5)
```

3.3.9　页面中下拉列表框的选择

Web 应用中很多时候会遇到 <select></select> 标签的下拉列表框，针对这种下拉列表框，下面介绍 3 种方法：

第一种：使用 TAG_NAME 方法。

第二种：直接通过 XPATH 和 CSS_SELECTOR 方法定位。

第三种：使用 SELECT 方法。

使用 select_by_index，0 表示第 1 项，1 表示第 2 项，依次类推。

使用 select_by_visible_text，输入下拉框中的文字。

使用 select_by_value，输入元素标签对应的值。

例：采用下拉列表框定位方法对新增人员的所属部门下拉列表进行选择，如图 3-56 所示。

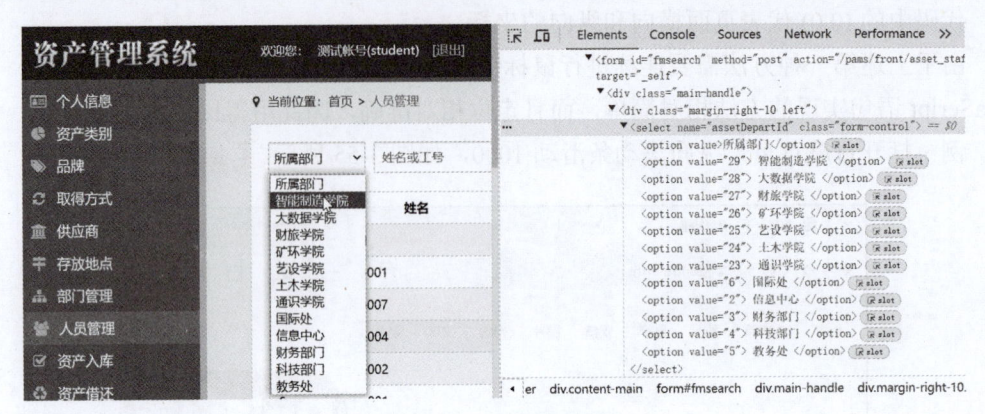

图 3-56　人员的所属部门

（1）使用 TAG_NAME 方法定位智能制造学院。
（2）通过 XPATH 方法定位大数据学院。
（3）使用 SELECT 方法的 select_by_index 定位财旅学院。
（4）使用 SELECT 方法的 select_by_visible_text 定位矿环学院。
（5）使用 SELECT 方法的 select_by_value 定位艺设学院。

具体的脚本如下：

```
from time import sleep
from selenium import webdriver
from selenium.webdriver.common.by import By
from selenium.webdriver.support.select import Select
driver=webdriver.Chrome()
driver.maximize_window()
driver.get("http://127.0.0.1:8080/pams/front/login.do")      # 打开资产管理系统首页
driver.find_element(By.ID,"loginName").send_keys("student")
# 通过 ID 方法定位用户名输入框
driver.find_element(By.NAME,"password").send_keys("student")
# 通过 NAME 方法定位密码输入框
driver.find_element(By.CLASS_NAME,"blue-button").click()
# 通过 CLASS_NAME 方法定位登录按钮
sleep(3)
driver.find_element(By.LINK_TEXT," 人员管理 ").click()
# 通过 LINK_TEXT 方法定位人员管理
sleep(3)
# 使用 TAG_NAME 方法定位智能制造学院
driver.find_elements(By.TAG_NAME,"option")[1].click()
sleep(3)
# 通过 XPATH 方法定位大数据学院
driver.find_element(By.XPATH,'//*[@id="fmsearch"]/div/div[1]/select/option[3]').click()
sleep(3)
# 使用 SELECT 方法的 select_by_index 定位财旅学院
element1=driver.find_element(By.NAME,"assetDepartId")
```

```
Select(element1).select_by_index(3)
sleep(3)
# 使用 SELECT 方法的 select_by_visible_text 定位矿环学院
Select(element1).select_by_visible_text(" 矿环学院 ")
sleep(3)
# 使用 SELECT 方法的 select_by_value 定位艺设学院
Select(element1).select_by_value('25')
sleep(3)
```

3.3.10 文件上传处理

文件上传过程一般要打开一个本地窗口，从窗口选择添加本地文件，所以应重点学会如何测试实现在本地窗口添加上传文件。

其实，在 Selenium WebDriver 中进行文件上传也并不特别复杂，只要将"上传"按钮定位到 input 标签属性，通过 send_keys 添加本地文件路径就可以了。绝对路径和相对路径都可以通过这种方法上传，关键是上传的文件要存在。

使用路径时要注意以下情况：

● 在字符串中用两个反斜线表示一个正斜线。
● 在字符串前面加一个字符 r，表示将所有的反斜线变为正斜线。
● 把字符串中所有的反斜线改成正斜线。
● 路径中不要有中文。

例：在百度首页上传图片。

（1）单击" 📷 "按钮，如图 3-57 所示。

图 3-57　单击" 📷 "按钮

（2）单击"选择文件"按钮，如图 3-58 所示。

图 3-58　单击"选择文件"按钮

具体脚本如下：

```
from time import sleep
from selenium import webdriver
from selenium.webdriver.common.by import By
driver=webdriver.Chrome()
driver.get("http://www.baidu.com/")
driver.maximize_window()
driver.find_element(By.CLASS_NAME,"soutu-btn").click()          # 点击相机按钮
driver.find_element(By.CLASS_NAME,"upload-pic").send_keys(r"E:\auto_test\white_shoes.jpg")
# 点击选择文件按钮，r 对路径进行转换
sleep(5)
```

3.3.11 页面截图操作

由于在执行用例过程中是无人值守的，用例运行报错的时候，我们希望能对当前屏幕截图，留下证据。截图的具体方法是 get_screenshot_as_file(self, filename)。代码实现如下：

```
driver.get_screenshot_as_file(r " 路径名\图片名字 ")
```

例：对"百度首页"进行截图，如图 3-59 所示。

图 3-59　百度首页

具体脚本如下所示：

```
from selenium import webdriver
driver=webdriver.Chrome()
driver.get("http://www.baidu.com/")
driver.maximize_window()
driver.get_screenshot_as_file(r"D:\auto_test\baidu_homepage.jpg")
# 对"百度首页"进行截图
```

3.3.12 警告弹窗处理

在自动化测试过程中，经常会遇到弹出警告框的情况。用 WebDriver

处理警告框是很简单的，只需要用 switch_to_alert() 方法定位到警告框，然后使用 text、dismiss、send_keys、accept 进行操作即可。

以下是 4 种操作的含义：

- text：获取警告框的 text 信息。
- dismiss：单击"取消"按钮（如果有的话）。
- send_keys：输入值，如果没有输入对话框就不能使用（会报错）。
- accept：单击"确认"按钮，接受弹窗。

例：进入百度首页，单击"设置"按钮，单击"搜索设置"按钮，进入"搜索设置"页面，单击"保存设置"按钮，处理弹出警告框，同时打印弹出框中的文字信息。

（1）单击"设置"→"搜索设置"按钮，如图 3-60 所示。

图 3-60　单击"搜索设置"按钮

（2）单击"保存设置"按钮，如图 3-61 所示。

图 3-61　单击"保存设置"按钮

具体的代码如下所示：

```
from selenium import webdriver
from time import sleep
```

```
from selenium.webdriver.common.by import By
driver=webdriver.Chrome()
driver.get("http://www.baidu.com/")
driver.maximize_window()
driver.find_element(By.ID,"s-usersetting-top").click()      # 单击"设置"按钮
sleep(3)
driver.find_element(By.LINK_TEXT," 搜索设置 ").click()      # 单击"搜索设置"按钮
sleep(3)
driver.find_element(By.LINK_TEXT," 保存设置 ").click()      # 单击"保存设置"按钮
sleep(3)
print(driver.switch_to.alert.text)                          # 打印警告框文字
sleep(3)
driver.switch_to.alert.accept()                             # 单击警告框"确定"按钮
```

任务实施

打开资产管理系统登录页,输入用户名与密码完成登录,然后点击资产入库完成资产信息填写,再点"修改"按钮,修改资产信息,上传资产图片,点击"提交"按钮,如图 3-62 ~ 图 3-65 所示。

资产入库自动化测试

图 3-62 打开资产管理系统界面

图 3-63 打开资产入库界面

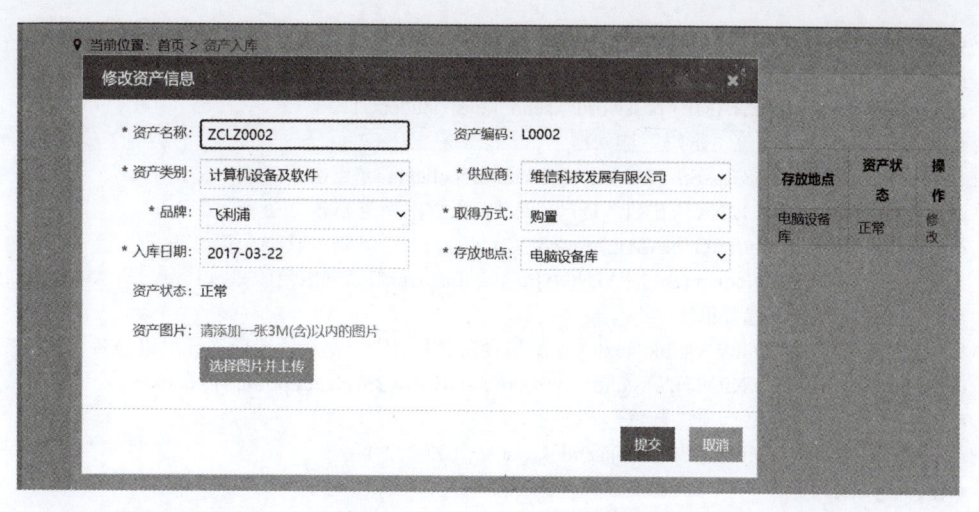

图 3-64　修改资产名称界面

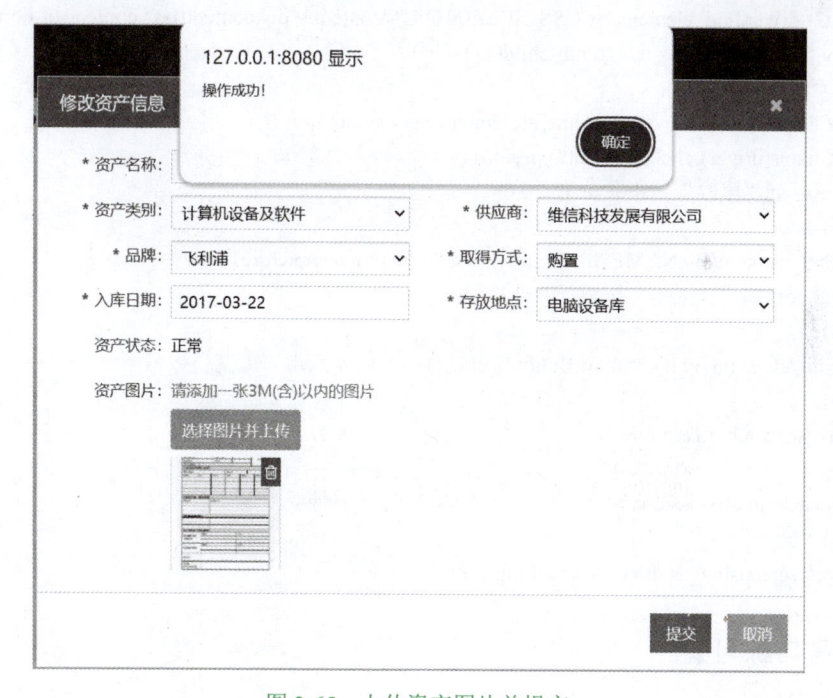

图 3-65　上传资产图片并提交

具体的代码如下所示：

```
from selenium import webdriver                              # 引入 selenium 模块
from selenium.webdriver import ActionChains, Keys
from selenium.webdriver.common.by import By                 # 引入 By 模块
from time import sleep                                       # 引入等待时间
from selenium.webdriver.support.select import Select
driver=webdriver.Chrome()                                   # 打开谷歌浏览器
driver.maximize_window()                                    # 窗口最大化
driver.get("http://127.0.0.1:8080/pams/front/login.do")     # 打开资产管理系统
```

```
driver.find_element(By.ID,"loginName").send_keys("student")
# 通过 ID 方法定位"用户名"输入框
driver.find_element(By.NAME,"password").send_keys("student")
# 通过 NAME 方法定位"密码"输入框
driver.find_element(By.CLASS_NAME,"blue-button").click()    # 点击"登录"按钮
driver.find_element(By.LINK_TEXT," 资产入库 ").click()        # 点击"资产入库"
driver.find_elements(By.TAG_NAME,"option")[2].click()       # 资产状态选择"正常"
element1=driver.find_element(By.XPATH,'//*[@id="fmsearch"]/div/div[2]/select')
# 定位"资产类别"选择框
Select(element1).select_by_visible_text(" 计算机设备及软件 ")   # 定位选项"计算机设备及软件"
driver.find_element(By.XPATH,'//*[@id="fmsearch"]/div/div[3]/select/option[4]').click()
# 定位取得方式下拉框选项"购置"
driver.find_element(By.NAME,"title").send_keys("ZCLZ0002")
# 输入资产编码
ActionChains(driver).send_keys(Keys.TAB).send_keys(Keys.ENTER).perform()
# 按 Tab 键之后再按 Enter 键
element2=driver.find_element(By.CSS_SELECTOR,"#content > div.content-box.content-tit-border > div >
    div > table > tbody > tr > td:nth-child(11) > a")
# 定位"修改"按钮
ActionChains(driver).move_to_element(element2).perform()
ActionChains(driver).click(element2).perform()
# 移动鼠标到"修改"按钮并单击
sleep(3)
driver.find_element(By.NAME,'file').send_keys(r" E:\auto_test\picture1.png")
# 定位"选择图片并上传"按钮,并选择图片上传
sleep(3)
driver.find_element(By.ID,"submitButton").click()           # 点击"提交"按钮
sleep(3)
print(driver.switch_to.alert.text)                          # 打印弹窗的文字
sleep(3)
driver.switch_to.alert.accept()                             # 接受弹窗
sleep(3)
driver.get_screenshot_as_file("current.jpg")
```

【思考与练习】

理论题

当定位不到页面元素时,可以用哪几种方法解决?

实训题

"51 自学网"测试

(1)打开"51 自学网"(http://www.51zxw.net/)。

(2)单击"登录"按钮,登录账号为 speakj、密码为 jjj123。

(3)单击"电脑办公"按钮。

(4)打开"计算机基础知识教程"页面。

（5）单击"1-1 计算机发展史"链接。
（6）单击计算机发展史页面中的"Word 2016 基础视频教程"链接。
（7）将窗口切换到"计算机基础知识教程"页面，单击"后退"按钮。
（8）关闭浏览器。

任务 3.4　Unittest 框架搭建

任务描述

Unittest 是 Python 自带的一个单元测试框架，它提供了一套丰富的测试工具和方法，用于组织、执行自动化测试用例。Unittest 不仅适用于单元测试，还可用于 Web、Appium、接口等自动化测试用例的开发与执行。通过该框架，开发者可以编写多个测试用例去执行，并提供丰富的断言方法，让程序代码自动判断预期结果和实际结果是否相符。此外，Unittest 还支持测试执行、测试报告和测试覆盖度等功能，帮助开发者在开发过程中快速发现和修复代码中的问题，提高代码的质量和稳定性。

在学习 Unittest 框架搭建时要注意：

- 建立结构化思维：通过搭建 Unittest 框架，建立结构化编程思维和系统分析能力。
- 具备规范性：在测试工作中遵循规范的重要性，如程序中变量、函数、方法等的规范命名。

任务要求

搭建 Unittest 框架，如图 3-66 所示，并利用数据驱动方式（数据如图 3-67 所示）加载数据，设置断言，并生成测试报告，具体步骤如下：

（1）打开资产管理系统首页：http://127.0.0.1:8080/pams/front/login.do。
（2）输入用户名和密码，点击登录。
（3）点击资产类别，单击"新增"按钮。
（4）通过数据驱动的方式输入类别名称和类别编码，点击"保存"按钮。
（5）通过断言的方式判断预期结果与实际结果是否一致。
（6）对测试的结果生成测试报告。

```
∨ ▪ task4
    ∨ ▪ data
        > ▪ add_assettype
          ▪ csvdata.py
    ∨ ▪ testcase
          ▪ test.py
    > ▪ testreport
      ▪ runtest.py
```

图 3-66　Unittest 框架

	A	B	C
1	类别名称	类别编码	预期结果
2	数据一	LB1111	保存成功！
3	数据一	LB1111	类别名称已存在，请重新填写！
4	数据一		请填写类别编码！
5		LB1111	请填写类别名称！

图 3-67　驱动数据

知识链接

3.4.1　Unittest 框架

1. Unittest 框架加载过程

（1）TestCase 创建测试用例。一个 class 继承 unittest.TestCase，就是一个测试用例，其中有多个以 test 开头的方法，每个方法在 load 的时候会生成一个 TestCase 实例。如果一个 class 中有四个 test 开头的方法，则最后 load 到 suite 中时有四个测试用例。

（2）TestLoader 加载测试用例到套件中。由 TestLoader 加载 TestCase 到 TestSuite。

（3）TextTestRunner 运行套件。由 TextTestRunner 运行 TestSuite，运行结果保存在 TextTestResult 中。通过命令行或者 unittest.main() 方法执行时，main 会调用 TextTestRunner 中的 run() 方法来执行用例，或者直接通过 TextTestRunner 来执行用例。TextTestRunner 执行时，默认将结果输出到控制台。可以设置其输出到文件，在文件中查看结果；也可以通过 HTMLTestRunner 将结果输出到 HTML。

2. Unittest 主要类关系

正常调用 Unittest 的流程是 TestLoader 自动将测试用例 TestCase 加载到 TestSuite 里，TextTestRunner 调用 TestSuite 中的 run() 方法，顺序执行其中的 TestCase 中以 test 开头的方法，并得到测试结果 TestResult。在执行 TestCase 过程中，先通过 SetUp() 方法进行环境准备，执行测试代码，最后通过 tearDown() 方法进行测试的还原。TestLoader 在加载过程中进行添加的 TestCase 是没有顺序的。一个 TestCase 里如果存在多个验证方法，会按照方法中 test 后方首字母的 ASCII 码从小到大排序后执行。可以通过手动调用 TestSuite 的 addTest() 方法来动态添加 TestCase，这样既可以确定添加用例的执行顺序，也可避免 TestCase 中的验证方法一定要用 test 开头。如图 3-68 所示。

3. Unittest 框架使用步骤

（1）使用 import unittest 导入测试框架。定义一个继承自 unittest.TestCase 的测试用例类。定义 setUp() 方法、tearDown() 方法、setUpClass() 方法、tearDownClass() 方法，下面是 4 种方法的使用说明。

- setUp() 方法指在每个测试用例方法执行前都会执行一次。

- tearDown( )方法指在每次测试用例方法执行结束后都会执行一次。
- setUpClass( )方法指在一个测试用例集执行前只执行一次。
- tearDownClass( )方法指在一个测试用例集执行后只执行一次。

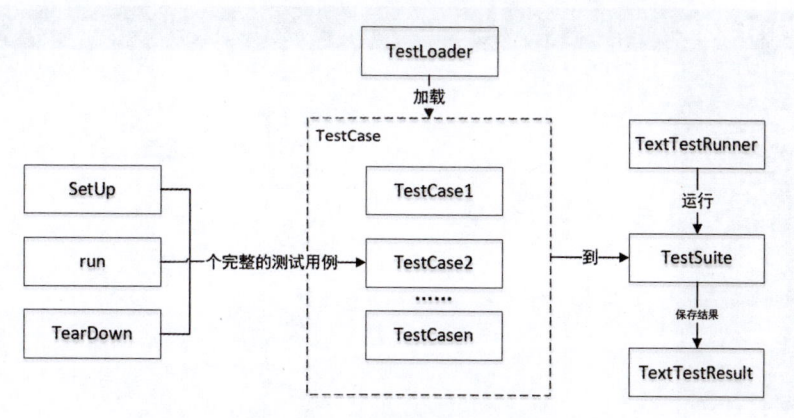

图 3-68　Unittest 主要类关系

（2）定义测试用例。测试用例名字以 test 开头：一个测试用例应该只测试一个方面，测试目的和测试内容应明确。主要调用 assertEqual( )、assertRaises( )等断言方法判断程序执行结果和预期值是否相符。

（3）调用 unittest.main( )方法启动测试。如果测试未通过，会输出相应的错误提示；如果测试全部通过，则不显示任何东西。

4. 具体实例

扮酷 Unittest 框架对资产管理系统的登录页面、个人信息页面进行测试，步骤如下：

（1）分别定义四个方法：setUp( )、tearDown( )、test_denglu1( )、test_denglu2( )。

（2）使用 setUp( )方法启动浏览器。

（3）使用 tearDown( )方法关闭浏览器。

（4）使用 test_denglu1( )方法进入资产管理系统登录页面，输入账号和密码，单击"登录"按钮，如图 3-69 所示。

图 3-69　登录首页

（5）使用 test_ denglu2( ) 方法进入资产管理系统登录页面，输入账号和密码，单击"登录"按钮，在资产管理系统页面单击"个人信息"按钮，如图 3-70 所示。

图 3-70　个人信息首页

具体的代码编写如下：

```python
import unittest # 引入 unittest
from selenium import webdriver
from selenium.webdriver.common.by import By
class Denglu(unittest.TestCase):
    def setUp(self):                                              # 定义 setUp 方法
        self.driver=webdriver.Chrome()
        self.driver.maximize_window()
        self.driver.get("http://127.0.0.1:8080/pams/front/login.do")   # 进入资产管理系统主页
        self.driver.implicitly_wait(20)
    def tearDown(self):                                           # 定义 tearDown 方法
        self.driver.quit()                                        # 关闭浏览器
    def test_denglu01(self):# 定义测试用例 denglu01
        self.driver.find_element(By.ID,"loginName").send_keys("student")      # 输入用户名
        self.driver.find_element(By.NAME,"password").send_keys("student")     # 输入密码
        self.driver.find_element(By.CLASS_NAME,"blue-button").click()         # 点击登录
    def test_denglu02(self):# 定义测试用例 denglu02
        self.driver.find_element(By.ID,"loginName").send_keys("student")      # 输入用户名
        self.driver.find_element(By.NAME,"password").send_keys("student")     # 输入密码
        self.driver.find_element(By.CLASS_NAME,"blue-button").click()         # 点击登录
        self.driver.find_element(By.LINK_TEXT,' 个人信息 ').click()
if __name__ == '__main__':
    unittest.main()         # 调用 unittest.main 启动测试
```

3.4.2　CSV 文件读取

在软件测试中，可以方便地使用 CSV 文件存储和管理测试所需的数据。例如，可以将测试用例的输入数据、预期输出或测试环境配置信息存储在

CSV 文件中。通过读取 CSV 文件，自动化测试脚本可以获取这些数据，并在测试过程中使用。

使用 CSV 文件读取数据的步骤如下：

（1）导入 CSV 代码库。

（2）以只读形式打开文件。

（3）进行格式转换。

（4）使用 for 循环打印所有的数据，如果有标题行，则打印除第一行以外的数据。

具体的代码编写如下：

```python
import csv                              # 导入 CSV 代码库
def readd():                            # 将数据读取存在一个方法中，方便后面被调用
    path=r"E:\auto_test\csv_data.csv"   # 找到需要读取的 CSV 文件
    stream=open(path,'r')               # 以只读的形式打开文件
    data=csv.reader(stream)             # 进行数据格式转换
    list=[]                             # 将读取的数据存放到 list 中
    i=0                                 # 用于控制行标的移动
    for row in data:                    # 使用 for 循环进行读取
        if i!=0:                        # 如果不是第一行数据
            list.append(row)            # 则将数据添加空列表 list 当中
        i=i+1                           # 行标加 1，数据向下读取
    return list
if __name__ == '__main__':              # 建立主函数测试输出的数据是否正确
    data=readd()                        # 调用 readd 方法
    for row in data:                    # 循环读取所有数据
        print(row)                      # 打印数据
```

对应的 CSV 数据如图 3-71 所示。

	A	B	C
1	用户名	密码	预期结果
2	student	student	
3		student	请输入用户名
4	student		请输入密码
5	studen	student	用户不存在。
6	student	studen	用户名密码不匹配。

图 3-71　登录测试数据

3.4.3　数据驱动

使用数据驱动模式，可以根据业务分解测试数据，只需定义变量，通过外部或者自定义的数据使其参数化，从而避免使用之前测试脚本中固定的数据。可以将测试脚本与测试数据分离，使得测试脚本在不同数据集合下高度复用。这不仅可以增加复杂条件场景的测试覆盖，还可以减少测试脚本的编写与维护工作。

1. 数据驱动的操作步骤

（1）环境准备：安装 ddt 代码库，打开 cmd 命令行窗口，输入 pip install ddt 命令在线安装。

（2）在头部导入 ddt 代码库：import ddt。

（3）在测试类前添加一个装饰器，表示这个类采用 ddt 代码库的方式实现数据驱动（@ddt.ddt）。

（4）在测试方法前使用 @ddt.data( ) 指定数据来源。

（5）代码编写思路：首先将测试数据单独存放，然后在编写脚本时调用存放的数据，逐条进行数据的读取。

2. 具体的实例

（1）进入资产管理系统首页。

（2）通过数据驱动读取 csv_read 文件中用户名和密码，单击"登录"按钮。

具体的代码编写如下：

```python
import unittest
import ddt                    # 导入 ddt 代码库
from selenium import webdriver
from selenium.webdriver.common.by import By
from csv_read import *
@ddt.ddt                      #ddt 装饰器
class Ceshi(unittest.TestCase):
    def setUp(self) -> None:
        self.driver=webdriver.Chrome()
        self.driver.maximize_window()
        self.driver.get("http://127.0.0.1:8080/pams/front/login.do")   # 进入资产管理系统主页
    def tearDown(self) -> None:
        self.driver.quit()
    @ddt.data(*readd())   #@ddt.data 为指定接收的数据，其中 * 表示接收数据的列表名，如有一个
        list=[1,2,3,4], 那么 * 表示所有的数字，分别是 1，2，3，4
    def test01(self,data):
        self.driver.find_element(By.ID, "loginName").send_keys(data[0])      # 输入用户名
        self.driver.find_element(By.NAME, "password").send_keys(data[1])     # 输入密码
        self.driver.find_element(By.CLASS_NAME, "blue-button").click()       # 点击登录
if __name__ == '__main__':
    unittest.main()      # 启动测试
```

3.4.4 数据断言

1. 数据断言的方法

测试主要是调用 assertEqual()、assertRaises() 等断言方法判断程序执行结果和预期值是否相符。常见的断言方法见表 3-5。

表 3-5 常见的断言方法

方法	Checks	备注
assertEqua(a,b)	a==b	测试的两个值是否相等，如果不等，则测试失败
assertNotEqua(a,b)	a!=b	测试的两个值是否不相等，如果比较结果相等，则测试失败
assertTrue(x)	Bool(x) is True	期望的结果是 True
assertFalse(x)	Bool(x) is False	期望的结果是 False
assertIs(a,b)	a is b	a 是 b，则成功，否则失败
assertIsNot(a,b)	a is not b	a 不是 b，则成功，否则失败
assertIn(a,b)	a in b	a 包含 b,，则成功，否则失败
assertNotIn(a,b)	a not in b	a 不包含 b,，则成功，否则失败
Fail()		无条件的失败

如何检查测试用例执行是否正确？主要通过以下的方法检查：

（1）通过比对页面元素的文本信息，检查测试用例执行结果的正确性，编写代码如下：Find_element().text。

（2）通过对比页面标题信息，检查测试用例执行结果的正确性，编写代码如下：Driver.title。

（3）通过对比网址信息，检查测试用例执行结果的正确性，编写代码如下：Driver.current_url。

（4）通过比对页面元素的属性信息，检查测试用例执行结果的正确性，编写代码如下：FindElement().get_attribute("value")。

2. 具体的实例

（1）打开资产管理系统首页。

（2）利用数据驱动输入用户名和密码，判断 csv 数据中的预期结果与登录界面错误提示的文字是否是一致，如图 3-72 所示。

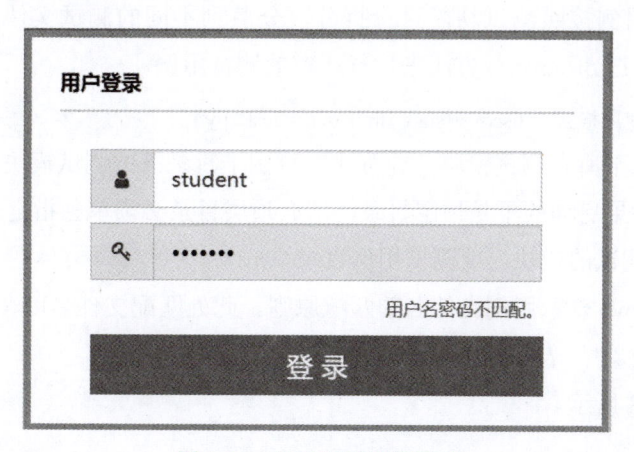

图 3-72 登录界面错误提示

编写的代码如下所示：

```python
from selenium import webdriver
from time import sleep
import unittest
import ddt
from selenium.webdriver.common.by import By
from csv_read import *
@ddt.ddt
class Ceshi(unittest.TestCase):
    def setUp(self) -> None:
        self.driver=webdriver.Chrome()
        self.driver.maximize_window()
        self.driver.get('http://127.0.0.1:8080/pams/front/login.do')
    def tearDown(self) -> None:
        self.driver.quit()
    @ddt.data(*readd())
    def test01(self,data):
        self.driver.find_element(By.ID, "loginName").send_keys(data[0])      #输入用户名
        self.driver.find_element(By.NAME, "password").send_keys(data[1])     #输入密码
        self.driver.find_element(By.CLASS_NAME, "blue-button").click()       #点击登录
        ele = self.driver.find_element(By.ID,'error_msg').text               #获取提示文字
        print(ele)
        self.assertEqual(data[2], ele)    #判断预期结果中的文字是否包含在 text 中
if __name__ == '__main__':
    unittest.main()
```

3.4.5　discover 方法

使用 Unittest 框架进行测试的话，如果是需要实现上百个测试用例，把它们全部写在一个 test.py 文件中，文件会越来越臃肿，后期维护页麻烦。此时可以将这些用例按照测试功能进行拆分，分散到不同的测试文件中。这时候我们可以通过 discover() 方法来执行所有的测试用例。

discover 方法

discover() 方法使用格式：discover(start_dir,pattern='test*.py')

找到指定目录下所有测试模块，并可递归查到子目录下的测试模块，只有匹配到文件名才能被加载。如果启动的不是顶层目录，那么顶层目录必须单独指定。

start_dir：要测试的模块名或测试用例目录。

pattern='test*.py'：表示用例文件名的匹配原则。此处匹配文件名以"test"开头的".py"类型的文件，星号"*"表示任意多个字符。

目录如图 3-73 所示。

```
                discover
                  data
                    csv_data.csv
                    csv_read.py
                  test_case
                    test01.py
                    test02.py
                  runtest.py
```

图 3-73 Unittest 框架 discover() 方法目录

csv_read.py 的代码如下：

```python
import csv                          # 导入 CSV 代码库
def readd():                        # 将数据读取存在一个方法中，方便后面被调用
    path="E:/st/softwarebook/discover/data/csv_data.csv"   # 找到需要读取的 CSV 文件
    stream=open(path,'r')           # 以只读的形式打开文件
    data=csv.reader(stream)         # 进行数据格式转换
    list=[]                         # 将读取的数据存放到 list 中
    i=0                             # 用于控制行标的移动
    for row in data:                # 使用 for 循环进行读取
        if i!=0:                    # 如果不是第一行数据
            list.append(row)        # 则将数据添加空列表 list 当中
        i=i+1                       # 行标加 1，数据向下读取
    return list
if __name__ == '__main__':
    data=readd()                    # 调用 readd 方法
    for row in data:                # 循环读取所有数据
        print(row)                  # 打印数据
```

test01.py 的代码如下：

```python
import unittest                     # 引入 unittest
from selenium import webdriver
from selenium.webdriver.common.by import By
class Denglu(unittest.TestCase):
    def setUp(self):                # 定义 setUp 方法
        self.driver=webdriver.Chrome()
        self.driver.maximize_window()
        self.driver.get("http://127.0.0.1:8080/pams/front/login.do")   # 进入资产管理系统主页
        self.driver.implicitly_wait(20)
    def tearDown(self):             # 定义 tearDown 方法
        self.driver.quit()          # 关闭浏览器
    def test_denglu01(self):        # 定义测试用例 denglu01
        self.driver.find_element(By.ID,"loginName").send_keys("student")        # 输入用户名
        self.driver.find_element(By.NAME,"password").send_keys("student")       # 输入密码
        self.driver.find_element(By.CLASS_NAME,"blue-button").click()           # 点击登录
    def test_denglu02(self):        # 定义测试用例 denglu02
        self.driver.find_element(By.ID,"loginName").send_keys("student")        # 输入用户名
        self.driver.find_element(By.NAME,"password").send_keys("student")       # 输入密码
```

```
            self.driver.find_element(By.CLASS_NAME,"blue-button").click()    # 点击登录
            self.driver.find_element(By.LINK_TEXT,' 个人信息 ').click()
if __name__ =='__main__':
    unittest.main()              # 调用 unittest.main 启动测试
```

test02.py 的代码如下：

```
from selenium import webdriver
from time import sleep
import unittest
import ddt
from selenium.webdriver.common.by import By
from discover.data.csv_read import *
@ddt.ddt
class Ceshi(unittest.TestCase):
    def setUp(self) -> None:
        self.driver=webdriver.Chrome()
        self.driver.maximize_window()
        self.driver.get('http://127.0.0.1:8080/pams/front/login.do')
    def tearDown(self) -> None:
        self.driver.quit()
    @ddt.data(*readd())
    def test01(self,data):
        self.driver.find_element(By.ID, "loginName").send_keys(data[0])        # 输入用户名
        self.driver.find_element(By.NAME, "password").send_keys(data[1])       # 输入密码
        self.driver.find_element(By.CLASS_NAME, "blue-button").click()          # 点击登录
        ele = self.driver.find_element(By.ID,'error_msg').text                  # 获取提示文字
        print(ele)
        self.assertEqual(data[2], ele)     # 判断预期结果中的文字是否包含在 text 中
if __name__ =='__main__':
    unittest.main()
```

runtest.py 的代码如下：

```
import unittest
test_dir=' ./test_case'
discover=unittest.defaultTestLoader.discover(test_dir,pattern="test*.py")
if __name__ == '__main__' :
    runner=unittest.TextTestRunner()
    runner.run(discover)
```

3.4.6　测试报告

HTMLTestRunner 是一个能生成一个 HTML 格式的网页报告的模块。我们使用这个模块就可以直接来看测试用例的执行效果。

（1）首先从 http://tungwaiyip.info/software/HTMLTestRunner.html 下载 HTMLTestRunner。

测试报告

（2）按如下方法进行修改：

第 94 行，将 import StringIO 修改成 import io

第 539 行，将 self.outputBuffer = StringIO.StringIO() 修改成 self.outputBuffer = io.StringIO()
第 642 行，将 if not rmap.has_key(cls): 修改成 if not cls in rmap:
第 766 行，将 uo = o.decode('latin-1') 修改成 uo = e
第 772 行，将 ue = e.decode('latin-1') 修改成 ue = e
第 631 行，将 print >> sys.stderr, '\nTime Elapsed: %s' % (self.stopTime-self.startTime) 修改成 print(sys.stderr, '\nTime Elapsed: %s' % (self.stopTime-self.startTime))

如果要使自动化测试报告打印文字，则将 763-767 直接注释掉，将 768 行 uo=o 左对齐下一行的 if。

（3）修改之后将文件 HTMLTestRunner.py 放在 python 安装目录之下的 lib 目录。
目录如图 3-74 所示。

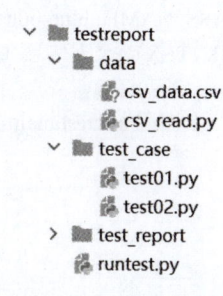

图 3-74　Unittest 框架生成测试报告目录

csv_read.py 的代码如下：

```
import csv                      # 导入 CSV 代码库
def readd():                    # 将数据读取存在一个方法中，方便后面被调用
    path="E:/st/softwarebook/testreport/data/csv_data.csv"   # 找到需要读取的 CSV 文件
    stream=open(path,'r')       # 以只读的形式打开文件
    data=csv.reader(stream)     # 进行数据格式转换
    list=[]                     # 将读取的数据存放到 list 中
    i=0                         # 用于控制行标的移动
    for row in data:            # 使用 for 循环进行读取
        if i!=0:                # 如果不是第一行数据
            list.append(row)    # 则将数据添加空列表 list 当中
        i=i+1                   # 行标加 1，数据向下读取
    return list
if __name__=='__main__':
    data=readd()                # 调用 readd 方法
    for row in data:            # 循环读取所有数据
        print(row)              # 打印数据
```

test01.py 的代码如下：

```
import unittest                 # 引入 unittest
from selenium import webdriver
from selenium.webdriver.common.by import By
class Denglu(unittest.TestCase):
    def setUp(self):            # 定义 setUp 方法
```

```python
            self.driver=webdriver.Chrome()
            self.driver.maximize_window()
            self.driver.get("http://127.0.0.1:8080/pams/front/login.do")    #进入资产管理系统主页
            self.driver.implicitly_wait(20)
        def tearDown(self):           #定义 tearDown 方法
            self.driver.quit()        #关闭浏览器
        def test_denglu01(self):      #定义测试用例 denglu01
            self.driver.find_element(By.ID,"loginName").send_keys("student")         #输入用户名
            self.driver.find_element(By.NAME,"password").send_keys("student")        #输入密码
            self.driver.find_element(By.CLASS_NAME,"blue-button").click()            #点击登录
        def test_denglu02(self):                   #定义测试用例 denglu02
            self.driver.find_element(By.ID,"loginName").send_keys("student")         #输入用户名
            self.driver.find_element(By.NAME,"password").send_keys("student")        #输入密码
            self.driver.find_element(By.CLASS_NAME,"blue-button").click()            #点击登录
            self.driver.find_element(By.LINK_TEXT,' 个人信息 ').click()
    if __name__ == '__main__':
        unittest.main()                            # 调用 unittest.main 启动测试
```

test02.py 的代码如下：

```python
from selenium import webdriver
from time import sleep
import unittest
import ddt
from selenium.webdriver.common.by import By
from discover.data.csv_read import *
@ddt.ddt
class Ceshi(unittest.TestCase):
    def setUp(self) -> None:
        self.driver=webdriver.Chrome()
        self.driver.maximize_window()
        self.driver.get('http://127.0.0.1:8080/pams/front/login.do')
    def tearDown(self) -> None:
        self.driver.quit()
    @ddt.data(*readd())
    def test01(self,data):
        self.driver.find_element(By.ID, "loginName").send_keys(data[0])          #输入用户名
        self.driver.find_element(By.NAME, "password").send_keys(data[1])         #输入密码
        self.driver.find_element(By.CLASS_NAME, "blue-button").click()           #点击登录
        ele = self.driver.find_element(By.ID,'error_msg').text                   #获取提示文字
        print(ele)
        self.assertEqual(data[2], ele)        #判断预期结果中的文字是否包含在 text 中
if __name__ == '__main__':
    unittest.main()
```

runtest.py 的代码如下：

```python
import unittest
import time
from HTMLTestRunner import HTMLTestRunner
```

```
test_dir='./test_case'
discover=unittest.defaultTestLoader.discover(test_dir,pattern="test*.py")
if __name__ == '__main__':
    report_dir='./test_report'                          # 测试报告的存放位置
    now=time.strftime("%Y_%m_%d %H_%M_%S")              # 添加时间戳
    report_name=report_dir+'/'+now+'result.html'        # 文件命名
    with open(report_name,'wb')as f:
        runner=HTMLTestRunner(stream=f,title="Test Report",description="HR teacher")
        runner.run(discover)
        f.close()
```

形成的测试报告如图 3-75 所示。

图 3-75　自动化测试报告

🐸 任务实施

1. 新建 csvdata.py 文件

csvdata.py 的代码编写如下：

```
import csv                    # 导入 CSV 代码库
def readd_add_assettype():    # 将数据读取存在一个方法中，方便后面被调用
    path=r"E:\st\softwarebook\task4\data\add_assettype\add_assettype.csv" # 找到需要读取的 CSV 文件
    stream=open(path,'r')     # 以只读的形式打开文件
    data=csv.reader(stream)   # 进行数据格式转换
    list=[]                   # 将读取的数据存放到 list 中
    i=0
    for row in data:          # 使用 for 循环进行读取
        if i!=0:
            list.append(row)
        i=i+1
    return list
if __name__ == '__main__':
    data=readd_add_department()
    for row in data:
        print(row)
```

可以运行一下程序，得到的结果如图 3-76 所示。

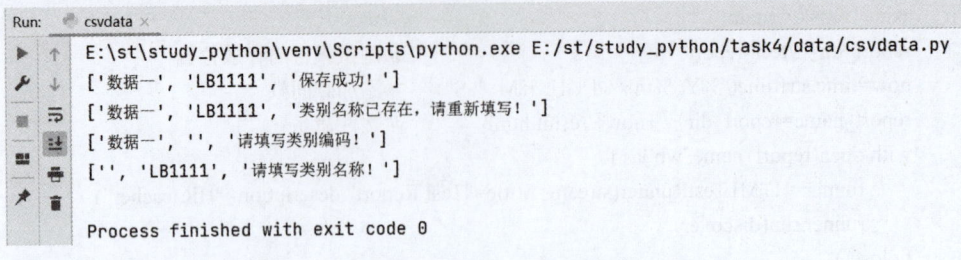

```
E:\st\study_python\venv\Scripts\python.exe E:/st/study_python/task4/data/csvdata.py
['数据一', 'LB1111', '保存成功！']
['数据一', 'LB1111', '类别名称已存在，请重新填写！']
['数据一', '', '请填写类别编码！']
['', 'LB1111', '请填写类别名称！']

Process finished with exit code 0
```

图 3-76　csvdata.py 运行结果

可以看到，打印的结果跟部门添加数据列表是一致的。

2. 新建 test.py

（1）代码中利用 import ddt 导入 ddt。

（2）利用 @ddt.ddt 加载 ddt。

（3）利用 @ddt.data(*readd_add_department()) 读取 csvdata.py 文件的 readd_add_department() 方法。

（4）data[0]、data[1]、data[2] 分别读取到表格中第 1 列部门名称、第 2 列部门编码和第 3 列预期结果数据。

test.py 的代码编写如下：

```python
from selenium import webdriver
from time import sleep
import unittest
import ddt
from selenium.webdriver.common.by import By
from task4.data.csvdata import readd_add_department
@ddt.ddt
class Ceshi(unittest.TestCase):
    def setUp(self) -> None:
        self.driver=webdriver.Chrome()
        self.driver.maximize_window()
        self.driver.get('http://127.0.0.1:8080/pams/front/login.do')      # 登录系统首页
    def tearDown(self) -> None:
        self.driver.quit()
    @ddt.data(*readd_add_department())
    def test01(self,data):
        self.driver.find_element(By.ID, "loginName").send_keys("student")        # 输入用户名
        self.driver.find_element(By.NAME, "password").send_keys("student")       # 输入密码
        self.driver.find_element(By.CLASS_NAME, "blue-button").click()           # 点击登录
        sleep(3)
        self.driver.find_element(By.LINK_TEXT," 资产类别 ").click()              # 打开资产类别
        sleep(3)
        self.driver.find_element(By.XPATH, '//*[@id="content"]/div[2]/div/div[1]/button').click()
            # 定位新增按钮
        sleep(3)
```

```
        self.driver.find_element(By.NAME, 'title').send_keys(data[0])      # 定位资产名称
        self.driver.find_element(By.NAME, 'code').send_keys(data[1])       # 定位资产编码
        sleep(3)
        self.driver.find_element(By.ID, 'submitButton').click()            # 定位保存按钮
        sleep(3)
        ele = self.driver.switch_to.alert.text            # 获取提示文字
        print(ele)
        self.assertEqual(data[2], ele)                    # 判断预期结果中的文字是否包含在 text 中
        self.driver.switch_to.alert.accept()
if __name__ == '__main__':
    unittest.main()
```

3. 新建 runtest.py 文件

（1）首先将 HTMLTestRunner.py 放在 python 安装目录之下的 lib 目录。

（2）利用代码 from HTMLTestRunner import HTMLTestRunner 导入 HTMLTestRunner。

（3）利用函数 time.strftime("%Y_%m_%d %H_%M_%S") 获取当前时间，目的是打印多次测试报告，不会覆盖上一次的内容。

runtest.py 的代码编写如下：

```
import unittest
import time
from HTMLTestRunner import HTMLTestRunner
test_dir='./testcase'
discover=unittest.defaultTestLoader.discover(test_dir,pattern="test.py")
if __name__ == '__main__':
    report_dir='./testreport'                              # 测试报告的存放位置
    now=time.strftime("%Y_%m_%d %H_%M_%S")                 # 添加时间戳
    report_name=report_dir+'/'+now+'result.html'           # 文件命名
    with open(report_name,'wb')as f:
        runner=HTMLTestRunner(stream=f,title="Test Report",description="HR teacher")
        runner.run(discover)
        f.close()
```

测试报告如图 3-77 所示。

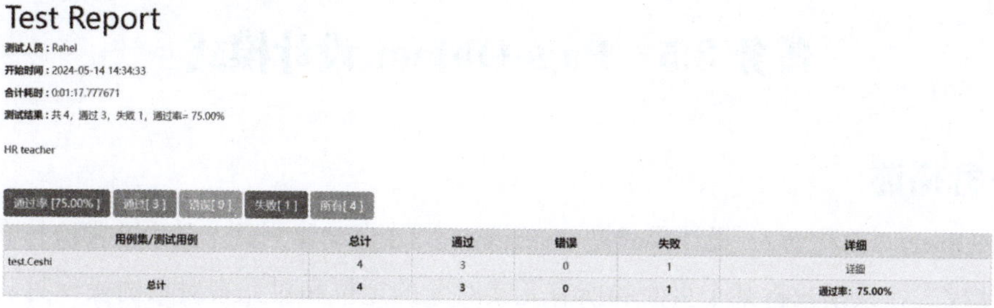

图 3-77　测试报告

从报告可以看出，测试用例的通过率为 75%，展开之后可以看到详细的信息，如图 3-78 所示，预期结果是"保存成功！"，但实际结果是"类别名称已存在,请重新填写！"，预期结果与实际不一致，因此是 FAIL，即判断是一个 Bug。

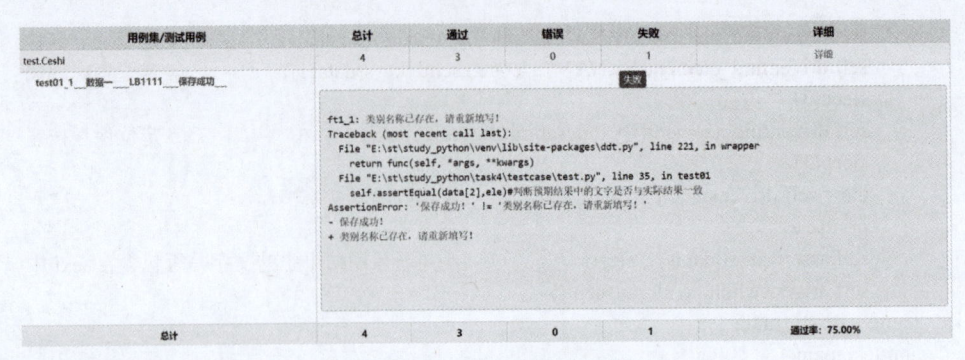

图 3-78　查看出错提示信息

【思考与练习】

理论题

1．为什么会作异常处理？
2．为什么要作断言判断？
3．Unittest 框架主要包括哪几部分？

实训题

模仿图 3-66 所示的 Unittest 框架，完成如下内容的测试：

（1）打开资产管理系统首页：http://127.0.0.1:8080/pams/front/login.do。
（2）输入用户名和密码，点击登录。
（3）点击部门管理，单击"新增"按钮。
（4）通过数据驱动的方式输入部门名称和部门编码，点击"保存"按钮。
（5）通过断言的方式判断预期结果与实际结果是否一致。
（6）对测试的结果产生测试报告。

任务 3.5　PageObject 设计模式

任务描述

PageObject（简称 PO）设计模式是 Selenium 等 UI 自动化测试工具中非常流行和推崇的一种设计模式。该模式将某个页面的所有元素对象的定位和对元素对象的操作封装成一个 Page 类，即一个 py 文件，并以页面为单位来写测试用例，实现页面对象和测试用例的分离。

学习 PageObject 设计模式要注意：

- 建立编程可维护性意识：通过 PageObject 设计模式，强调编写可维护、易读代码的重要性。

● 建立编程可重用性意识：理解代码重用的价值，提高开发效率和质量。

任务要求

利用 PageObject 设计模式，建立 PO 文件夹，在 PO 文件夹下建立 Page 文件夹，将 selenium 基础类封装到 BasePage.py 中，将资产管理系统的登录页面封装到 LoginPage.py 中，将部门添加的元素和操作封装到 add_department.py 中。在 PO 文件夹下建立 data 文件夹，存储 data 数据，建立 CSV 文件获取数据。在 PO 文件夹下建立 report 文件夹，存放测试报告。在 PO 文件夹下建立 testcase 文件夹，将测试用例封装到 test.py 中。在 PO 文件夹下建立文件 runtest.py，执行测试用例并发送测试报告。新增部门页面如图 3-79 所示，PO 测试框架如图 3-80 所示。

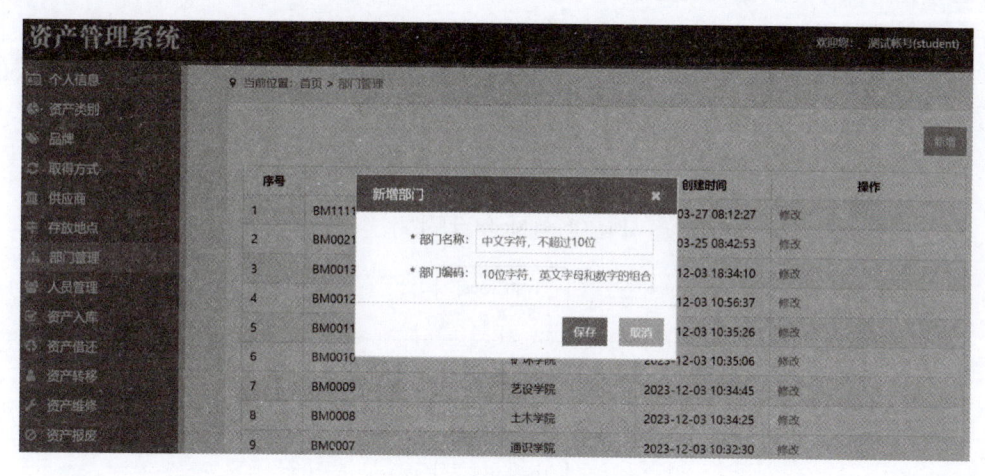

图 3-79　新增部门页面

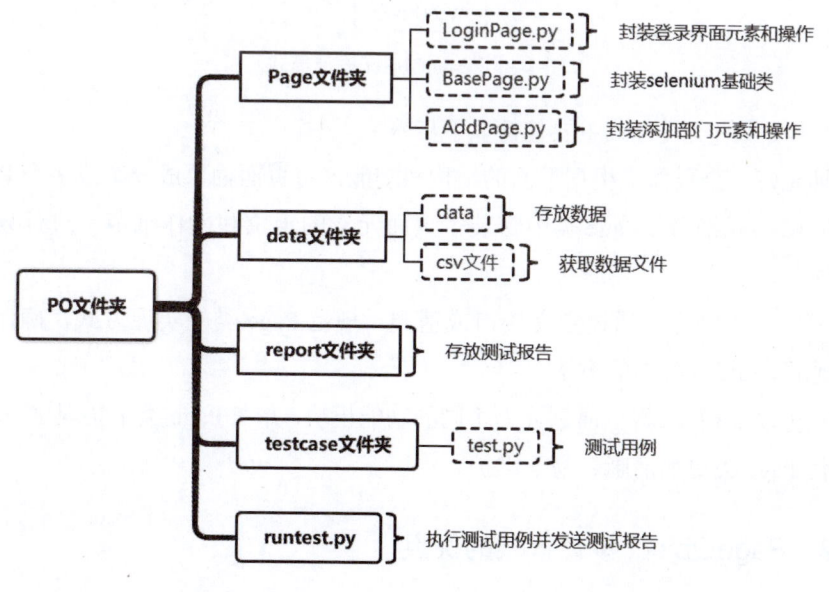

图 3-80　PO 测试框架

知识链接

3.5.1 PageObject 原理

将页面元素定位和对元素的操作行为封装成一个 Page 类，实现对页面对象和测试用例的分离。一条测试用例可能需要多个步骤操作元素，将每个步骤单独封装成一个方法，在执行测试用例的时候调用封装好的操作。

主要的原理如下：

（1）把页面中的所有的元素定位和元素操作封装成一个页面类。
（2）元素定位看成页面类的属性。
（3）元素操作看页面类的方法。
（4）把测试用例分成两部分：Page 类，Case 类。
（5）把原来一条测试用例分成多层，Page 层：负责封装元素定位和元素操作；Action 层：负责封装公用的业务逻辑；Case 层：实现测试用例，对测试方法进行数据驱动。

PageObject 设计模式如图 3-81 所示。

PageObject Model 分层设计

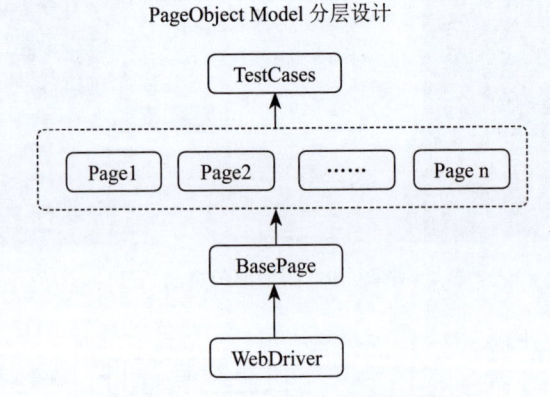

```
              TestCases
                 ↑
   ┌─────────────────────────────┐
   │ Page1  Page2  ……  Page n    │
   └─────────────────────────────┘
                 ↑
              BasePage
                 ↑
              WebDriver
```

图 3-81 PageObject 设计模式

PO 设计模式的实现方式主要包括以下步骤：

（1）抽象每一个页面：根据页面的结构和功能，将页面抽象成一个或多个 Page 类。
（2）隐藏实现细节：Page 类中封装了页面元素的定位和操作细节，对外只暴露必要的操作方法。
（3）面向接口编程：通过定义接口或基类，规范 Page 类的实现方式，确保测试用例可以通用地调用 Page 类中的方法。
（4）划分功能模块：将页面划分为不同的功能模块，并在 Page 类中实现这些功能方法。这样可以使 Page 类更加清晰、易于维护。

3.5.2 PageObject 设计模式的优点

PageObject 设计模式有以下优点：

(1)减少代码的重复:通过将页面元素和操作封装成独立的 Page 类,可以避免在多个测试用例中重复编写相同的元素定位和操作代码。

(2)提高测试用例的可读性:通过将页面元素和操作按照页面进行抽象和组织,测试用例可以更加清晰地描述测试场景和步骤,提高可读性。

(3)提高测试用例的可维护性:当页面元素发生变化时,只需要修改对应的 Page 类中的元素定位和操作代码,而不需要修改多个测试用例。这大大降低了维护成本,提高了测试效率。

3.5.3　PageObject 设计的意义

因为需求频繁变更,前端代码更容易发生变化,导致以前的页面元素定位方式需要修改,假如 100 个测试用例中都要用到这个元素定位,那么自动化代码就要修改 100 次,PO 设计模式就是为了解决这种问题产生的。

PageObject 设计模式

任务实施

(1)建立的程序框架如图 3-82 所示。

```
∨ ▶ PO_study
    ∨ ▶ data
        ∨ ▶ add_department
                add_department.csv
            csvdata.py
    ∨ ▶ page
            add_department.py
            BasePage.py
            LoginPage.py
    > ▶ report
    ∨ ▶ testcase
            test.py
        runtest.py
```

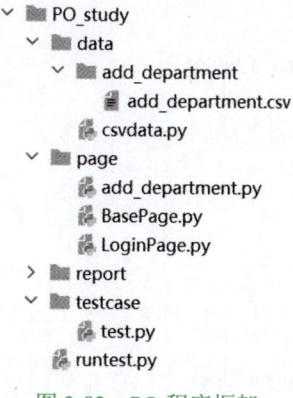

图 3-82　PO 程序框架

(2)具体的数据如图 3-83 所示。

	A	B	C
1	部门名称	部门编码	预期结果
2	数据一	BM1111	保存成功!
3	数据一	BM1111	部门名称已存在,请重新填写!
4	数据一		请填写部门编码!
5		BM1111	请填写部门名称!

图 3-83　部门添加数据

(3)新建 csvdata.py 文件。csvdata.py 的代码编写如下:

```python
import csv                              # 导入 CSV 代码库
def readd_add_department():             # 将数据读取存在一个方法中，方便后面被调用
    path=r"E:\st\softwarebook\PO_study\data\add_department\add_department.csv"  # 找到需要读取的 CSV 文件
    stream=open(path,'r')               # 以只读的形式打开文件
    data=csv.reader(stream)             # 进行数据格式转换
    list=[]                             # 将读取的数据存放到 list 中
    i=0
    for row in data:                    # 使用 for 循环进行读取
        if i!=0:
            list.append(row)
        i=i+1
    return list
if __name__ == '__main__':
    data=readd_add_department()
    for row in data:
        print(row)
```

（4）新建 BasePage.py 文件。BasePage.py 的代码编写如下：

```python
from time import sleep
class page():                           # 基础类，用于所有页面对象类继承
    def __init__(self,driver):
        self.driver=driver
        self.base_url="http://127.0.0.1:8080"
                                        # 初始化
    def _open(self,url):                # 定义打开网页的私有方法
        url_=self.base_url+url
        self.driver.get(url_)
        sleep(3)
    def open(self):
        self._open(self.url)
    def find_element(self,*loc):
        return self.driver.find_element(*loc)
    # 元素定位方法封装
```

（5）新建 LoginPage.py 文件。LoginPage.py 的代码编写如下：

```python
from selenium.webdriver.common.by import By
from PO_study.page.BasePage import *
class LoginPage(page):                  # 定义封装登录的类
    url="/pams/front/login.do"
    input_username_loc = (By.ID,'loginName')    # 定位用户名
    input_password_loc = (By.ID,'password')     # 定位密码
    click_login_buton_loc = (By.CLASS_NAME, 'blue-button')   # 定位登录按钮
    def input_username(self, username):         # 封装输入用户名方法
        self.driver.find_element(*self.input_username_loc).clear()
        self.driver.find_element(*self.input_username_loc).send_keys(username)
    def input_password(self, password):         # 封装输入密码方法
        self.driver.find_element(*self.input_password_loc).clear()
        self.driver.find_element(*self.input_password_loc).send_keys(password)
```

```python
    def click_login(self):                          # 封装点击登录方法
        self.driver.find_element(*self.click_login_buton_loc).click()
def test_login(driver,username,password):
    login_page=LoginPage(driver)                    # 实例化登录类
    login_page.open()                               # 打开登录网页
    login_page.input_username(username)             # 调用输入用户名方法
    login_page.input_password(password)             # 调用输入密码方法
    login_page.click_login()                        # 调用点击登录方法
```

（6）新建 add_department.py 文件。add_department.py 的代码编写如下：

```python
from selenium.webdriver.common.by import By
from PO_study.page.BasePage import *
class add_department(page):                         # 定义封装添加部门的类
    url="/pams/front/asset_depart/asset_depart_list.do"
    click_add_loc=(By.XPATH,'//*[@id="content"]/div[2]/div/div[1]/button')   # 定位新增按钮
    add_daparment_name_loc=(By.NAME,'title')        # 定位部门名称
    add_daparment_code_loc=(By.NAME,'code')         # 定位部门编码
    click_submit_loc=(By.ID,'submitButton')         # 定位保存按钮
    def click_add(self):                            # 封装新增方法
        self.driver.find_element(*self.click_add_loc).click()
    def add_daparment_name(self,name):              # 封装添加部门名称方法
        self.driver.find_element(*self.add_daparment_name_loc).clear()
        self.driver.find_element(*self.add_daparment_name_loc).send_keys(name)
    def add_daparment_code(self,code):              # 封装添加部门编码方法
        self.driver.find_element(*self.add_daparment_code_loc).clear()
        self.driver.find_element(*self.add_daparment_code_loc).send_keys(code)
    def click_submit(self):                         # 封装保存方法
        self.driver.find_element(*self.click_submit_loc).click()
    def click_alert(self):                          # 封装接受提示信息方法
        self.driver.switch_to.alert.accept()
    def get_alert_text(self):                       # 封装获取提示信息文本方法
        return self.driver.switch_to.alert.text
def test_add_department(driver,name,code):
    add_page=add_department(driver)                 # 实例化添加部门类
    add_page.open()                                 # 打开网页
    sleep(3)
    add_page.click_add()                            # 调用新增方法
    sleep(3)
    add_page.add_daparment_name(name)               # 调用添加部门名称方法
    add_page.add_daparment_code(code)               # 调用添加部门编码方法
    sleep(3)
    add_page.click_submit()                         # 调用保存方法
```

（7）新建 test.py 文件。test.py 的代码编写如下：

```python
import ddt
from time import sleep
from selenium import webdriver
import unittest
from PO_study.data.csvdata import *
from PO_study.page.LoginPage import *
from PO_study.page.add_department import *
```

```python
@ddt.ddt
class Test(unittest.TestCase):
    def setUp(self) -> None:
        self.driver=webdriver.Chrome()
        self.driver.maximize_window()
    def tearDown(self) -> None:
        self.driver.quit()
    @ddt.data(*readd_add_department())
    def test01(self,ccc):
        test_login(self.driver,'student','student')
        test_add_department(self.driver,ccc[0], ccc[1])
        po = add_department(self.driver)
        text=po.get_alert_text()
        self.assertIn(ccc[2],text)
if __name__ == '__main__':
    unittest.main()
```

(8) 新建 runtest.py 文件。runtest.py 的代码编写如下：

```python
import unittest
import time
from HTMLTestRunner import HTMLTestRunner
test_dir="./testcase"
discover=unittest.defaultTestLoader.discover(test_dir,pattern="test.py")
if __name__ == '__main__':
    report_dir="./report"
    now = time.strftime("%Y_%m_%d_%H_%M_%S")
    report_name=report_dir+'/'+now+"result.html"
    with open(report_name,'wb') as f:
        runner=HTMLTestRunner(stream=f,title=" 测试报告 ",
                              description=" 资产管理系统测试 ",
                              tester="Rachel")
        runner.run(discover)
        f.close()
```

【思考与练习】

理论题

1．什么是 PageObject 设计模式？
2．PageObject 设计模式的优点是什么？
3．PageObject 设计模式的步骤是什么？

实训题

利用 PageObject 设计模式，建立 PO 文件夹，在 PO 文件夹下建立 Page 文件夹，将 selenium 基础类封装到 BasePage.py 中，将资产管理系统的登录页面封装到 LoginPage.py 中，将人员添加的元素和操作封装到 AddPage.py。在 PO 文件夹下建立 data 文件夹，存储 data 数据，建立 CSV 文件获取数据。在 PO 文件夹下建立 report 文件夹，存放测试报告。在

PO 文件夹下建立 testcase 文件夹，将测试用例封装到 test.py 中。在 PO 文件夹下建立文件 runtest.py，执行测试用例并发送测试报告。新增人员如图 3-84 所示。

图 3-84　新增人员页面

项目 4　性能测试

项目导读

性能测试指的是对软件系统的执行效率、资源占用、稳定性、安全性、兼容性、可扩展性、可靠性等等进行测试。本项目基于资产管理系统使用 JMeter 进行脚本的添加，场景设计与运行，最后对性能测试结果进行分析。

教学目标

知识目标：
- 掌握性能测试常用的术语。
- 掌握性能测试的基本流程。

技能目标：
- 能正确使用 JMeter 进行脚本的添加与回放。
- 能正确使用 JMeter 进行场景设计与运行。
- 能正确使用 JMeter 进行性能测试结果分析。

素质目标：
- 在性能测试过程中需要关注系统缺陷和性能瓶颈等问题，提升问题分析和解决能力。
- 根据性能测试分析结果分析如何优化测试策略和方法，具备持续改进的精神。

任务 4.1　脚本的添加

任务描述

利用 JMeter 添加脚本，并对脚本设置参数化、断言、关联、事务、集合点与思考时间。在使用 JMeter 添加脚本时要注意：

- 具备诚信与责任：在脚本的添加过程中，测试人员需要准确、真实地模拟用户行为，不隐瞒、不歪曲，要体现诚信与责任。
- 具备精细与严谨的态度：回放脚本时，需要确保每一步操作都符合预期，要体现测试工作的精细与严谨。

任务要求

利用 JMeter 对资产管理系统进行性能测试，添加脚本：打开资产管理系统首页，如图 4-1 所示，登录系统，点击人员管理，新增人员并保存，新增人员界面如图 4-2 所示，返回人员管理列表。然后设置事务，添加断言，设置思考时间，对人员姓名与工号设置参数化，利用关联选择人员所属的部门。

图 4-1　资产管理系统登录界面

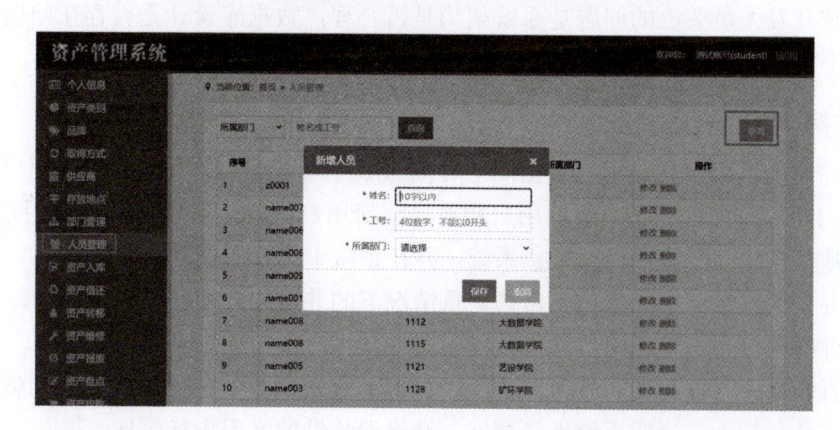

图 4-2　新增人员界面

知识链接

4.1.1 性能测试概述

1. 什么是性能测试

软件性能是与软件功能相对应的一种非常重要的非功能特性,表明了软件系统对时间及时性与资源经济性的需求。对于一个软件系统,运行时执行速度越快、占用系统存储资源及其他资源越少,则软件性能越好。

软件性能与软件功能是软件能力的不同体现,以一个人的工作能力来比喻,"功能"是此人能够做的事情,"性能"指此人完成这件事情的效率。在功能相同的情况下,性能是衡量事情完成效果的一个重要因素。

软件系统性能测试最主要的目标是验证软件性能是否符合软件需求文档中的性能指标要求,是否符合预定的设计目标,是否达到系统预估的质量特性,如功能性、可靠性、易用性、效率性、维护性、可移植性等。通过性能测试的手段来发现系统中存在的缺陷和进行性能瓶颈定位,从而对系统进行优化。

2. 不同角色对软件性能的理解

(1) 从系统用户角度看软件性能。系统用户指实际使用系统功能的人员。系统用户看到的软件性能就是软件的响应时间,即当用户在软件中执行一个功能操作后,到软件把本次操作的结果完全展现给用户所消耗的时间。

系统响应时间的影响因素有功能的粒度、客户端网络情况、服务器当前忙闲情况等。从系统用户角度看,软件响应时间越短,系统性能越好。

(2) 从系统运维人员角度看软件性能。系统运维人员指负责软件系统运行维护的工作人员。运维人员在关注系统响应时间的同时,还需要关注系统的资源利用率、系统最大容量、系统访问量变化趋势、数据量增长幅度、系统扩展能力等,并在此基础上制定合理的系统维护计划,以保障系统能够为用户提供稳定可靠的持续服务。

(3) 从系统开发人员角度看软件性能。系统开发人员指负责软件系统搭建开发的工作人员。系统开发人员关心的问题是系统架构是否合理,数据库设计是否存在问题、系统中是否存在不合理的线程同步方式等。

3. 性能测试术语

(1) 并发用户数。并发用户数指同一时刻与服务器进行数据交互的所有用户数量,也可以理解为同时向系统提交请求的用户数目。注册用户数指系统中全部注册用户的数量;在线用户数指在相同时间段内登录了系统,并在系统中进行操作的用户数量。

平均并发用户数:指在系统正常访问量情况下的并发用户数。

最大并发用户数:指在峰值访问情况下的并发用户数。

(2) 吞吐量。吞吐量指单位时间内系统处理的客户请求数量,体现系统的整体处理能力。系统吞吐量越大,说明系统性能越好。衡量吞吐量的常用指标包括:

RPS：请求数/秒，描述系统每秒能够处理的最大请求数量。
PPS：页面数/秒，描述系统每秒能够处理的页面数量。
PVS：页面数/天，描述系统每天总的页面处理数量。
TPS：事务/秒，描述系统每秒能够处理的事务数量。
QPS：查询/秒，描述系统每秒能够处理的查询请求数量。

（3）点击率。点击率是每秒钟用户向 Web 服务器提交的 HTTP 请求的数量，点击率越大对服务器的压力越大。需要注意的是，这里的点击并非指鼠标的一次单击操作，因为在一次单击操作中，客户端可能向服务器发出多个 HTTP 请求。

（4）事务响应时间。事务是指做某件事情的操作，完成某个事务所需要的时间称为事务响应时间（Transaction Response Time），这是用户最关心的指标。例如对于一个网站响应时间就是从单击一个链接开始计时，到这个链接的页面内容完全在浏览器里展现出来的这一段时间间隔。具体的事务响应时间又可以细分为：

- 服务器端响应时间，指的是服务器完成交易请求执行的时间。
- 网络响应时间，指的是网络硬件传输交易请求和交易结果所耗费的时间。
- 客户端响应时间，指的是客户端在构建请求和展现交易结果时所耗费的时间。对于瘦客户端的 Web 应用系统，这个时间很短，但如果是富客户端应用，如 AJAX，由于客户端嵌入了大量的逻辑处理，耗费的时间可能会比较长，从而成为性能的瓶颈。

（5）资源使用率。指的是对不同的系统资源的使用程度，例如服务器的 CPU 利用率，磁盘利用率等。资源利用率是分析系统性能指标进而改善性能的主要依据，因此是 WEB 性能测试工作的重点。

4. 性能测试类型

性能测试的类型以及定义说明见表 4-1。

表 4-1 性能测试的类型以及定义说明

性能测试名称	定义说明
基准测试	通过设计科学的测试方法、测试工具和测试系统，实现对一类测试对象的某种性能指标进行定量的和可对比的测试。主要目的是检验系统性能与相关标准的符合程度
压力测试	通过对软件系统不断施加压力，识别系统性能拐点，从而获得系统提供的最大服务级别的测试活动。主要目的是检查系统处于压力情况下应用的表现
负载测试	通过在被测系统中不断增加压力，直到达到性能指标极限要求。主要目的是找到特定环境下系统处理能力的极限
并发测试	并发测试主要指当测试多用户并发访问同一个应用、模块、数据时是否产生隐藏的并发问题，如内存泄漏、线程锁、资源争用问题。主要目的并非为了获得性能指标，而是为了发现并发引起的问题
疲劳测试	通过让软件系统在一定访问量情况下长时间运行，以检验系统性能在多长时间后会出现明显下降。主要目的是验证系统运行的可靠性

续表

性能测试名称	定义说明
数据量测试	通过让软件在不同数据量情况下运行，以检验系统性能在各种数据量情况下的表现。主要目的是找到支持系统正常工作的数据量极限
配置测试	通过对被测系统的软/硬件环境的调整，了解各种不同环境对系统性能影响的程度，从而找到系统各项资源的最优分配原则。主要目的是了解各种不同因素对系统性能影响的程度，从而判断出最值得进行的调优操作

5. 性能测试过程

性能测试的过程以及每个步骤具体要执行的内容见表 4-2。

表 4-2 性能测试过程表

步骤	具体内容
1. 制定测试计划	明确测试范围、制定进度计划、制定成本计划、制定环境计划、测试工具计划、测试风险分析
2. 设计测试方案	明确性能需求、设计性能测试用例、设计脚本录制方案、设计测试场景、设计测试结果指标
3. 搭建测试环境	搭建硬件环境、软件环境、测试环境、准备数据环境
4. 执行性能测试	脚本录制与开发、场景设置、测试执行、测试监控
5. 分析测试结果	测试结果分析、性能瓶颈分析、制定优化方案、性能测试总结

4.1.2 JMeter 工具概述

1. JMeter 功能介绍

JMeter 是 Apache 组织基于 Java 开发的一款开源的压力测试工具，如图 4-3 所示，主要用于对软件进行压力测试。它最初被设计用于 Web 应用测试，但后来扩展到了其他测试领域。JMeter 现在可以用于测试静态和动态资源，例如静态文件、Java 小程序服务、CGI 脚本、Java 对象、数据库、FTP 服务器等。

JMeter 支持多种协议，包括 HTTP、Webservice、JDBC、LDAP、JMS 和 FTP 等。此外，它带有简单的交互式图形用户界面（GUI），方便用户便捷地操作和管理测试。JMeter 可以模拟多个用户产生大量负载，对服务器、网络或对象进行压力测试，从而分析其在不同压力类别下的强度和整体性能。

除了压力测试，JMeter 还能够对应用程序进行功能/回归测试。用户可以通过创建带有断言的脚本来验证程序是否返回了期望的结果。JMeter 允许使用正则表达式创建断言，为测试提供了极大的灵活性。

在测试过程中，JMeter 还可以记录 HTTP 客户端请求，并在测试运行时方便地设置重复次数和并发度（线程数）以产生巨大的流量。此外，JMeter 提供了可视化组件以及报表工具，能够将服务器在不同压力下的性能以图表和报告的形式展现出来，便于用户分析和优化性能。

项目 4　性能测试

图 4-3　JMeter 性能测试工具

2. JMeter 启动与界面介绍

本教材以 apache-jmeter-5.5 版本为例进行讲解。打开文件夹 apache-jmeter-5.5，找到 bin 目录下的名为 jmeter 的 Windows 批处理文件，如图 4-4 所示，双击就可以启动 JMeter，界面如图 4-5 所示。

图 4-4　双击 jmeter 批处理文件启动 JMeter

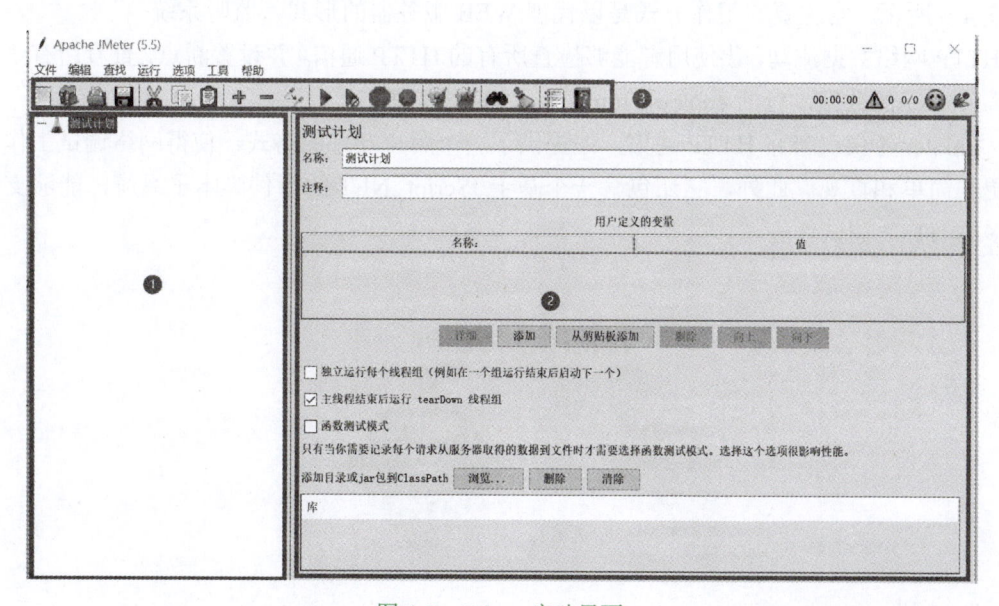

图 4-5　JMeter 启动界面

175

（1）区域 ❶ 是一个目录树。存放测试设计过程中使用到的元件，执行过程中默认从根节点开始顺序遍历树上的元件。

（2）区域 ❷ 是测试计划编辑区域。在"用户定义的变量"区域，可以定义整个测试计划公用的全局变量，这些变量对多个线程组有效。还可以对线程组的运行进行设置，该区域相关元素如下：

- 测试计划：是 JMeter 测试脚本根节点，每一个测试脚本都是一个测试计划。
- 名称：可以随意设置，最好有业务意义。
- 注释：可以随意设置，可以为空。
- 用户定义的变量：全局变量。
- 独立运行每个线程组：如果一个测试计划中有多个线程组，设置此项可以生效，不设置时每个线程组同时运行。
- 关闭主线程后运行 tearDown 线程组：主要是为了进行测试后的清理和恢复工作，保证测试环境的稳定性和一致性。
- 函数测试模式：在调试脚本的过程中，如果需要获取服务器返回的详细信息就可以选择此项。选择此项后，如果记录较多的数据会影响测试效率，所以在执行性能测试时，最好关闭此项。
- 添加目录或 jar 包到 ClassPath：把测试需要依赖的 jar 包或包所在的目录加入类路径。测试需要依赖的 jar 包还可以直接放到 %JMETER_HOME%\lib 目录下。

（3）区域 ❸ 是菜单栏，其中的图标是菜单快捷方式。

4.1.3　Fiddler Classic 工具介绍

Fiddler 是一个 HTTP 的调试代理，是目前最常用的 HTTP 抓包工具之一，如图 4-6 所示。它主要的工作方式是以代理 WEB 服务器的形式，监听系统的 HTTP 网络数据流动，让使用者能够检查所有的 HTTP 通信，并设置断点，查看所有"进出"Fiddler 的数据，包括 cookie、html、js、css 等文件。

Fiddler 不仅仅暴露 HTTP 通信，还提供了一个用户友好的格式，使得网络调试工作变得更加简单和直观。此外，它还包含一个基于 JScript .NET 的事件脚本子系统，能够支持众多的 HTTP 调试任务。

图 4-6　Fiddler Classic 工具

4.1.4 脚本添加

1. 测试计划要素

（1）要素一：脚本中测试计划只有一个。JMeter 测试计划类似 LoadRunner Controller 中的测试场景，同一时刻场景只能有一个，原因是 JMeter 脚本在 GUI 中显示的是树状结构，测试计划是根节点，所以根节点只能有一个。

（2）要素二：测试计划中至少要有一个线程组。JMeter 负载是通过线程组驱动的，所以计划中至少要出现一个线程组。JMeter 测试计划支持多个线程组。可以在计划下面建立多个线程组，类似 LoadRunner 中的 Group 方式的场景，把不相关联的业务分布在不同的线程组（LoadRunner 中的不同 Group）。可以把 JMeter 测试计划理解成 LoadRunner 中的 Group 方式场景。

（3）要素三：至少要有一个取样器。测试的目的就是要模拟用户请求，没有取样器脚本就毫无意义。

（4）要素四：至少要有一个监听器。测试结果用来衡量系统性能，需要能从结果中分析系统性能。

2. 脚本添加

（1）添加线程组。线程组是模拟虚拟用户的发起点，线程组相当于有多个用户，同时去执行相同的一批次任务。每个线程之间都是隔离的，互不影响。一个线程的执行过程中操作的变量不会影响其他线程的变量值。

添加线程组：右击"测试计划"，选择"添加"→"线程（用户）"→"线程组"命令，如图 4-7 所示。

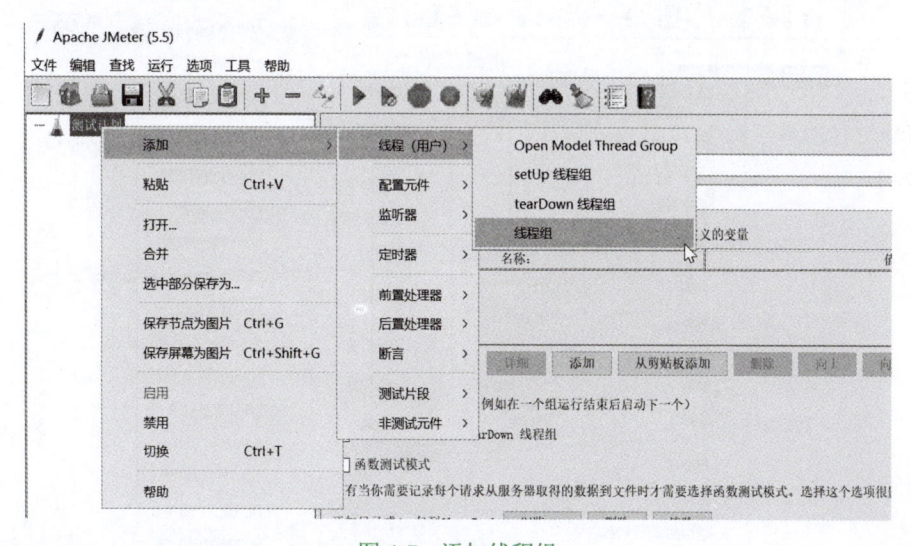

图 4-7 添加线程组

在此界面可以设置线程组（类似 LoadRunner 中的多少个虚拟用户）及运行次数或者运行时间，还可以定义调度时间与运行时长，如图 4-8 所示。

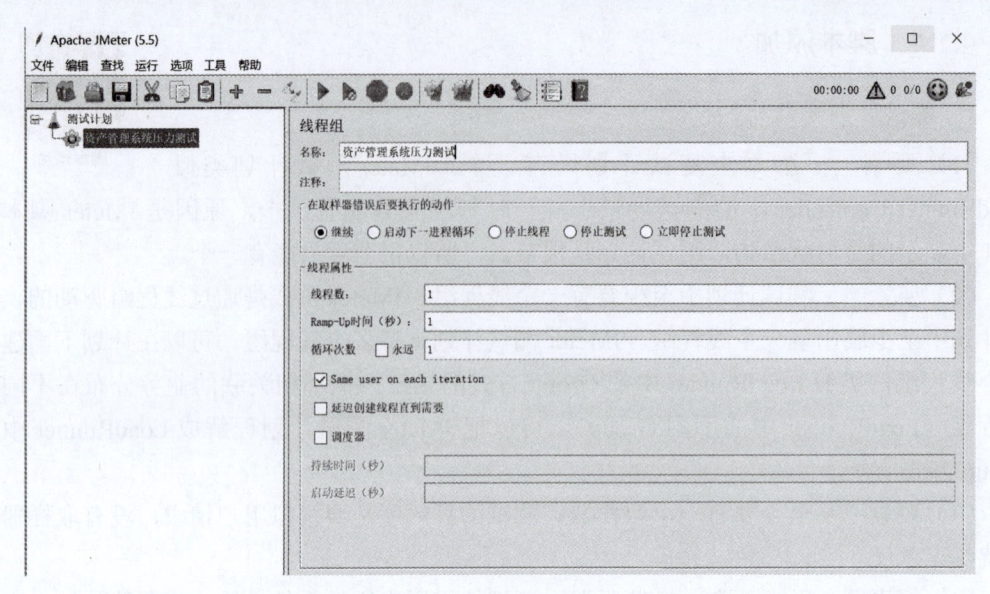

图 4-8 线程组界面

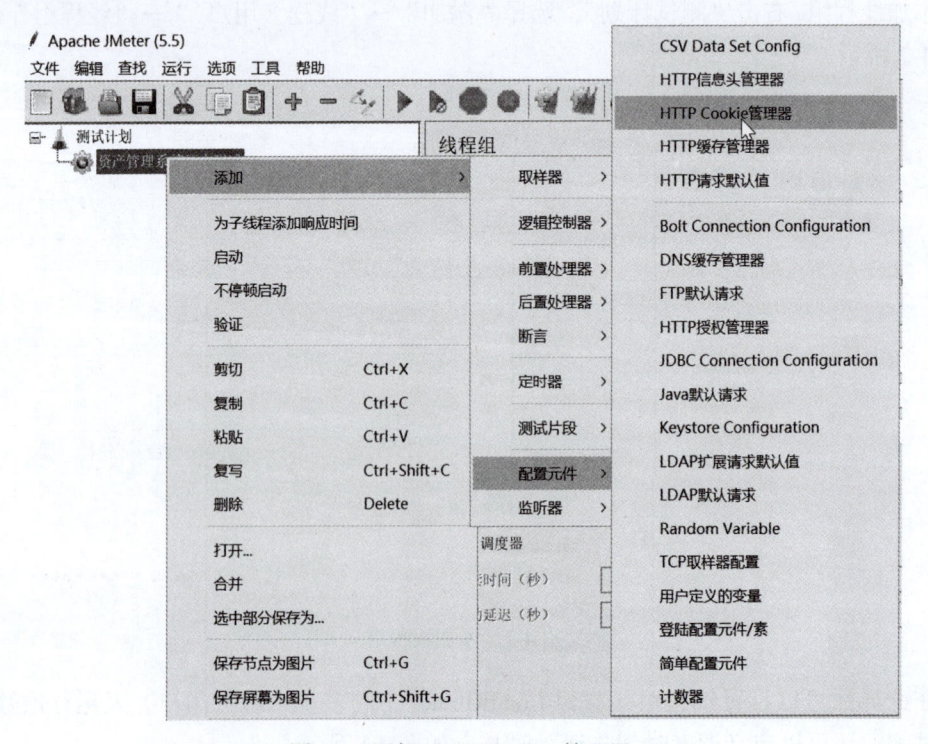

（2）添加 HTTP Cookie 管理器。在用浏览器访问 Web 页面时，浏览器会自动记录 Cookie 信息，JMeter 通过加入 HTTP Cookie 管理器来自动记录 Cookie 信息，添加 Cookie 管理器后选择默认即可。

添加 HTTP Cookie 管理器：右击"线程组"，选择"添加"→"配置元件"→"HTTP Cookie 管理器"命令，在打开的窗口中进行设置，如图 4-9 和图 4-10 所示。

图 4-9 添加 HTTP Cookie 管理器

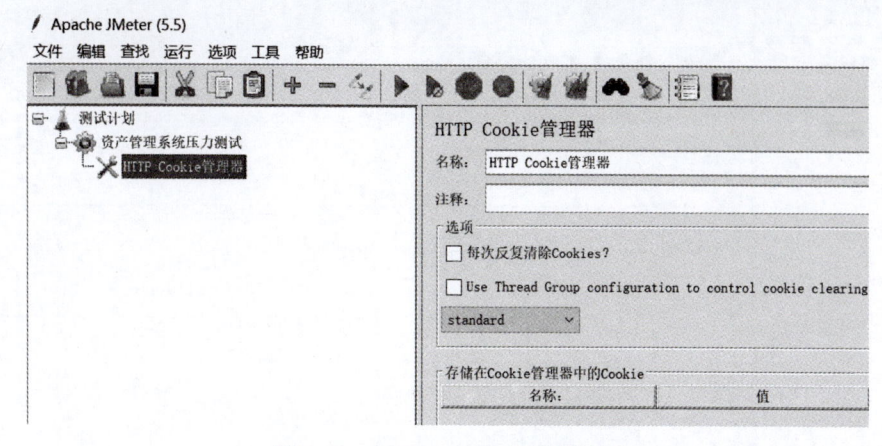

图 4-10　HTTP Cookie 管理器界面

（3）添加 HTTP 请求。添加 HTTP 请求：右击"线程组"，选择"添加"→"取样器"→"HTTP 请求"命令，在打开的窗口中进行设置，如图 4-11 和图 4-12 所示。

图 4-11　添加 HTTP 请求

HTTP 请求界面元素主要如下：
- 名称：可以随意设置，最好有业务意义。
- 注释：可以随意设置，可以为空。
- 协议：HTTP 或者 HTTPS（默认为 HTTP）。
- 服务器名称或 IP：指定 HTTP 请求的主机地址，不需要加上"http://"，JMeter 会自动加上。
- 端口号：默认 80，如果访问地址中带有其他端口号在此填入。
- 方法：HTTP 请求的方法，最常用的有 GET 和 POST。

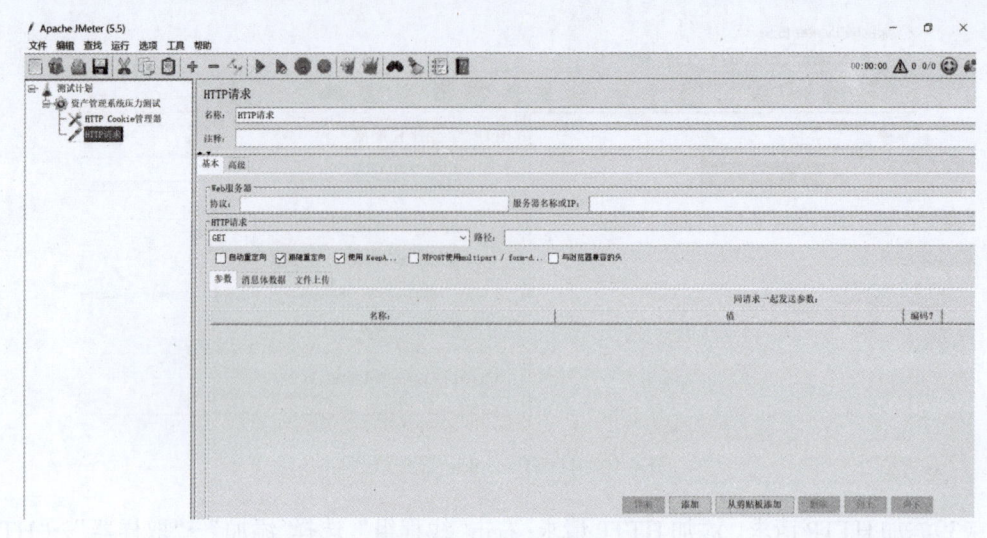

图 4-12 HTTP 请求界面

- 路径：除去主机地址部分的访问链接。
- 内容编码：字符编码格式，默认为 iso8859，大多数应用会指定成 UTF-8 格式。
- 自动重定向：HttpClient 接收到请求后，如果请求中包含重定向请求，HttpClient 可以自动跳转，但是只针对 GET 与 HEAD 请求，勾选此项则"跟随重定向"失效。自动重定向可以自动转向到最终目标页面，但是 JMeter 是不记录重定向过程内容的，比如在查看结果树中无法找到重定向过程内容（A 重定向到 B，此时只记录 B 的内容不记录 A 的内容，A 的响应内容暂且称为过程内容），如果此时要做关联，则无法关联到。
- 跟随重定向：HTTP 请求的默认选项，当响应 Code 是 3×× 时（比如 301 是重定向），自动跳转到目标地址。与自动重定向不同，JMeter 会记录重定向过程中的所有请求响应，在查看结果树时可以看到服务器返回的内容，所以可以对响应的内容做关联。
- 使用 KeepAlive：对应 HTTP 响应头中的 Connection：Keep-Alive，默认为选中。
- 对 POST 使用 multipart/form-data：当发送 HTTP POST 请求时，使用 multipart/form-data 方法发送，比如可以用它做文件上传；这个属性是与方法 POST 绑定的。
- 与浏览器兼容的头：浏览器兼容模式，如果使用 multipart/form-data for POST 建议勾选此项。
- 参数：同请求一起发送的参数，可以把要发送的参数（就是表单域）与值填到此域，GET 方法也适用。
- 消息体数据：指的是实体数据，就是请求报文里面主体实体的内容，一般向服务器发送请求，携带的实体主体参数，可以写入这里。但 Parameters 和 Body Data 只能同时使用其中一种方式。
- 文件上传：当勾选"对 PSOT 使用 multipart/form-data"时可以在此一同上传文件。MIME 类型有 STRICT、BROWSER_COMPATIBLE、RFC6532 等。

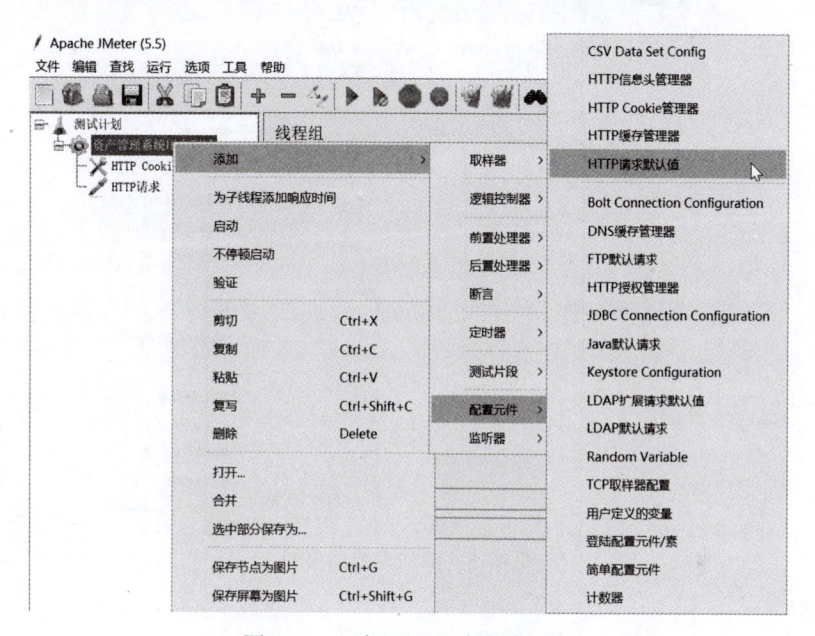

（4）添加 HTTP 请求默认值。在实际测试计划中，经常会碰到 HTTP 请求中有较多的参数与配置会重复，每一个 HTTP 请求单独设置比较浪费时间和精力，为节省工作量，JMeter 提供了 HTTP 请求默认值元件，用来把这些重复的部分封装起来，从而达成一次设置多次使用的目的。

添加 HTTP 请求默认值：右击"线程组"，选择"添加"→"配置元件"→"HTTP 请求默认值"命令，在打开的窗口中进行设置，如图 4-13 和图 4-14 所示。

图 4-13　添加 HTTP 请求默认值

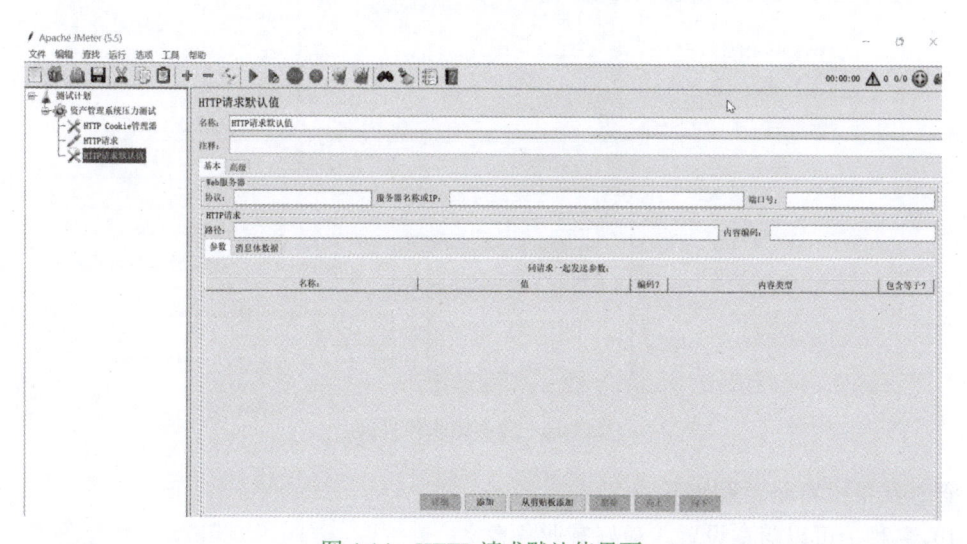

图 4-14　HTTP 请求默认值界面

（5）添加查看结果树。可以在结果树中查看到响应数据。查看结果树会显示取样器的每一次请求（每运行一次，结果树多一个节点，不管取样成功与失败），所以大量运行会比较耗费机器资源,因此在运行性能测试计划时,不建议开启。

添加查看结果树:右击"线程组",选择"添加"→"监听器"→"查看结果树"命令,如图 4-15 和图 4-16 所示。

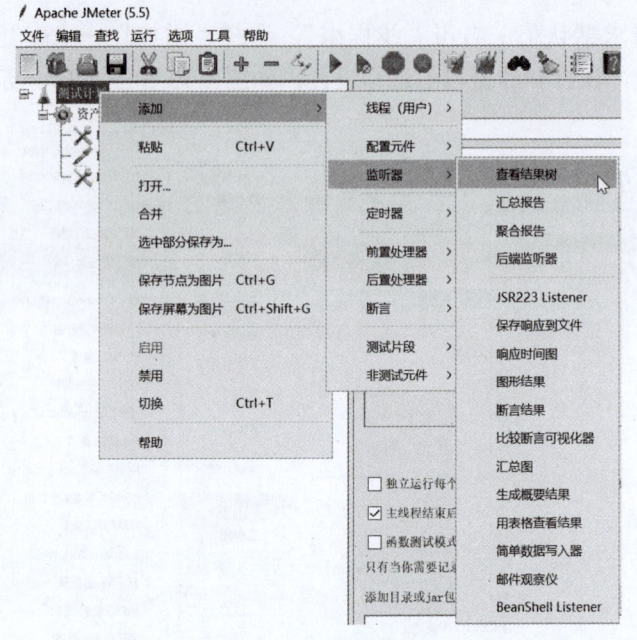

图 4-15 添加查看结果树

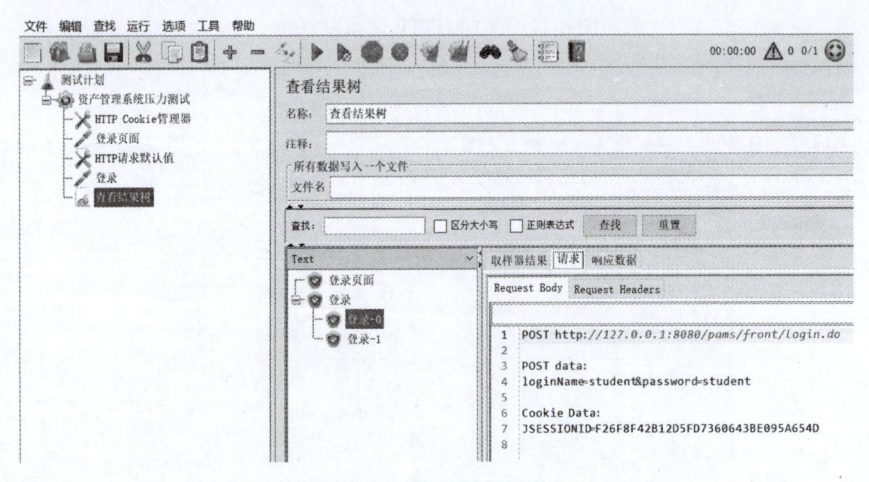

图 4-16 查看结果树界面

查看结果树界面元素如下:

1)名称:可以随意设置,最好有业务意义。

2)注释:可以随意设置,可以为空。

3)文件名:可以通过浏览,选择一个文件,这样在执行的过程中,会将所有的信息输出到该文件。

4）显示日志内容：配置输出到文件的内容。
- 仅错误日志：表示只输出报错的日志信息。
- 仅成功日志：表示只输出正常响应的日志信息；两个都不勾选，表示输出所有的信息。
- 配置：配置需要输出的内容。

5）查找：在输入框中输入想查询的信息，单击"查找"按钮，可以在请求列表中进行查询，并在查询出的数据上加上红色的边框。单击"重置"按钮后，会清除数据上的红色边框。

6）Text 下拉列表：其中有 Text、XPath Tester、JSON 等选项，用来显示不同的取样器请求，默认以 Text 方式表示。

7）取样器结果：显示取样器运行结果。

8）请求：显示请求表单内容。

9）响应数据：显示服务器响应数据，同时提供查询功能。

4.1.5 定时器

定时器的执行优先级高于取样器，是在取样器之前执行，而不是之后（无论定时器的位置在取样器前面还是后面）。

在同一作用域下有多个定时器存在时，每一个定时器都会执行。

如果希望定时器仅应用于其中某一个取样器，则把定时器加在此取样器节点下；如果希望在取样器执行完之后再等等，可以使用 Test Action；如果需要每个步骤均延迟，则将定时器放在与请求持平的位置；若只针对一个请求延迟，则将定时器放在该请求子节点中。

高斯随机定时器（Gaussian Random Timer）。添加高斯随机定时器：右击"取样器"，选择"添加"→"定时器"→"高斯随机定时器"命令，在打开的窗口中进行设置，如图 4-17 和图 4-18 所示。

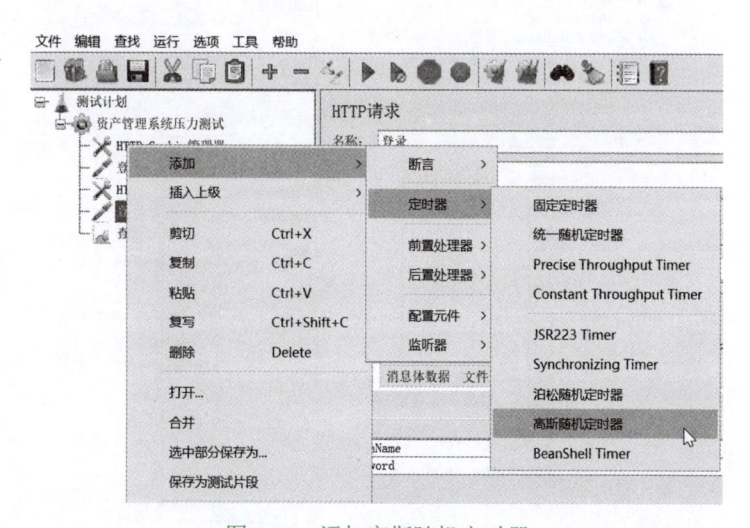

图 4-17　添加高斯随机定时器

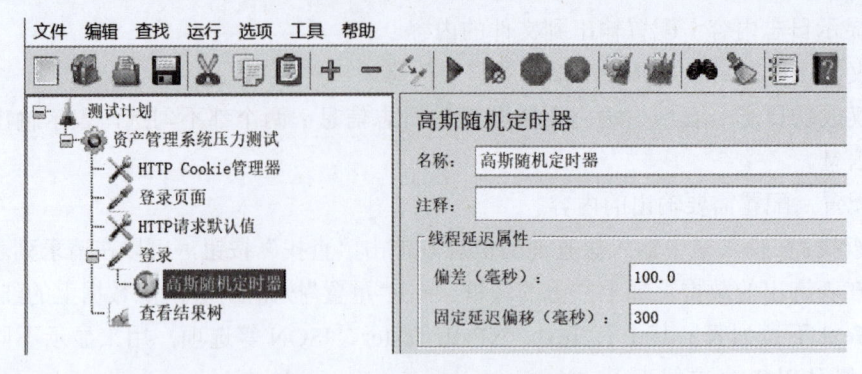

图 4-18　高斯随机定时器界面

如果需要让线程在请求前按随机时间停顿，那么可以使用这个定时器，其中的"线程延迟属性"→"偏差"中设置的偏差值是一个浮动范围，单位为毫秒。固定延迟偏移指的是固定延迟时间。

4.1.6　断言

断言组件通过获取服务器响应数据，然后根据断言规则去匹配这些响应数据。匹配到是正常现象，此时看不到任何提醒；如果匹配不到，则说明出现了异常情况，此时 JMeter 就会断定这个请求失败，那么在查看结果树中看到的请求名称就是红色字体。断言组件有多个，检查点可以运用响应断言元件来实现。在实际的测试过程中响应断言基本就能够满足 80% 以上的验证问题。

添加响应断言：右击"取样器"，选择"添加"→"断言"→"响应断言"命令，在打开的窗口中进行设置，如图 4-19 和图 4-20 所示。

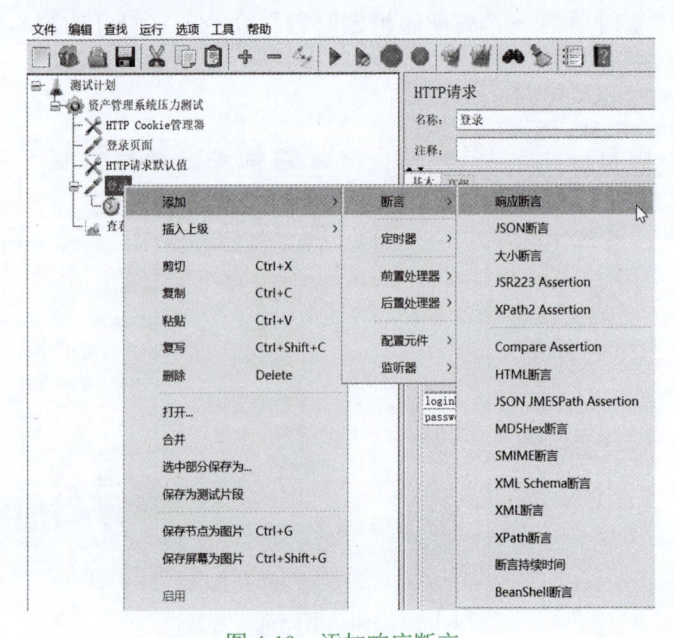

图 4-19　添加响应断言

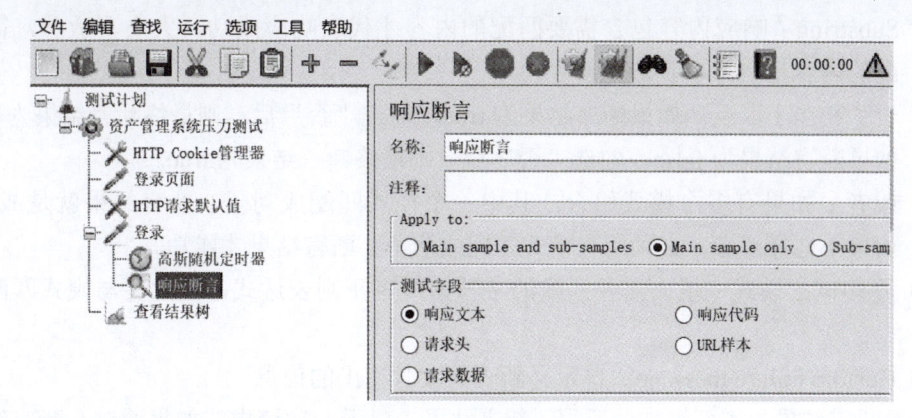

图 4-20 响应断言界面

响应断言界面元素如下：

1）名称：可以随意设置，最好有业务意义。

2）注释：可以随意设置，可以为空。

3）Apply to：应用范围。

- Main sample and sub-samples：匹配范围包括当前的父取样器并覆盖至子取样器。
- Main sample only：匹配范围是当前父取样器。
- Sub-samples only：仅匹配子取样器。
- JMeter Variable Name to use：支持对 JMeter 变量值进行匹配。

4）测试字段：针对响应数据的不同部分进行匹配。

- 响应文本：响应服务器返回的文本内容，HTTP 协议排除 Header 部分。
- 响应代码：匹配响应代码，比如 HTTP 协议返回代码 200 代表成功。
- 响应信息：匹配响应信息，比如处理成功返回"成功"字样，或者 OK 字样。
- Response Headers：匹配响应中的头信息。
- Request Headers：匹配请求中的头信息。
- URL 样本：匹配 URL 链接。
- Document（text）：对文档内容进行匹配。
- Ignore Status：若一个请求有多个响应断言，其中第一个响应断言选中此项，当第一个响应断言失败时可以忽略此响应结果，继续进行下一个断言，如果下一个断言成功则还是可以判定请求成功。
- Request Data：匹配请求数据。

5）模式匹配规则：

- 包括：响应内容包括需要匹配的内容即代表响应成功，支持正则表达式。
- 匹配：响应内容要完全匹配需要匹配的内容即代表响应成功，大小写不敏感，支持正则表达式。
- Equals：响应内容要完全等于需要匹配的内容才代表响应成功，大小写敏感，需要匹配的内容是字符串非正则表达式。

- Substring：响应内容包含需要匹配的内容才代表响应成功，大小写敏感，需要匹配的内容是字符串非正则表达式。
- 否：相当于取反。如果断言结果为 true，勾选"否"后，则最终断言结果为 false；如果断言结果为 false，勾选"否"后，则最终断言结果为 true。
- 或者：如果有多个模式组合，其中一个模式匹配成功了，断言结果就是成功的。如果不选择或者，必须所有模式匹配成功了，断言结果才成功。

6）要测试的模式：填入需要匹配的字符串或者正则表达式，注意要与模式匹配规则搭配好。

7）Custom failure message：自定义断言失败时输出的信息。

查看断言结果，需要添加监听器-断言结果。对于一次请求，如果通过，断言结果中只会打印一行请求的名称；如果失败，则除了请求的名称外，还会打印一行失败的原因（不同类型的断言结果不同）。

4.1.7 参数化

1. CSV 数据文件设置

CSV 数据文件设置可以从指定的文件（一般是文本文件）中一行一行地提取文本内容，根据分隔符拆解每一行内容，并把内容与变量名对应上，然后这些变量就可以供取样器引用。

添加 CSV 数据文件设置：右击"线程组"，选择"添加"→"配置元件"→"CSV Data Set Config"命令，在打开的窗口中进行设置，如图 4-21 和图 4-22 所示。

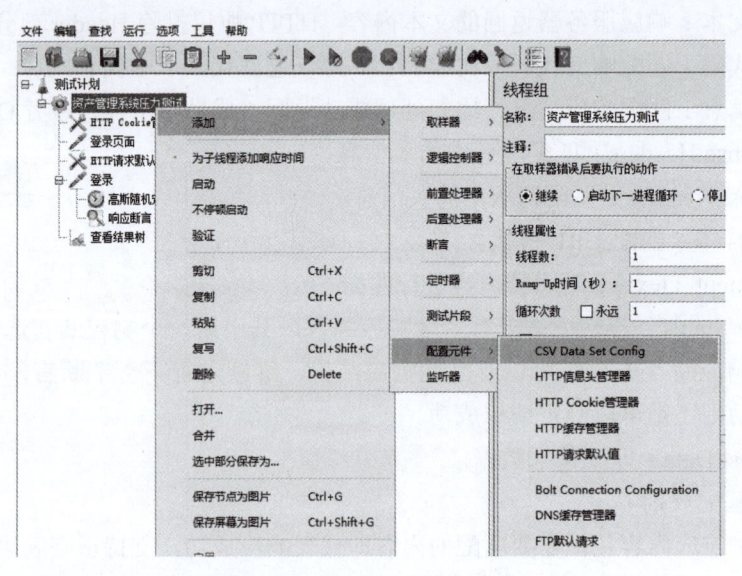

图 4-21　添加 CSV 数据文件

CSV 数据文件设置界面元素如下：

1）名称：可以随意设置，最好有业务意义。

2）注释：可以随意设置，可以为空。

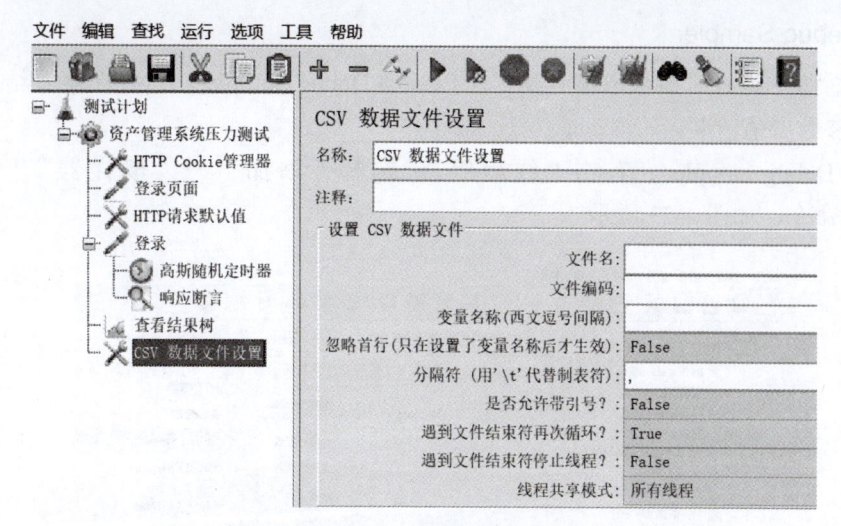

图 4-22　CSV 数据文件界面

3）文件名：引用文件地址，可以是相对路径也可以是绝对路径。相对路径的根节点是 JMeter 的启动目录（%JMETER_HOME%\bin）。

4）文件编码：读取参数文件用到的编码格式，建议采用 UTF-8 格式保存参数文件，省去乱码的情况。

5）变量名称（西文逗号间隔）：定义的参数名称，用逗号隔开，将会与参数文件中的参数对应。如果这里的参数个数比参数文件中的参数列多，多余的参数将取不到值；反之，参数文件中部分列将没有参数对应。

6）忽略首行（只在设置了变量名称后才生效）：忽略 CSV 文件的第一行，仅当变量名称不为空时才使用它，如果变量名称为空，则第一行必须包含标题。

7）分隔符（用'\t'代替制表符）：用来分隔参数文件的分隔符，默认为逗号，也可以用 Tab 符来分隔，如果参数文件用 Tab 符分隔，在此应该填写"\t"。

8）是否允许带引号？：是非选项，如果选择是，那么可以允许拆分完成的参数里面有分隔符出现。

9）遇到文件结束符再次循环？：是非选项，是，参数文件循环遍历；否，参数文件遍历完成后不循环（JMeter 在测试执行过程中每次迭代会从参数文件中新取一行数据，从头遍历到尾）。

10）遇到文件结束符停止线程？：与"遇到文件结束符再次循环"选项中的 False 选择复用：是则停止测试；否则不停止测试；当"遇到文件结束符再次循环"选择 True 时，"遇到文件结束符停止线程"选择 True 和 False 无任何意义，通俗地讲，在前面控制不停地循环读取，后面再询问是否停止线程没有任何意义。

11）线程共享模式：参数文件共享模式，有以下三种：

- 所有线程：参数文件对所有线程共享，这就包括同一测试计划中的不同线程组。
- 当前线程组：只对当前线程组中的线程共享。
- 当前线程：仅当前线程获取。

2. Debug Sampler

要查看脚本运行时参数取值详情,可以添加 Debug Sampler,这样在察看结果树中就可以看到参数取值情况。

添加 Debug Sampler:右击"线程组",选择"添加"→"取样器"→"Debug Sampler"命令,如图 4-23 所示。

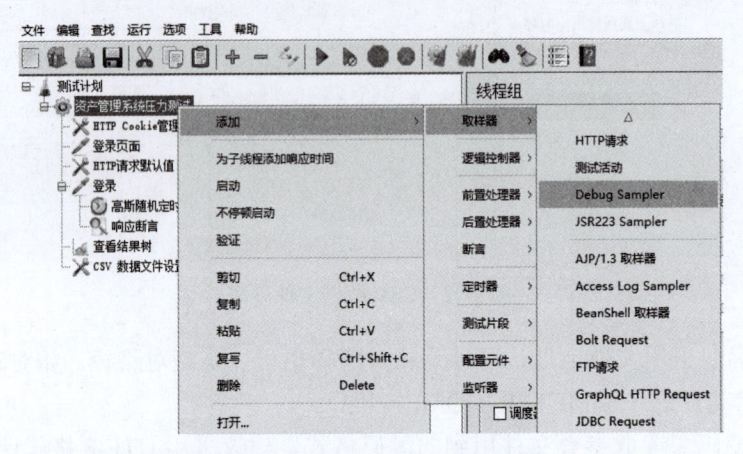

图 4-23　添加 Debug Sampler 命令

3. 函数助手 _CSVRead

_CSVRead 用于对脚本进行参数化,当脚本中不同变量需要不同参数值时,可以考虑使用函数助手 _CSVRead。

打开函数助手 _CSVRead:单击"菜单栏"→"工具"→"函数助手",弹出"函数助手"对话框,选择功能 _CSVRead,如图 4-24 所示。

图 4-24　函数助手

函数助手 _CSVRead 页面元素如下：
- 从"帮助"左边的下拉框选择对应的函数。
- 在表达式值设置取值范围。
- 单击"生成"按钮后，就会在"The result of the function"框中生成对应的函数，可以在"当前 JMeter 变量"中查看变量设置情况。
- 单击"拷贝并粘贴函数字符串"就可以拷贝至 Jmeter 设置变量的地方使用。

4.1.8 关联 - 正则表达式提取器

在 JMeter 中，正则表达式提取器是一个功能强大的工具，它位于后置处理器中，主要作用是从服务器响应中提取特定数据。正则表达式提取器通过正则表达式匹配响应内容中的目标数据，并将匹配到的数据提取出来，存储到指定的变量中，在后续的测试步骤中，就可以使用这些提取出来的数据作为参数，发送给其他请求，实现接口之间的串行传参或相互依赖。

正则表达式提取器的设置步骤如下：

添加正则表达式提取器：右击"取样器"，选择"添加"→"后置处理器"→"正则表达式提取器"命令，在打开的窗口中进行设置，如图 4-25 和图 4-26 所示。

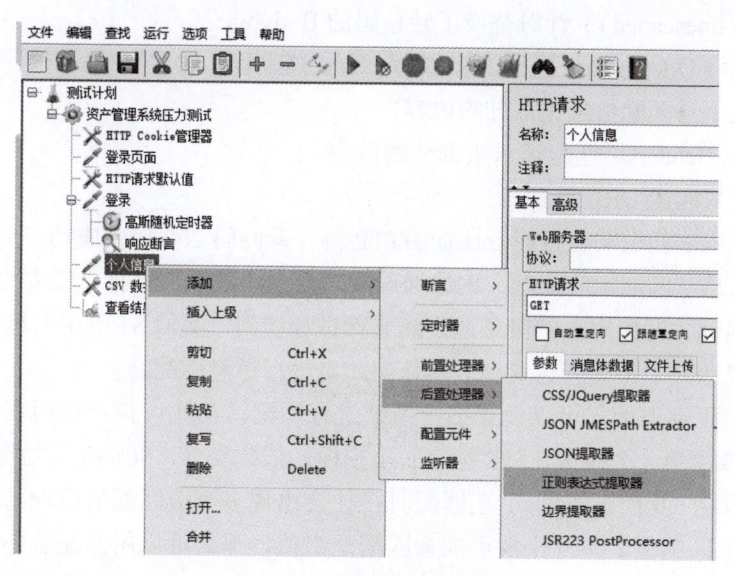

图 4-25　添加正则表达式

正则表达式提取器界面元素如下：

1）名称：可以随意设置，最好有业务意义。

2）注释：可以随意设置，可以为空。

3）Apply to：应用范围。
- Main sample and sub-samples：匹配范围包括当前父取样器并覆盖至子取样器。
- Main sample only：匹配范围是当前父取样器。

- Sub-samples only：仅匹配子取样器。
- JMeter Variable Name to use：支持对 JMeter 变量值进行匹配。

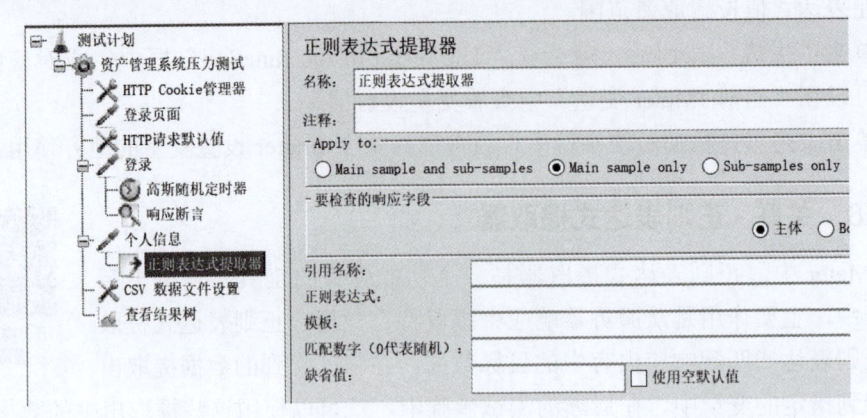

图 4-26　正则表达式界面

4）要检查的响应字段：针对响应数据的不同部分进行匹配。
- 主体：响应数据的主体部分，排除 Header 部分，HTTP 协议返回请求的主体部分就是 Body。
- Body（unescaped）：针对替换了转移码的 Body 部分。
- Body as a Document：返回内容作为一个文档进行匹配。
- 信息头：只匹配信息头部分的内容。
- Request Headers：匹配请求头部分的内容。
- URL：只匹配 URL 链接。
- 响应代码：匹配响应代码，比如 HTTP 协议返回码 200 代表成功。
- 响应信息：匹配响应信息，比如处理成功返回"成功"字样，或者"OK"字样。

5）引用名称：匹配出来的信息通过此名称进行访问，类似 ${引用名称} 进行访问。

6）正则表达式：正则表达式提取器使用此串进行信息匹配。

7）模板：正则表达式可以设置多个模板进行匹配，在此可指定运用哪个模板，模板自动编号，1 指第一个模板，2 指第二个模板，依此类推，0 指全文匹配。

8）匹配数字（0 代表随机）：在匹配时往往会出现多个值匹配的情况，如果匹配数为 0 则代表随机取匹配值；不同模板可能会匹配一组值，那么可以用匹配数字来确定取这一组值中的哪一个；-1 代表取所有值，可以与 For Each Controller 一起使用进行遍历。

9）缺省值：如果没有匹配到可以指定一个默认值。
- 提取单个字符串：假如想匹配 Web 页面的 name = "file" value = "readme.txt" 部分并提取 readme.txt。一个合适的正则表达式是 name = "file" value = "(.+?)"；模板为 1；如引用名称是 filename，则在需要引用的地方可以通过 ${filename} 进行引用。
- 提取多个字符串：假如想匹配 Web 页面的：name = "file" value = "readme.txt" 部分并提取 file 和 readme.txt。一个合适的正则表达式是 name = "(.+?)" value = "(.+?)"。这样就会创建两个组，分别用于 1 和 2。模板为 $1$$2$；如果引用名称是

filename，则变量值将如下：
- filename：filereadme.txt；
- filename_g0：name = "file"value = "readme.txt"；
- filename_g1：file；
- filename_g2：readme.txt；
- 在需要引用的地方可以通过 ${filename_g1}、${filename_g2} 进行引用。

Debug Sampler：要查看正则表达式提取的值是否正确，可以添加 Debug Sampler，这样在查看结果树中就可以看到正则表达式的取值。

4.1.9　定时器 Synchronizing Timer

在 JMeter 中，同步定时器（Synchronizing Timer）是一个关键组件，它的主要作用是阻塞线程，直到达到指定的线程数，然后同时释放这些线程。这种机制在性能测试中非常有用，特别是在需要模拟多个用户同时执行相同操作以测试服务器处理能力的场景中。

添加 Synchronizing Timer：右击"取样器"，选择"添加"→"定时器"→"Synchronizing Timer"命令，在打开的窗口中进行设置，如图 4-27 和图 4-28 所示。

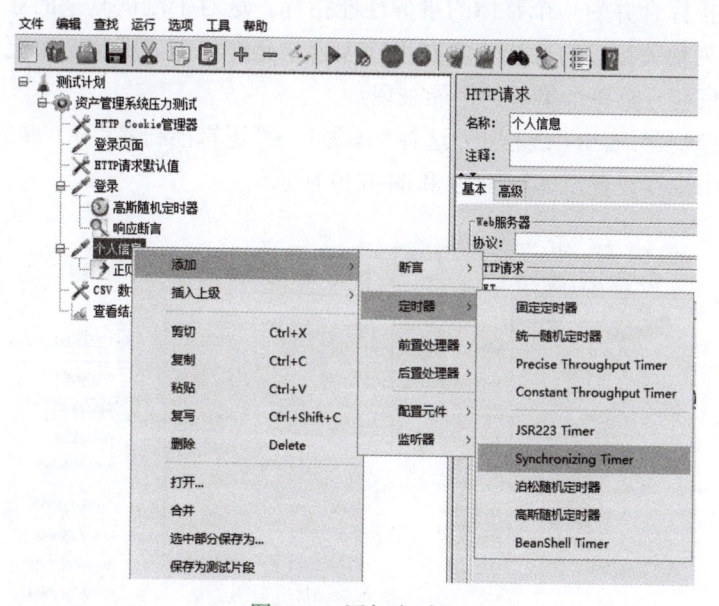

图 4-27　添加定时器

定时器 Synchronizing Timer 界面元素如下：
- 名称：可以随意设置，最好有业务意义。
- 注释：可以随意设置，可以为空。
- 模拟用户组的数量：集合多少人（也就是执行的线程数）后再执行请求。注意：等同于设置为线程组中的线程数，一定要确保设置的值不大于它所在线程组包含的用户数。

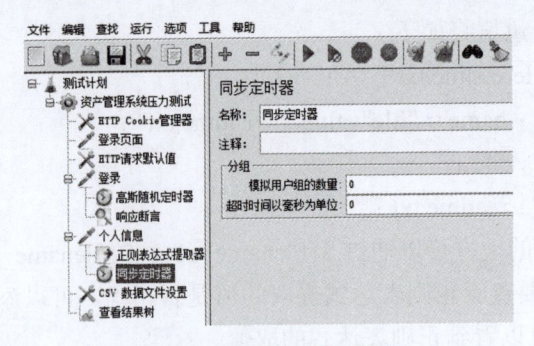

图 4-28 同步定时器界面

- 超时时间以毫秒为单位：指定人数多少秒没集合到算超时（设置延迟时间以毫秒为单位）。注意：如果设置为 0，表示无超时时间，会一直等下去。如果线程数量无法达到模拟用户组的数量中设置的值，那么 Test 将无限等待，除非手动终止。

4.1.10 事务控制器

JMeter 中的事务控制器（Transaction Controller）是一个非常重要的逻辑控制器，它的主要作用是将多个取样器（Sampler）的执行时间、吞吐量、错误率等性能指标合并为一个整体的事务性能指标。这对于测试复杂的业务流程或一系列相关接口的性能非常有用，因为它允许测试人员从一个更高的层次来观察和分析整个事务的性能表现。

添加事务控制器：右击"线程组"选择"添加"→"逻辑控制器"→"事务控制器"命令，在打开的窗口中进行设置，如图 4-29 和图 4-30 所示。

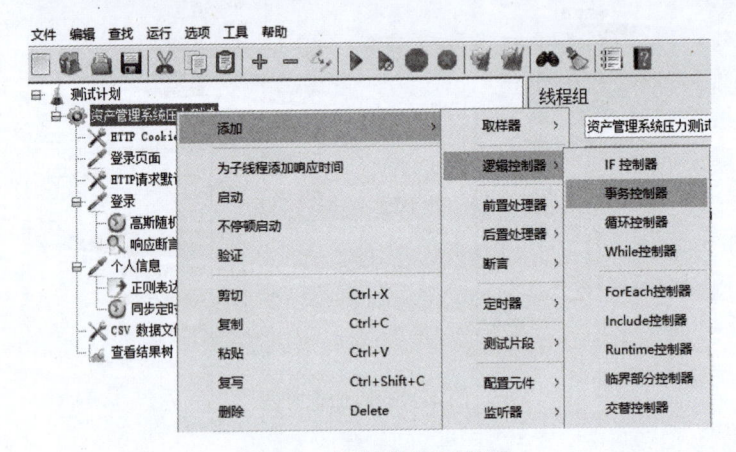

图 4-29 添加事务控制器

事务控制器界面元素如下：
- 名称：可以随意设置，最好有业务意义。
- 注释：可以随意设置，可以为空。
- Generate parent sample：如果事务控制器下有多个取样器（请求），勾选它，那么在"查看结果树"中不仅可以看到事务控制器，还可以看到每个取样器，并且事务控制器定义的事务是否成功取决于子事务是否都成功，其中任何一个失败即代表整个事务失败。

- Include duration of timer and pre-post processors in generated sample：设置是否包括定时器、预处理和后期处理延迟的时间。

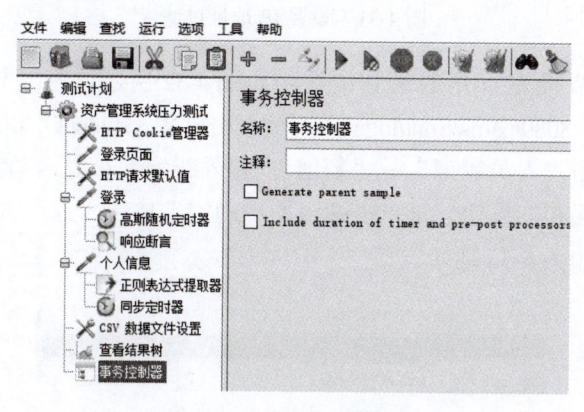

图 4-30 事务控制器界面

任务实施

资产管理系统人员新增脚本添加、回放以及参数化设置。

1. 脚本添加

脚本文件名称：asset_test，测试计划名称：asset_plan。测试计划下添加线程组。

线程组操作内容：使用用户名（student）和密码（student）登录、进行人员管理新增操作。线程组名称：asset_staff。

具体要求如下：

- 关键步骤名称：登录页、登录、点击人员管理、点击新增、新增人员保存、返回人员管理列表。
- HTTP 请求中若带有参数，选择参数 tab 输入要传输的参数。
- 登录操作设置事务，事务名称：t_login，登录成功服务器返回的内容作为检查点，检查点名称：f_login。
- 输入新增人员姓名、工号并选择所属部门；对新增人员保存操作设置事务，事务名称：t_staff；新增人员保存设置检查点，使用新增人员成功服务器返回的内容作为检查点，检查新增人员是否成功，检查点名称：f_staff。

（1）用 Fiddler 对新增人员操作进行抓包。

- 打开 Fiddler，在界面上点击 Filters 选项，在 Hosts 区域输入"127.0.0.1:8080"，表示在录制过程中只显示该 IP 地址下的抓包信息，如图 4-31 所示。

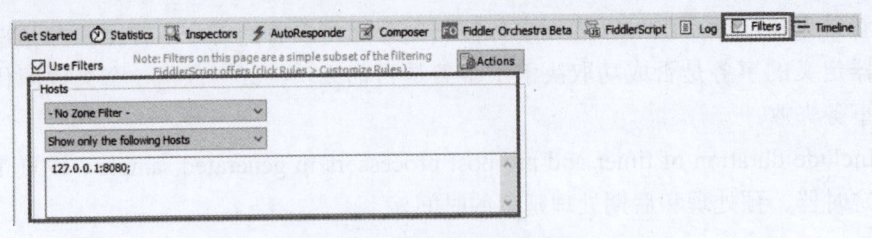

图 4-31　设置 IP 地址过滤

- 开启 Fiddler 界面左下角的录制按钮，如图 4-32 所示。打开资产管理系统首页：http://127.0.0.1:8080/pams/front/login.do，输入用户名（student）和用户名（student），登录系统，点击"人员管理"→"新增"，输入新增人员姓名与工号，选择所属的部门，点击"保存"按钮，再点击弹窗的"确定"按钮，返回人员管理列表。Fidder 抓包的结果如图 4-33 所示。

图 4-32　开启录制按钮

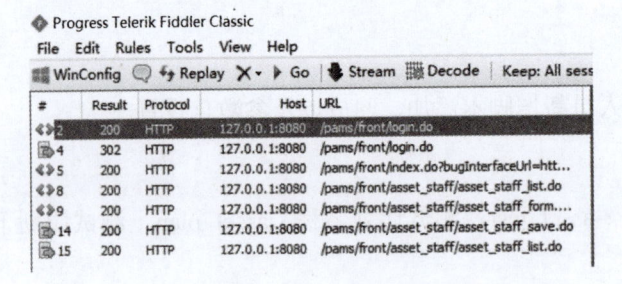

图 4-33　Fiddler 抓包结果

（2）新建测试计划 asset_plan，在测试计划上右击，选择"添加"→"线程（用户）"→"线程组"，命名为：asset_staff，如图 4-34 所示。

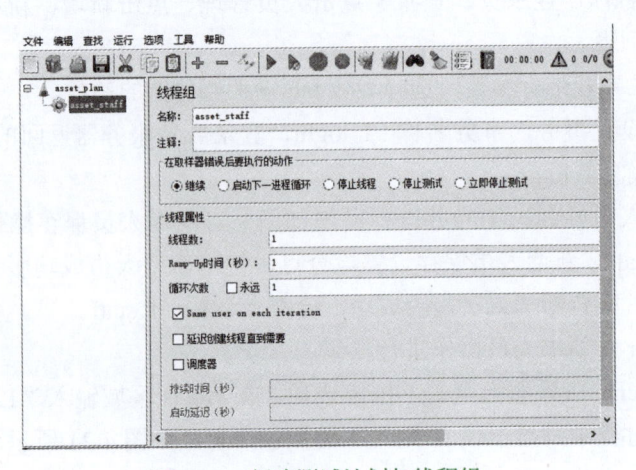

图 4-34　新建测试计划与线程组

（3）在线程组上右击，选择"添加"→"配置元件"，新建 HTTP Cookie 管理器与 HTTP 请求默认值，HTTP 请求默认值的协议设置为 http，服务器名称或 IP 设置为 127.0.0.1，端口号设置为 8080，如图 4-35 所示。

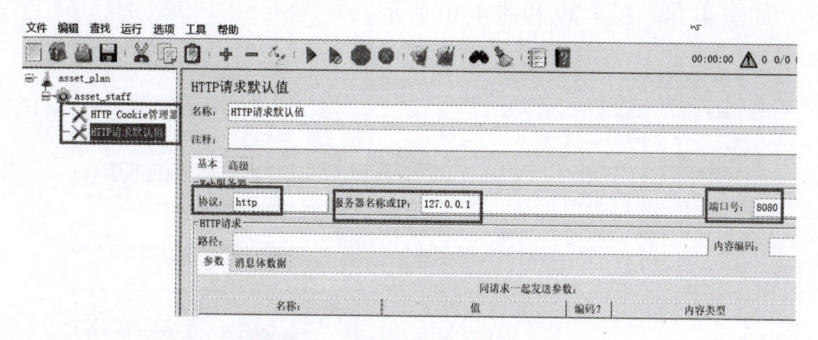

图 4-35　HTTP 请求默认值设置

（4）新建 HTTP 请求。在线程组上右击，选择"添加"→"取样器"，新建登录页、登录、点击人员管理、点击新增、新增人员保存、返回人员管理列表页面 6 个 HTTP 请求，设置每一个 HTTP 请求类型以及路径。

1）新建登录页请求设置：从 Fiddler 抓包的界面显示，登录页的请求为 get，路径为 /pams/front/login.do。在 JMeter 中设置登录页的 HTTP 请求为 get，将 Fiddler 界面的路径复制到 HTTP 请求的路径中，如图 4-36 和图 4-37 所示。

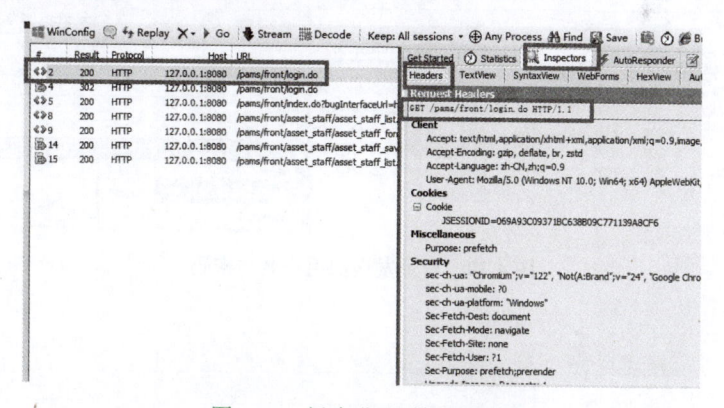

图 4-36　新建登录页抓包界面

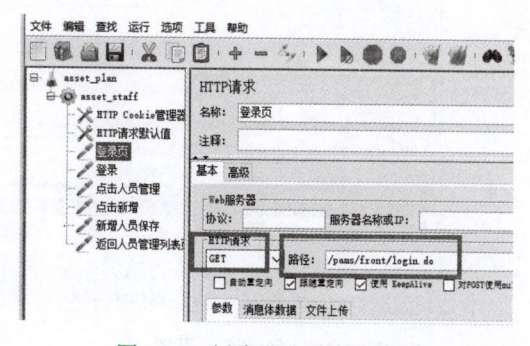

图 4-37　新建登录页请求设置

2）登录请求设置。Fiddler 抓包界面显示：登录的请求为 post，路径为 /pams/front/login.do，在 WebForms 中显示,登录发送的用户名（loginName）为 student,密码（password）为 student。在 JMeter 中设置登录请求的类型以及路径，并将用户名与密码复制至登录请求的参数区，如图 4-38、图 4-39 和图 4-40 所示。

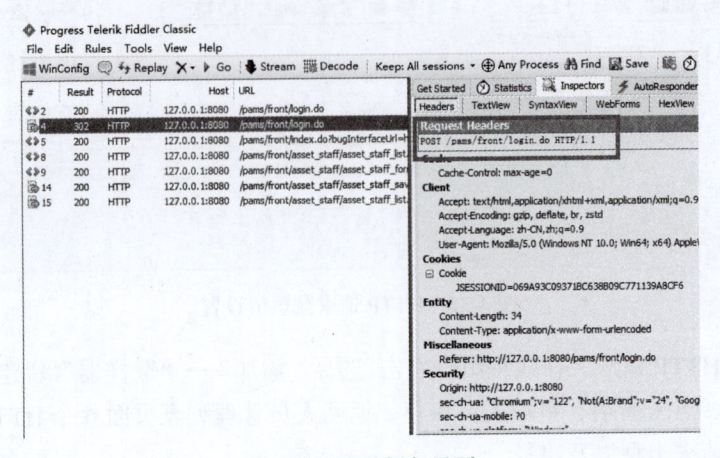

图 4-38　登录抓包界面

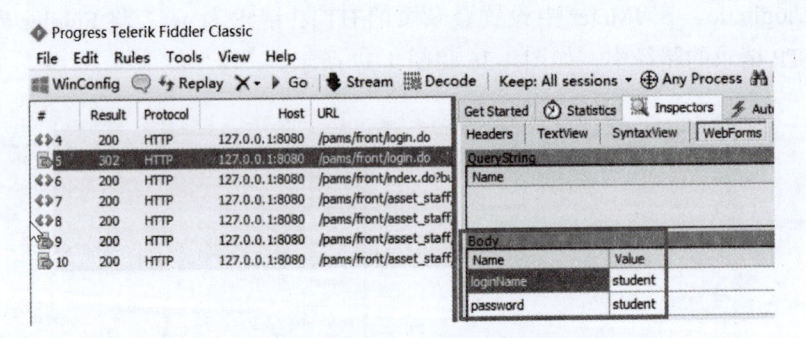

图 4-39　登录发送的用户名与密码

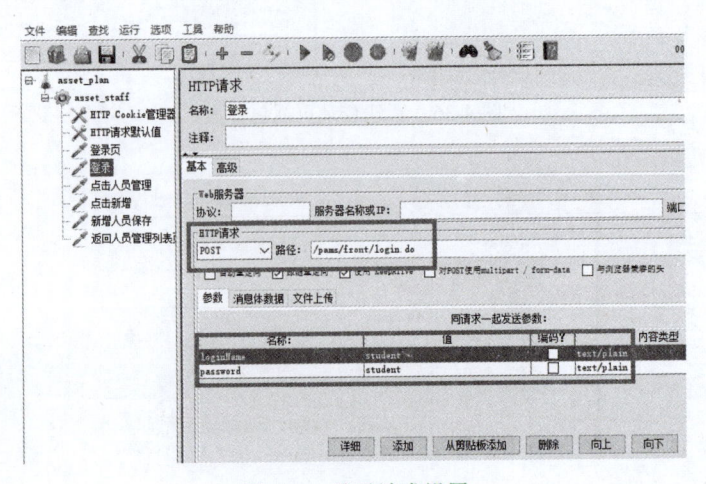

图 4-40　登录请求设置

3）点击人员管理请求设置。Fiddler 抓包界面显示：点击人员管理请求类型为 get，路径为 /pams/front/asset_staff/asset_staff_list.do。在 JMeter 中设置对应的点击人员管理请求类型与路径，如图 4-41 和图 4-42 所示。

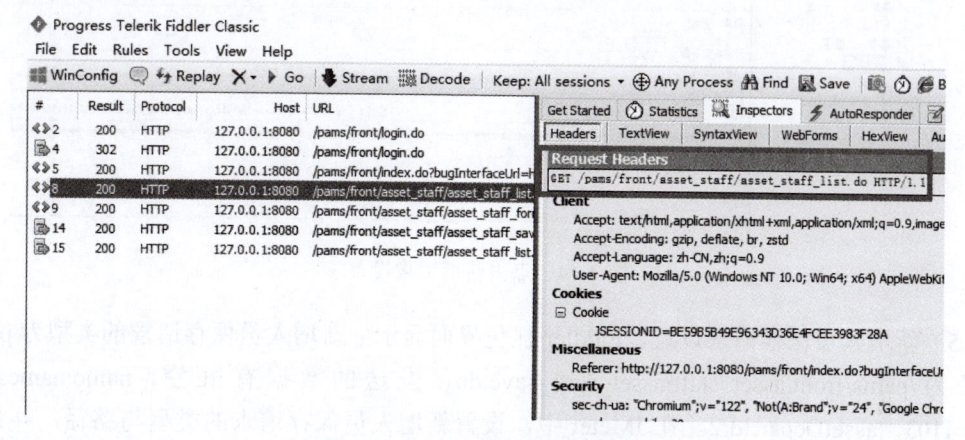

图 4-41　点击人员管理抓包界面

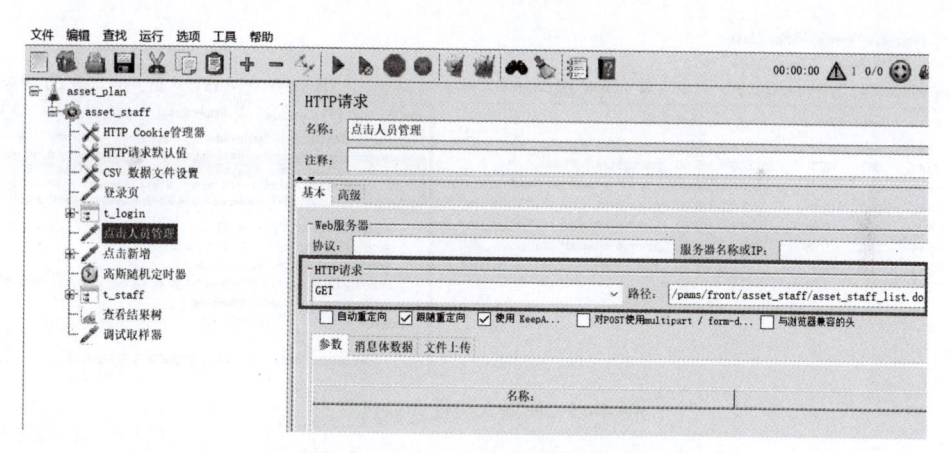

图 4-42　点击人员管理请求设置

4）点击新增请求设置。Fiddler 抓包界面显示：点击新增请求的类型为 get，路径为 /pams/front/asset_staff/asset_staff_form.do?_=1710573068006。在 JMeter 点击新增请求中设置对应的类型与路径，如图 4-43 和图 4-44 所示。

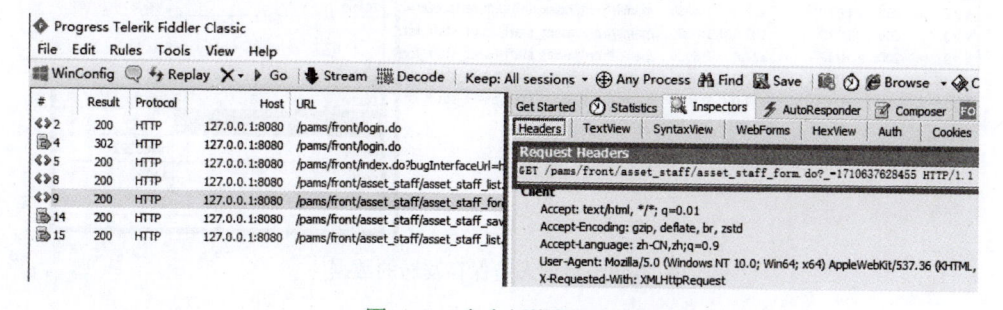

图 4-43　点击新增抓包界面

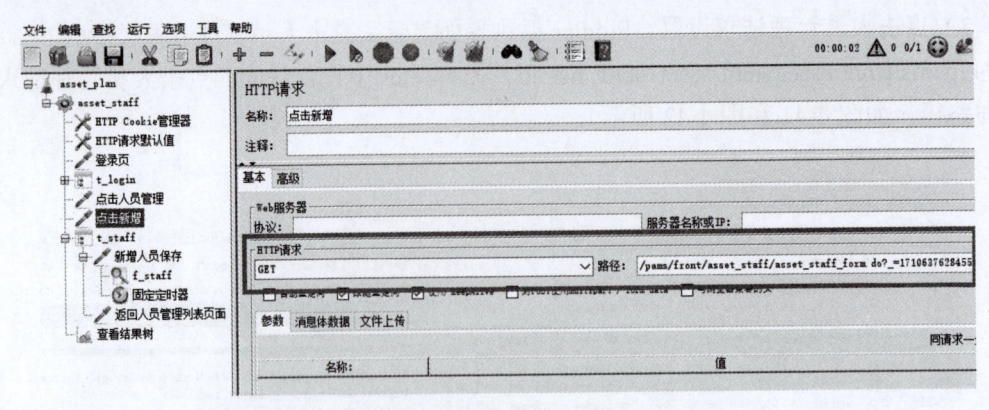

图 4-44 点击新增请求设置

5）新增人员保存请求设置。Fiddler 抓包界面显示：新增人员保存请求的类型为 post，路径为 /pams/front/asset_staff/asset_staff_save.do，发送的数据有 id: 空，name:name222，code:1103，assetDepartId:2。在 JMeter 中，设置新增人员保存请求的类型与路径，并将发送的数据复制到新增人员保存请求参数区域，如图 4-45 至图 4-47 所示。

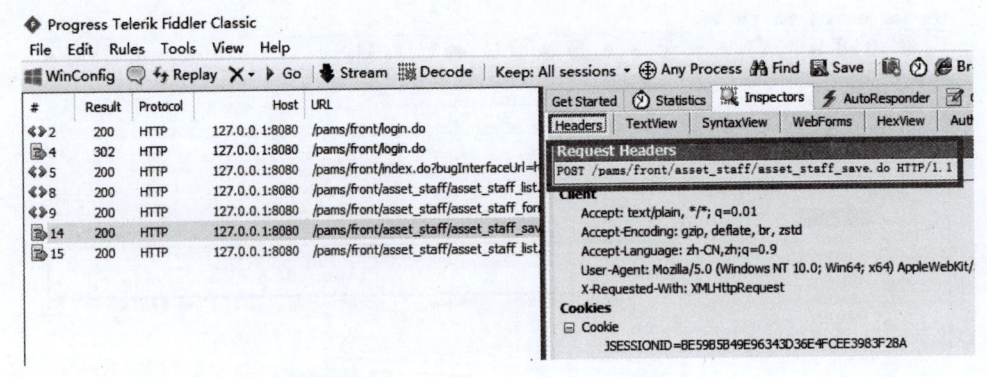

图 4-45 新增人员保存抓包界面

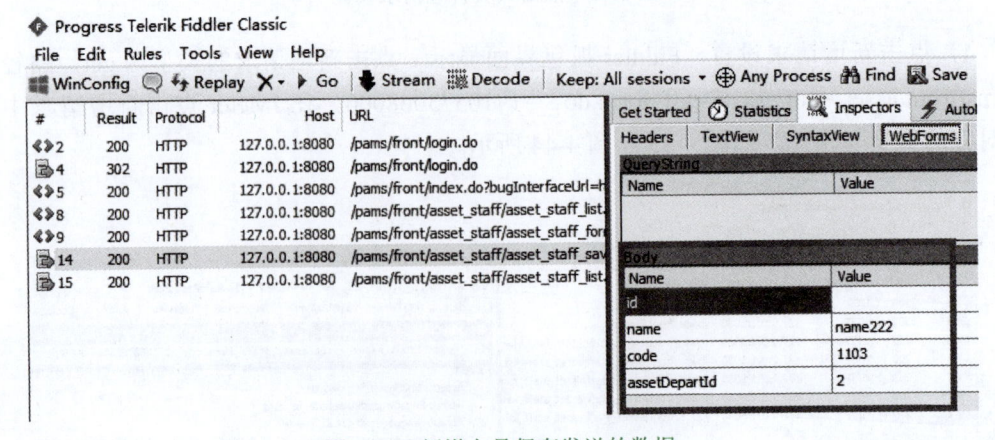

图 4-46 新增人员保存发送的数据

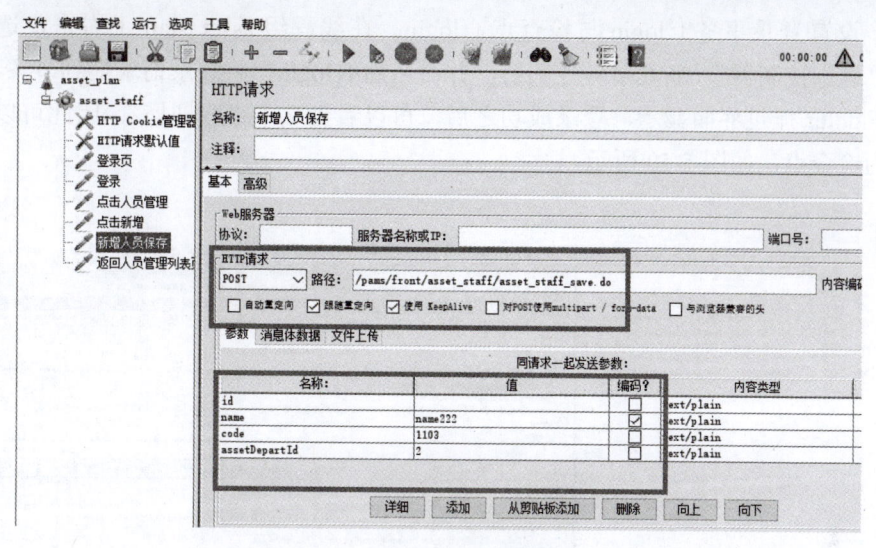

图 4-47　新增人员请求设置

6）返回人员管理列表请求设置。Fiddler 抓包界面显示：返回人员管理列表请求的类型为 post，路径为 /pams/front/asset_staff/asset_staff_list.do。在 JMeter 返回人员管理列表请求中设置对应的类型与路径，如图 4-48 和图 4-49 所示。

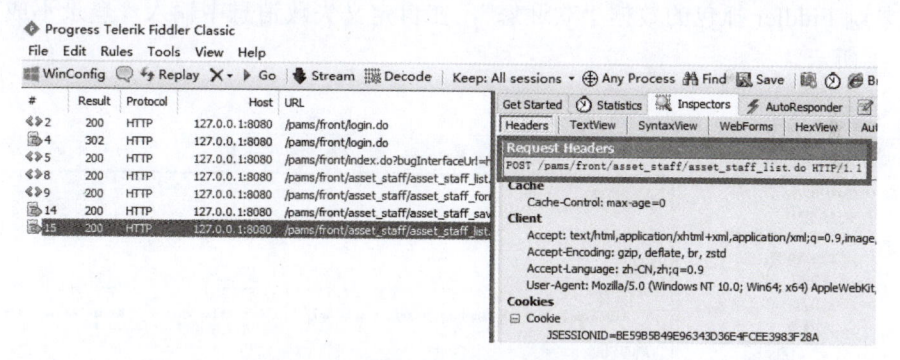

图 4-48　返回人员管理列表抓包界面

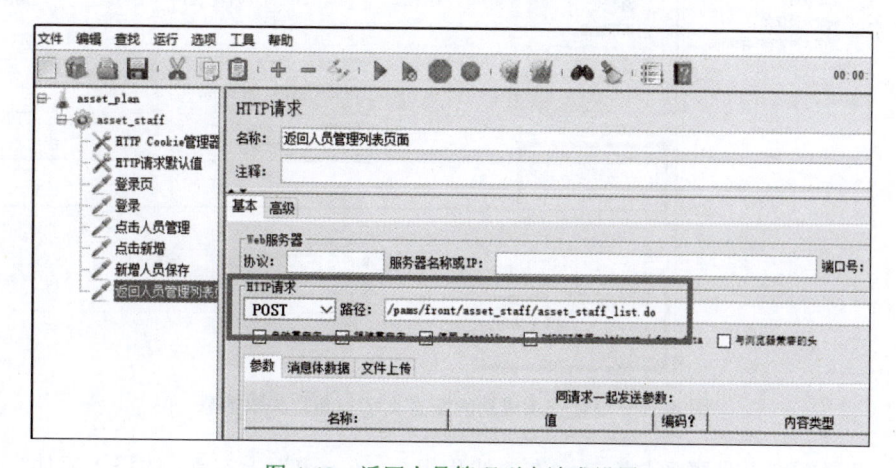

图 4-49　返回人员管理列表请求设置

199

（5）设置登录事务 t_login 与检查点 f_login。在线程组 asset_staff 上右击，选择"添加"→"逻辑控制器"，新建事务控制器，并命名为 f_login，将登录请求拖到事务下面。

从 Fiddler 抓包界面显示，登录成功之后，可以看到文本"欢迎您"，因此可以将此文本设置为检查点，如图 5-50 所示。

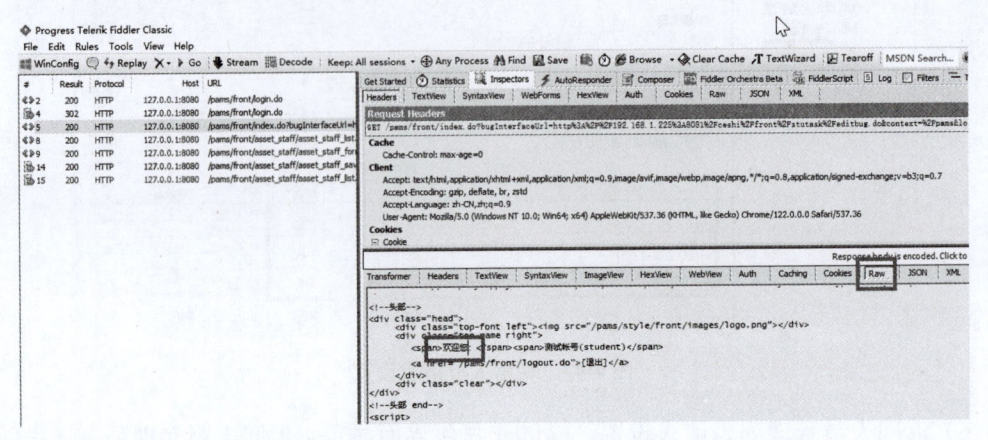

图 4-50 登录成功之后在 Raw 中看到的信息"欢迎您"

在登录请求上右击，选择"添加"→"断言"，新建断言，命名为 f_login，在测试模式下复制 Fiddler 抓包的数据"欢迎您"，在自定义失败消息中输入"登录不成功！"，如图 4-51 所示。

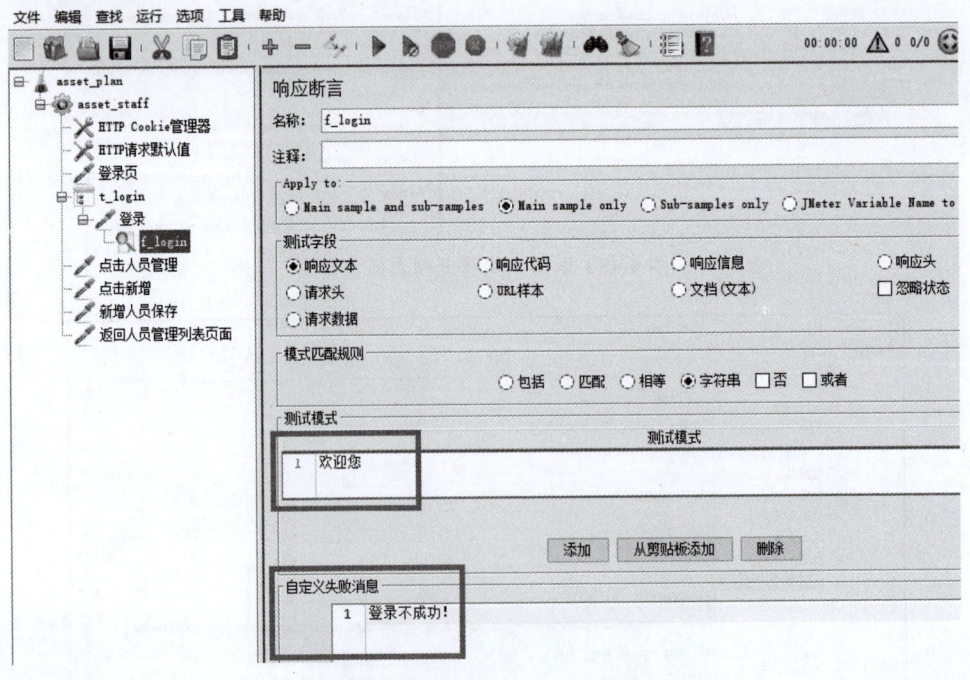

图 4-51 设置登录成功的断言文字与断言失败消息

（6）设置新增人员事务与断言。在"线程组 asset_staff"上右击，选择"添加"→"逻辑控制器",新建事务控制器,并命名为 f_staff,将登录请求拖到事务下面。

Fiddler 抓包界面显示,登录成功之后,可以看到文本"OK",因此可以将此文本设置为检查点,如图 4-52 所示。

在登录请求上右击,选择"添加"→"断言",新建断言,命名为 f_staff,在测试模式下复制 Fiddler 抓包的数据"OK",在自定义失败消息中输入"人员添加不成功!",如图 4-53 所示。

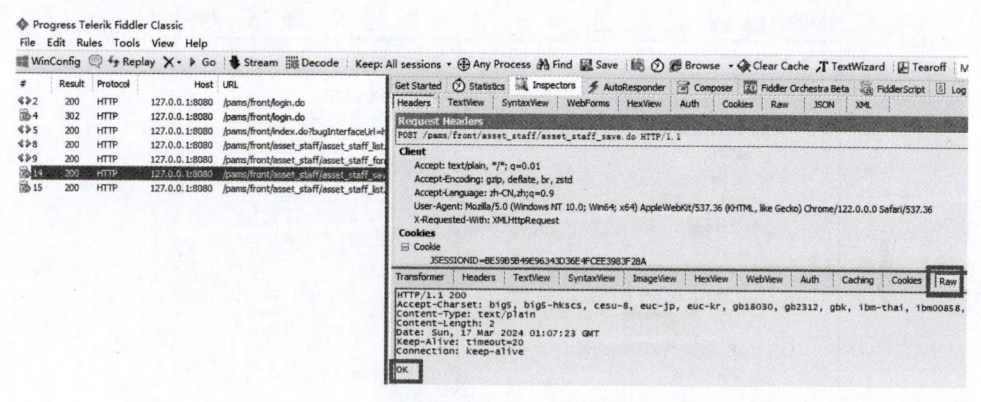

图 4-52 新增人员成功之后在 Raw 中看到的信息"OK"

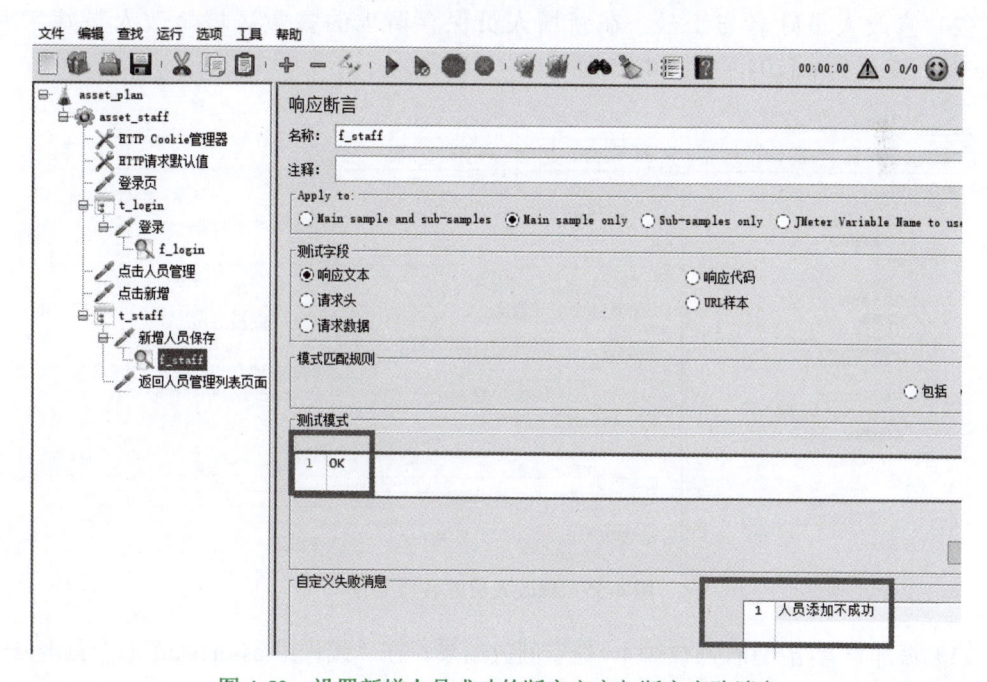

图 4-53 设置新增人员成功的断言文字与断言失败消息

2. 脚本回放

对脚本的正确性进行校验,脚本回放具体要求如下:
- 返回人员管理页面请求前添加思考时间为固定 2 秒。

脚本的回放

- 人员姓名与工号修改：使用 name 开头的人员姓名和不以 0 开头的任意 4 位数字人员工号进行回放。
- 添加查看结果树，回放脚本，查看回放结果。

（1）添加思考时间。在新增人员保存请求上右击，选择"添加"→"定时器"→"固定定时器"，设置时间为 2000ms，如图 4-54 所示。

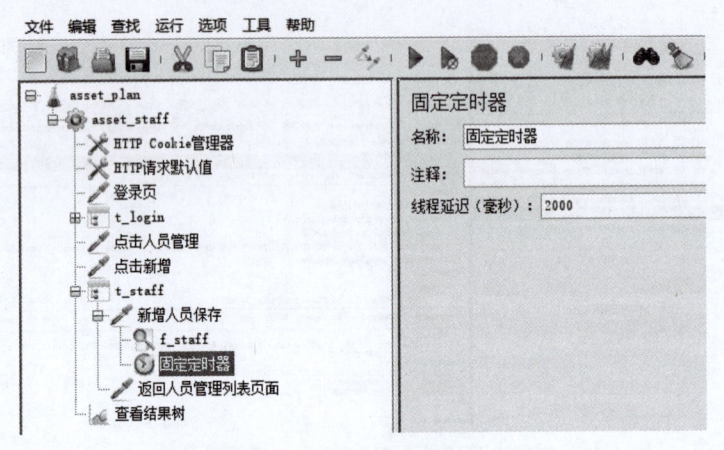

图 4-54　设置思考时间为 2 秒

（2）修改人员姓名与工号。在新增人员保存请求的参数区域修改人员姓名为：name333，工号为：1104，如图 4-55 所示。

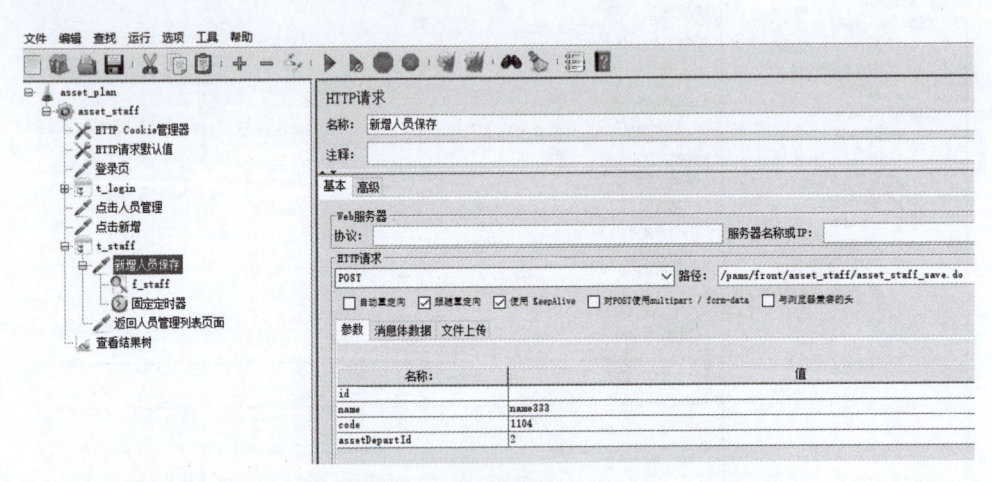

图 4-55　修改人员姓名与工号

（3）添加查看结果树，回放脚本，查看回放结果。在"线程组 asset_staff 上"右击，选择"添加"→"监听器"→"查看结果树"，添加查看结果树。点击工具栏中的绿色箭头按钮，运行，可以看到在 Text 区域，所有的请求都是绿色显示，表示运行成功，如图 4-56 所示。

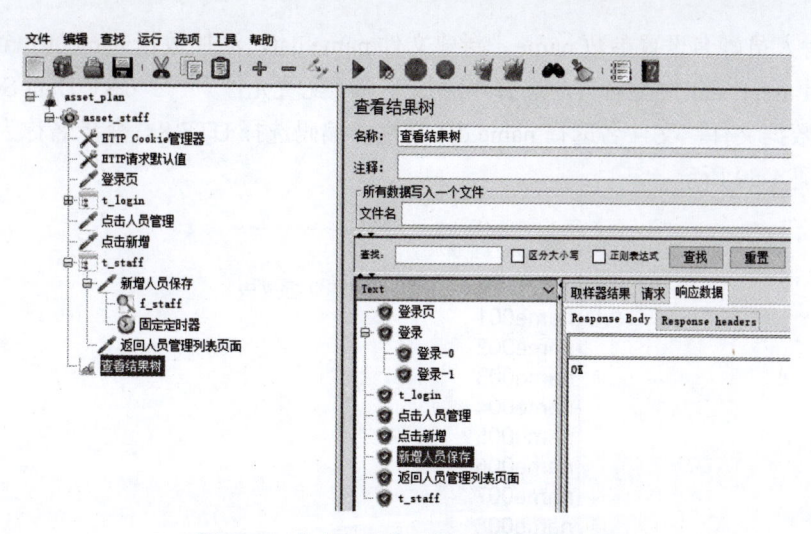

图 4-56　点击回放之后的查看结果树界面

3. 脚本参数设置要求

脚本回放成功后可继续进行下面的操作。

人员姓名及工号参数化具体要求如下：

- 新增人员保存操作前添加思考时间，随机 3 秒。
- 使用人员姓名为 name 开头和工号不以 0 开头的任意 4 位数字进行新增人员保存参数配置，使用 CSV 数据文件设置实现参数化。CSV 数据文件命名：name.dat，输入 10 条人员姓名，人员名称参数名称：name，人员工号参数名称：num。

通过设置关联随机选择人员所属部门，可以通过边界提取器或者正则表达式提取器。

（1）添加思考时间。在"线程组 asset_staff"上右击，选择"添加"→"定时器"→"高斯随机定时器"，并将其拖到点击新增请求之后，设置偏差 1 秒，延迟偏移 3 秒，如图 4-57 所示。

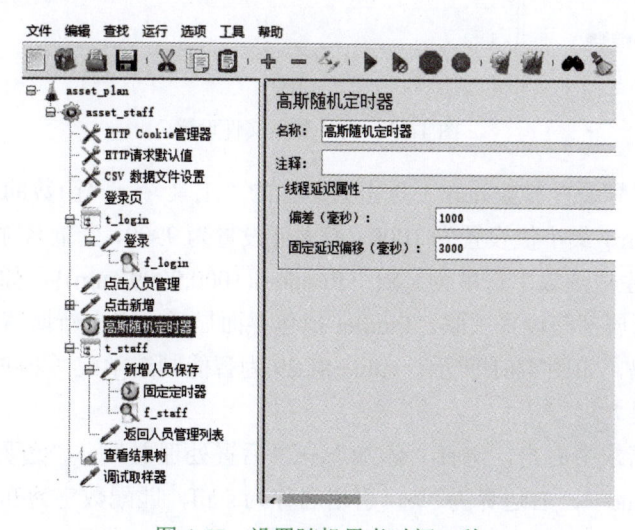

图 4-57　设置随机思考时间 3 秒

（2）对人员姓名设置参数 name。新建文件 name.dat，添加数据 name001 至 name010，在"线程组 asset_staff"上右击，选择"添加"→"配置元件"→"CSV Data Set Config"，新建 CSV 数据文件，文件名选择 name.dat 文件，编码选择 UTF-8，变量名称为 name，如图 4-58 和图 4-59 所示。

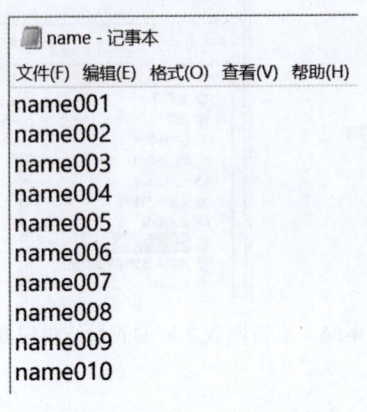

图 4-58　name.dat 文件数据

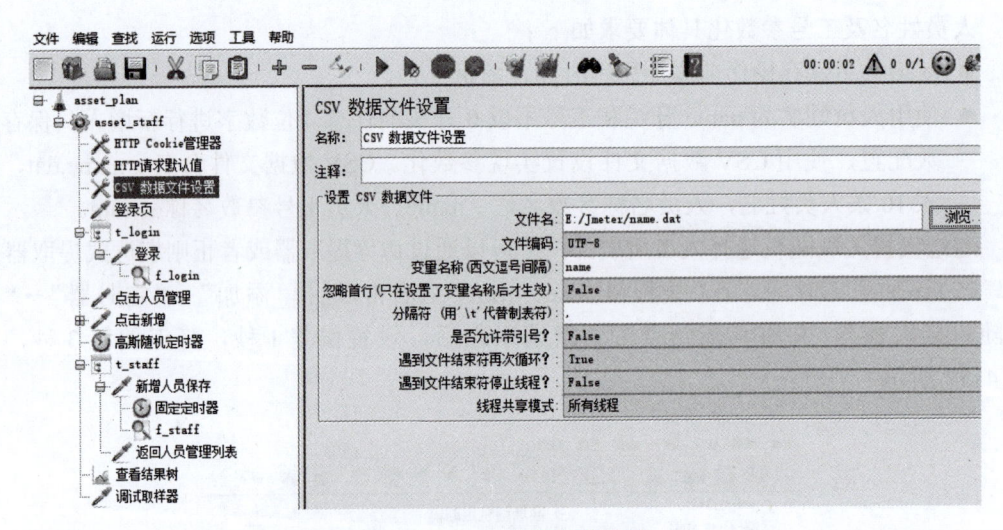

图 4-59　CSV 数据文件设置

（3）对人员工号设置参数 num。点击菜单栏的"工具"→"函数助手"对话框，选择函数类型为 Random，最小值设置为 1000，最大值设置为 9999，变量名称为 num，点击"生成"，并可以看到生成函数字符串为：${__Random(1000,9999,num)}，如图 4-60 所示。

（4）对人员所属部门设置关联。Fiddler 抓包界面显示，点击新增请求中，新增人员选择所属部门的代码，如图 4-61 所示，value 值 29 为智能制造学院，29 的左边界是 <option value="，右边界是 ">。

在点击新增请求中右击，选择"添加"→"后置处理器"→"边界提取器"，设置左边界为 <option value="，右边界为 ">，引用名称为 staff，匹配数字为 0，如图 4-62 所示。

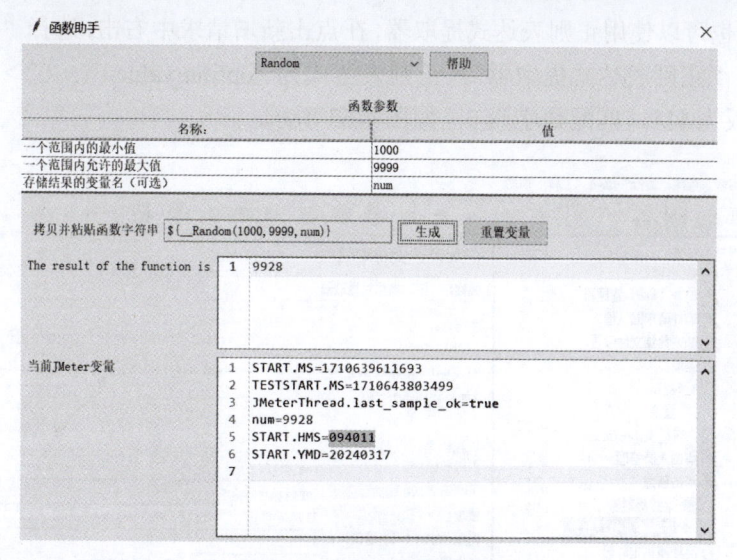

图 4-60　利用函数助手

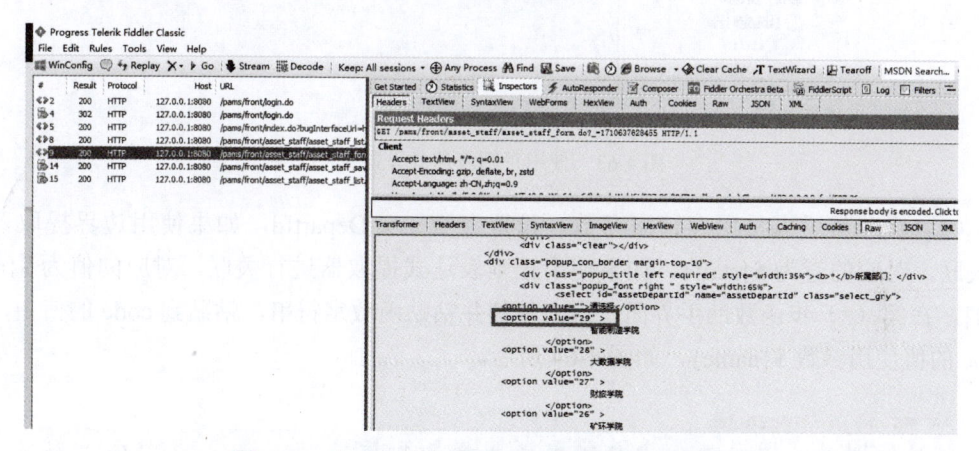

图 4-61　点击新增人员抓包界面查看可设置的边界

图 4-62　使用边界提取器设置关联

设置关联也可以使用正则表达式提取器，在点击新增请求中右击，选择"添加"→"后置处理器"→"正则表达式提取器"，正则表达式为 <option value="(.+?)" >，引用名称为 reg_staff，模板为 1，匹配数字为 0，如图 4-63 所示。

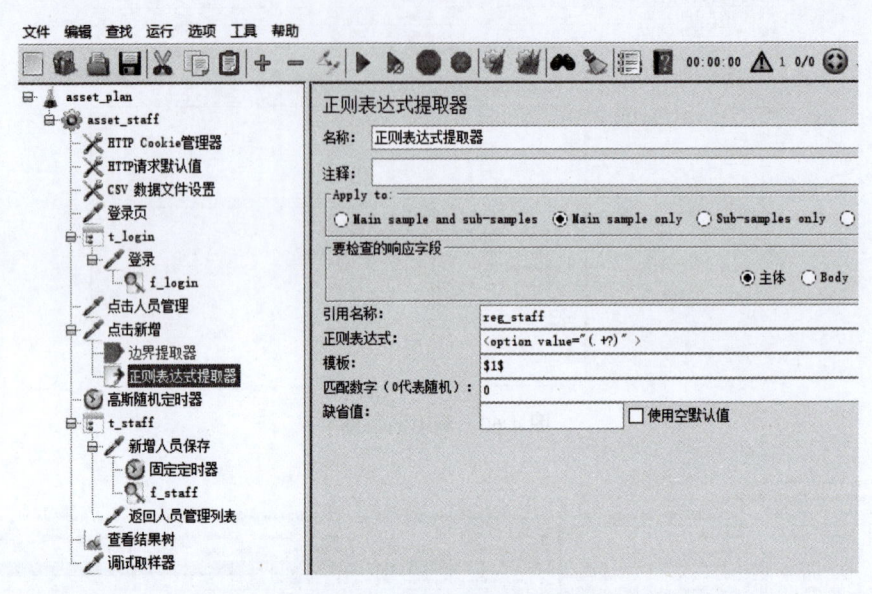

图 4-63　使用正则表达式设置关联

（5）修改新增人员保存请求参数。设置参数 assetDepartId，如果使用边界提取器进行关联，对应的值为 ${staff}，如果使用正则表达式提取器进行关联，对应的值为 ${reg_staff}，在第（3）步函数助手界面，点击复制并粘贴函数字符串，粘贴到 code 的值中，将 name 的值使用参数 ${name}，如图 4-64 所示。

图 4-64　新增人员保存请求参数设置

【思考与练习】

理论题

1. 性能测试的常用术语有哪些？
2. 性能测试的过程是什么？
3. 性能测试的类型有哪些？
4. 为什么要进行参数化？
5. 为什么要设置事务？
6. 断言设置的目的是什么？

实训题

利用 JMeter 对资产管理系统进行性能测试，添加脚本：打开资产管理系统首页（图 4-1），登录系统，点击供应商，新增供应商（名称、类型、联系人、移动电话、地址）并保存，如图 4-65 所示，返回人员管理列表。然后设置事务，添加断言，设置思考时间，对供应商名称、联系人与移动电话设置参数化，利用关联选择供应商的类型。

图 4-65　新增供应商界面

任务 4.2　场景设计与运行

任务描述

利用 JMeter 工具对资产管理系统进行性能测试的场景设计，并采用非 GUI 方式运行。需要通过 JMeter 构建多个模拟用户场景，以模拟真实环境下的系统使用情况。

在进行场景设计与运行时要注意：
- 提升创新思维：场景设计是性能测试的关键环节，需要测试人员根据测试目标创新性地设计各种场景，以充分测试系统的性能。
- 具备团队协作精神：在场景设计与运行过程中，测试人员需要与开发、运维等团队密切合作，共同确保测试的顺利进行。

任务要求

1. 场景设计

根据资产管理系统的业务需求，设计性能测试场景，取样器错误后执行动作：继续；线程数：50；Ramp-Up 时间：30 秒；循环次数：永远；调度器：持续时间：300 秒，以测试系统的抗压能力。

2. 场景运行

切换到 CMD 命令窗口模式，采用非 GUI 方式运行。

知识链接

4.2.1 场景设计

1. 线程组

JMeter 线程组实际上是建立一个线程池，JMeter 根据用户的设置进行线程池的初始化，在运行时做各种运行逻辑处理，线程组的界面如图 4-66 所示。

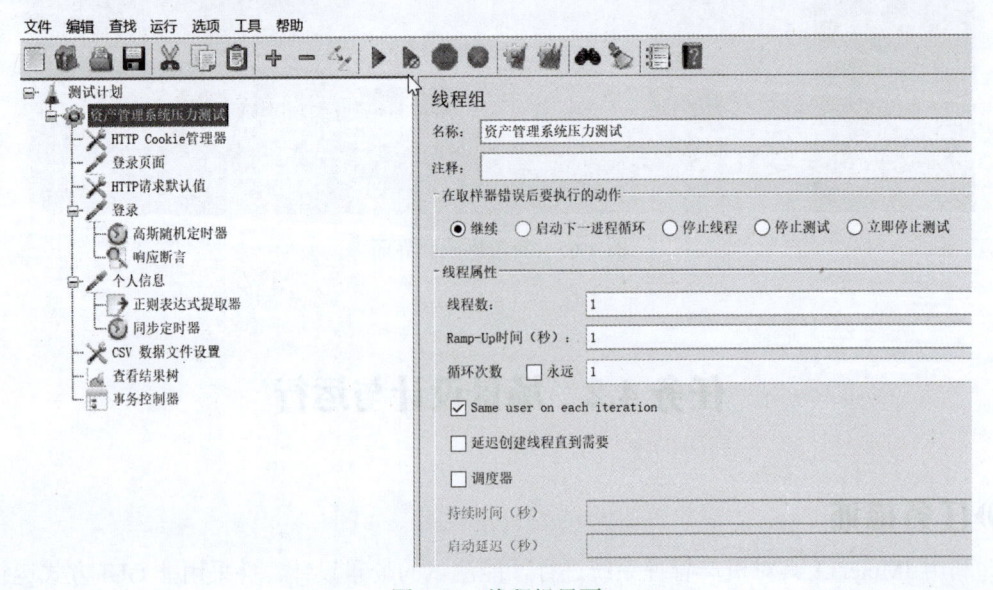

图 4-66 线程组界面

线程组的页面的元素如下：

1）名称：可以随意设置，最好有业务意义。

2）注释：可以随意设置，可以为空。

3）在取样器错误后要执行的动作：其中的某一个请求出错后的异常处理方式。

- 继续：请求（Sampler 元件模拟的用户请求）出错后继续运行。在大量用户并发时，服务器偶尔响应错误是正常现象，比如服务器由于性能问题不能正常响应或者响应慢，此时需要将错误记录下来，作为有性能问题的依据。
- 启动下一进程循环：如果出错，则同一脚本中的余下请求将不再执行，直接重新开始执行。
- 停止线程：如果遇到请求失败，则停止当前线程，不再执行。比如配置 50 个线程，如果其中某一个线程中的某一个请求失败了，则停止当前线程，那么就只剩下 49 个线程在运行，如果失败的事务增多，那么停下来的线程也会增多，运行状态的线程就会越来越少，最后负载不够（对服务器的压力不够，测试结果不具参考性），所以一般不会这样设置。
- 停止测试：如果某一个线程的某一个请求失败了，则停止所有线程，也就是停下整个测试。但是每个线程还是会执行完当前迭代后再停止。
- 立即停止测试：如果有线程的请求失败了，那么马上停止整个测试场景。

4）线程数：运行的线程数设置，一个线程对应一个模拟用户。

5）Ramp-Up 时间（秒）：线程启动开始运行的时间间隔，单位是秒，即所有线程在多长时间内开始运行。比如设置线程数为 50，此处设置 10 秒，那么每秒就会启动 50/10，5 个线程。如果设置为 0 秒，则开启场景后 50 个线程立刻启动。

6）循环次数：请求的重复次数。选择"永远"复选框，那么请求将一直运行，除非停止或崩溃；如果不选择"永远"复选框，而在输入框中输入数字，那么请求将重复指定的次数，如果输入 1，那么请求将执行一次，执行 0 次无意义，所以不支持。

7）调度器：勾选"调度器"复选框后，可以编辑持续时间和启动延迟时间。

- 持续时间（秒）：测试计划持续多长时间。
- 启动延迟（秒）：单击"执行"按钮后，仅初始化场景，不运行线程，等待延迟到时后才开始运行线程。

2. Ultimate Thread Group

如果觉得线程组场景设置功能不够完善，不能满足负载递增的要求，不能设计出浪涌（波浪状，多个波峰）的场景，那么可以通过 JMeter Plugins 提供的两个线程组元件 Ultimate Thread Group 与 Stepping Thread Group 来设置场景。

JMeter Plugins 安装：

（1）Plugins-manager.jar 的下载地址为 https://jmeter-plugins.org/install/Install/，如图 4-67 所示。

（2）将下载的 jar 包放到 %JMETER_HOME%\lib\ext 目录下。

（3）重新启动 JMeter，在菜单栏"选项"最下面一栏可以看到菜单 Plugins Manager，单击打开 JMeter Plugins Manager 对话框，如图 4-68 所示。

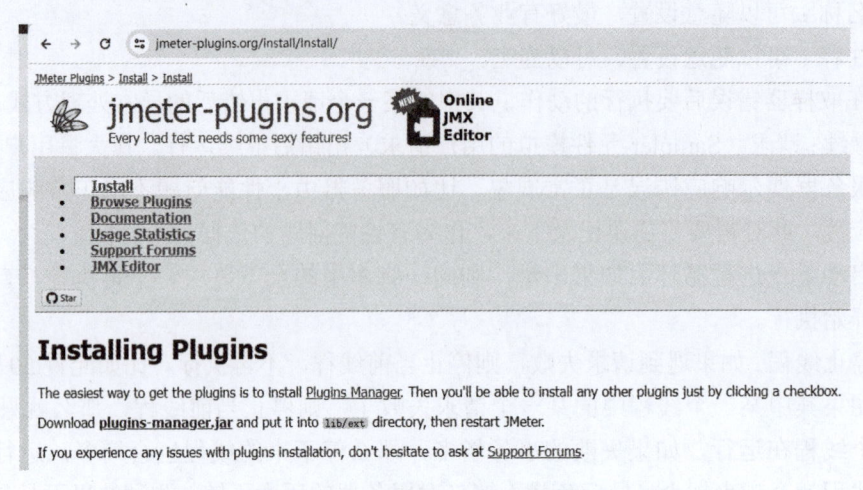

图 4-67 Plugins-manager.jar 下载地址

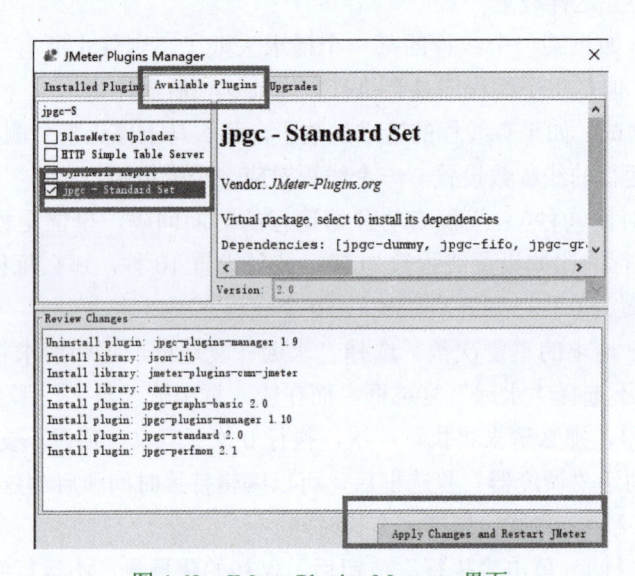

图 4-68 JMeter Plugins Manager 界面

（4）在可安装的插件列勾选需要安装的插件，单击 Apply Changes and Restart JMeter，安装插件，现在需要安装的插件是 jpgc-Standard Set，这个插件对线程组进行了扩展，扩充了监听器，丰富了图表的展示。

（5）jpgc-Standard Set 插件安装成功之后，添加线程组列表多了 jp@gc - Stepping Thread Group（deprecated）和 jp@gc - Ultimate Thread Group 两个选项，如图 4-69 所示。

Ultimate Thread Group 中可以设置多条线程作业计划。图中设置了三条线程作业计划：

第一条：20 个线程立刻在 30 秒内启动，持续运行 30 秒，然后 30 秒内停止。

第二条：20 个线程等待 360 秒后，在 30 秒内启动，持续运行 300 秒，然后 30 秒内停止。

第三条：20 个线程等待 720 秒后，在 30 秒内启动，持续运行 300 秒，然后 30 秒内停止。

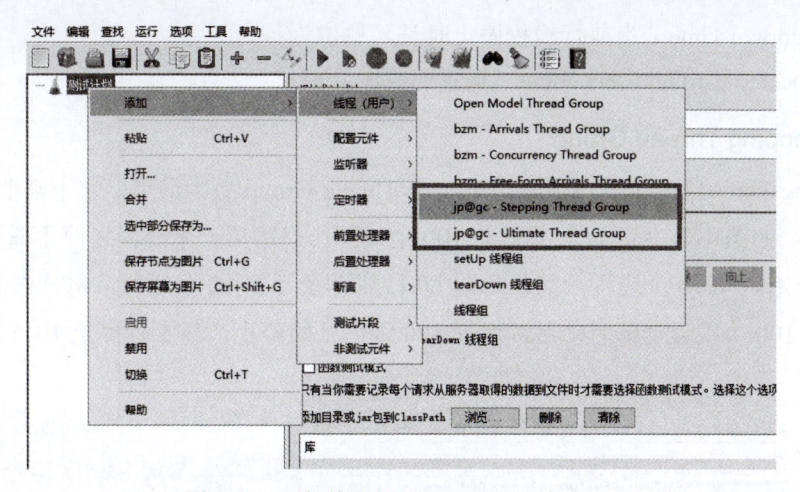

图 4-69　添加线程组 Ultimate Thread Group

这正好是一个浪涌场景，也可以组成一个稳定性测试场景，图中的曲线完整地显示了线程作业任务，作业分三段，如图 4-70 所示。

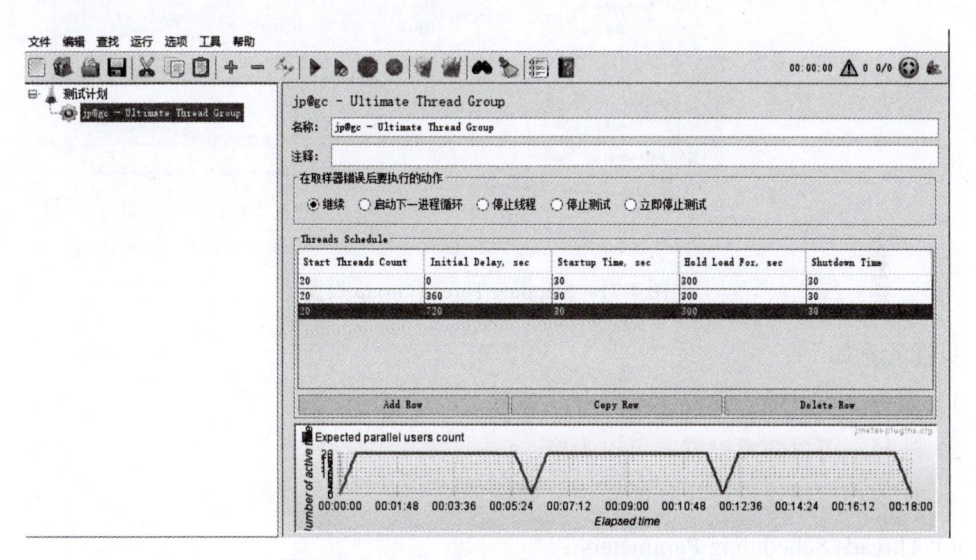

图 4-70　Ultimate Thread Group 浪涌场景

页面元素如下：

1）名称：可以随意设置，最好有业务意义。

2）注释：可以随意设置，可以为空。

3）在取样器错误后要执行的动作：同线程组。

4）Threads Schedule：

- Start Threads Count：当前行启动的线程总数。
- Initial Delay，sec：当前行线程延迟多长时间开始启动，单位为秒。
- Startup Time，sec：当前行线程启动时长，单位为秒。
- Hold Load For，sec：当前行线程持续运行多长时间，单位为秒。

- Shutdown Time：当前行线程停止时长，单位为秒。

5）Expected parallel users count：场景曲线图。

3. Stepping Thread Group

Stepping Thread Group 的设置比 Ultimate Thread Group 更为简单，它不需要计算 Initial Delay 时间。如图 4-71 所示，总共启动 100 个线程，启动第一个线程之前不需要等待直接启动，最开始启动 10 个线程，然后每隔 60 秒启动余下的 10 个线程，每次线程的启动时长是 5 秒。100 个线程全部启动后，运行 300 秒后开始停止，每 5 秒停止 10 个线程。

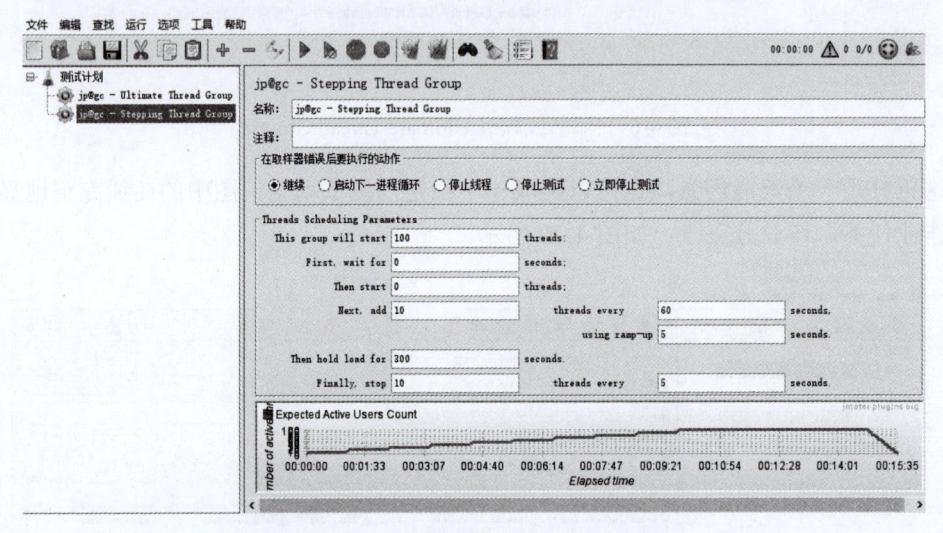

图 4-71　Stepping Thread Group 设置

页面元素如下：

1）名称：可以随意设置，最好有业务意义。

2）注释：可以随意设置，可以为空。

3）在取样器错误后要执行的动作：同线程组。

4）Threads Scheduling Parameters：

- This group will start Max threads：设置单台负载机，线程组启动的线程总数为 Max 个。

- First，wait for N seconds：启动第一个线程之前，需要等待 N 秒。

- Then start N threads：设置最开始启动 N 个线程。

- Next，add N1 threads every N2 seconds，using ramp-up N3 seconds：然后，每隔 N2 秒，在 N3 秒内启动 N1 个线程。

- Then hold load for N seconds：单台负载机启动的线程总数达到 Max 之后，持续运行 N 秒。

- Finally, stop N1 threads every N2 seconds：最后，每隔 N2 秒，停止 N1 个线程数。

5）Expected Active Users Count：场景曲线图。

4.2.2 场景运行

JMeter 的场景运行方式分为两种：一种是 GUI（视窗运行，即运行界面）方式；另一种是非 GUI（命令窗口）方式运行，在 Windows 中可以在命令窗口运行。

1. GUI 运行

GUI 方式由于可视化，因此更直观，鼠标点击就可以控制启停，也方便实时查看运行状况，比如测试结果、运行线程数等。

在 JMeter 视图窗口，单击"运行"→"启动"选项，或者单击快捷菜单栏的"启动"按钮，开始运行测试计划。JMeter 处于运行状态时，"运行"菜单下的"启动"选项被置灰，快捷菜单栏的"启动"按钮也被置灰。

JMeter 处于运行状态时，快捷菜单栏中有两个命令可以用于终止测试。单击"停止"按钮，立即停止所有线程；单击"关闭"按钮，线程在当前工作完成后停止，这项操作不会中断任何取样器的工作。关闭对话框会一直处于激活状态，直到所有线程都停止。

2. 非 GUI 运行

非 GUI 运行是在命令窗口通过命令行来运行场景。之所以要用非 GUI 方式运行，是因为 JMeter 可视化界面及监听器动态展示结果都比较消耗负载机资源，在高并发情况下，GUI 方式往往会导致负载机资源紧张，对性能测试结果造成影响。这个影响不是说被测系统的性能受到影响，比如响应时间变大之类，而是影响负载量的生成，比如非 GUI 方式 100 个线程可以产生 100 TPS 的负载，而 GUI 方式只产生 80 TPS 的负载，如果一台机器只能支持 100 个线程运行，那么就只有多加机器来运行测试计划，这样一台负载机变为两台，提高了测试成本。所以推荐用非 GUI 的方式来运行测试计划。

通过执行 JMeter-? 命令，可以调出 JMeter 的参数说明，如图 4-72 所示。

图 4-72 调出 JMeter 的参数说明

任务实施

资产管理系统场景设计，照要求设置虚拟用户个数以及进行场景配置。

1. 场景配置

新增人员场景配置：取样器错误后执行动作：继续；线程数：50；Ramp-Up时间：30秒；循环次数：永远；调度器：持续时间：300秒，如图4-73所示。

场景设计与运行

图4-73　新增人员场景配置

2. 使用非GUI模式运行

以管理员身份启动CMD窗口，切换到JMeter所在的bin目录，输入以下代码并运行，如图4-74所示。

```
jmeter -n -t asset_test.jmx -l add_staff.csv -e -o add_staff
```

参数说明：

-n：非GUI模式，JMeter在没有图形用户界面的情况下运行测试。

-t asset_test.jmx：指定要运行的测试计划文件。asset_test.jmx是测试计划的文件名。

-l add_staff.csv：指定测试结果日志文件的路径和名称。测试结果将被写入add_staff.csv文件。

-e：在测试完成后生成HTML报告。

-o add_staff：指定HTML报告的输出目录。HTML报告将被输出到add_staff这个目录中。

```
管理员: C:\Windows\system32\cmd.exe
E:\apache-jmeter-5.5\bin>jmeter -n -t asset_test.jmx -l add_staff.csv -e -o add_staff
Creating summariser <summary>
Created the tree successfully using asset_test.jmx
Starting standalone test @ 2024 Mar 17 11:46:27 CST (1710647187113)
Waiting for possible Shutdown/StopTestNow/HeapDump/ThreadDump message on port 4445
summary +      1 in 00:00:03 =    0.3/s Avg:    49 Min:    49 Max:    49 Err:     0 (0.00%) Active: 6 Started: 6 Finished: 0
summary +    244 in 00:00:30 =    8.2/s Avg:     6 Min:     0 Max:    18 Err:     3 (1.23%) Active: 50 Started: 50 Finished: 0
summary =    245 in 00:00:33 =    7.4/s Avg:     6 Min:     0 Max:    49 Err:     3 (1.22%)
summary +    457 in 00:00:30 =   15.3/s Avg:     5 Min:     0 Max:    95 Err:     4 (0.88%) Active: 50 Started: 50 Finished: 0
summary =    702 in 00:01:03 =   11.2/s Avg:     6 Min:     0 Max:    95 Err:     7 (1.00%)
summary +    458 in 00:00:30 =   15.3/s Avg:     5 Min:     0 Max:    30 Err:     7 (1.53%) Active: 50 Started: 50 Finished: 0
summary =   1160 in 00:01:33 =   12.5/s Avg:     5 Min:     0 Max:    95 Err:    14 (1.21%)
summary +    466 in 00:00:30 =   15.5/s Avg:     4 Min:     0 Max:    13 Err:     6 (1.29%) Active: 50 Started: 50 Finished: 0
summary =   1626 in 00:02:03 =   13.2/s Avg:     5 Min:     0 Max:    95 Err:    20 (1.23%)
summary +    445 in 00:00:30 =   14.9/s Avg:     4 Min:     0 Max:    83 Err:     4 (0.90%) Active: 50 Started: 50 Finished: 0
summary =   2071 in 00:02:33 =   13.6/s Avg:     5 Min:     0 Max:    95 Err:    24 (1.16%)
summary +    458 in 00:00:30 =   15.1/s Avg:     4 Min:     0 Max:    18 Err:     5 (1.09%) Active: 50 Started: 50 Finished: 0
summary =   2529 in 00:03:03 =   13.8/s Avg:     5 Min:     0 Max:    95 Err:    29 (1.15%)
summary +    456 in 00:00:30 =   15.4/s Avg:     4 Min:     0 Max:    13 Err:     9 (1.97%) Active: 50 Started: 50 Finished: 0
summary =   2985 in 00:03:33 =   14.0/s Avg:     5 Min:     0 Max:    95 Err:    38 (1.27%)
summary +    463 in 00:00:30 =   15.4/s Avg:     4 Min:     0 Max:    21 Err:     7 (1.51%) Active: 50 Started: 50 Finished: 0
summary =   3448 in 00:04:03 =   14.2/s Avg:     4 Min:     0 Max:    95 Err:    45 (1.31%)
summary +    454 in 00:00:30 =   15.1/s Avg:     4 Min:     0 Max:    17 Err:    11 (2.42%) Active: 50 Started: 50 Finished: 0
summary =   3902 in 00:04:33 =   14.3/s Avg:     4 Min:     0 Max:    95 Err:    56 (1.44%)
summary +    414 in 00:00:27 =   15.3/s Avg:     4 Min:     0 Max:    13 Err:     9 (2.17%) Active: 0 Started: 50 Finished: 50
summary =   4316 in 00:05:00 =   14.4/s Avg:     4 Min:     0 Max:    95 Err:    65 (1.51%)
Tidying up ...    @ 2024 Mar 17 11:51:27 CST (1710647487075)
... end of run

E:\apache-jmeter-5.5\bin>
```

图 4-74　非 GUI 模式运行

【思考与练习】

理论题

1. 进行场景设计在 JMeter 的哪一个界面设置？
2. 使用非 GUI 模式运行，输入的命令是什么？每一个参数代表的含义是什么？

实训题

将任务 4.1 实训题中 JMeter 的脚本进行场景设计，然后使用非 GUI 方式运行。

（1）场景设计。根据资产管理系统的业务需求，设计性能测试场景，取样器错误后执行动作：继续；线程数：60；Ramp-Up 时间：20 秒；循环次数：永远；调度器：持续时间：500 秒，以测试系统的抗压能力。

（2）场景运行。切换到 CMD 命令窗口模式，采用非 GUI 方式运行。

任务 4.3　结果分析

任务描述

对 JMeter 性能测试的结果进行深入分析，以便准确评估系统的性能表现，并发现潜在的性能瓶颈及优化点。

在进行结果分析时要注意：

- 具备批判性思维：在结果分析过程中，测试人员需要对测试结果进行客观、深入地分析，找出问题所在并提出改进建议。
- 具备持续改进精神：性能测试是一个持续的过程，测试人员需要根据测试结果不断优化测试策略和方法。

任务要求

打开结果分析文件夹：E:\apache-jmeter-5.5\bin\add_staff 下的文件 index.html，重点关注响应时间、吞吐量、错误率等关键性能指标。通过对比分析不同测试场景下的性能数据，评估系统在不同负载条件下的抗压能力，以及在高并发情况下的稳定性和可靠性。

知识链接

4.3.1 监听器 - 汇总报告

汇总报告以表格的形式显示取样器结果，如果不同取样器（不同请求）拥有相同名字，那么在汇总报告中会统计到同一行，所以在给取样器取别名时最好不要取相同的名字。

添加汇总报告的方式：右击"测试计划/线程组"，选择"添加"→"监听器"→"汇总报告"命令，在打开的窗口中进行设置，如图 4-75 所示。

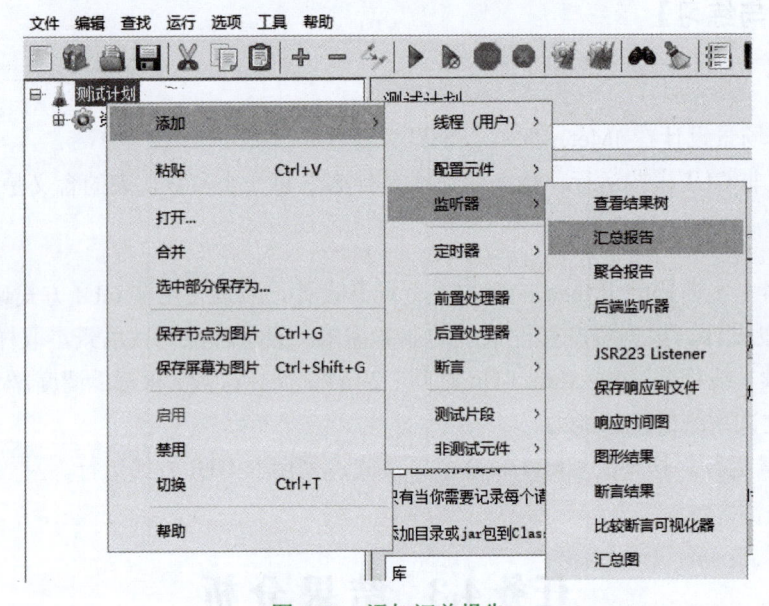

图 4-75　添加汇总报告

页面元素如图 4-76 所示，具体解释如下：

1）名称：可以随意设置，最好有业务意义。

2）注释：可以随意设置，可以为空。

3）文件名：可以通过浏览，选择一个文件，这样在执行的过程中，会将所有的信息输出到该文件。

4）显示日志内容：配置输出到文件的内容。

- 仅日志错误：表示只输出报错的日志信息。
- 仅成功日志：表示只输出正常响应的日志信息；两个都不勾选，表示输出所有的信息。

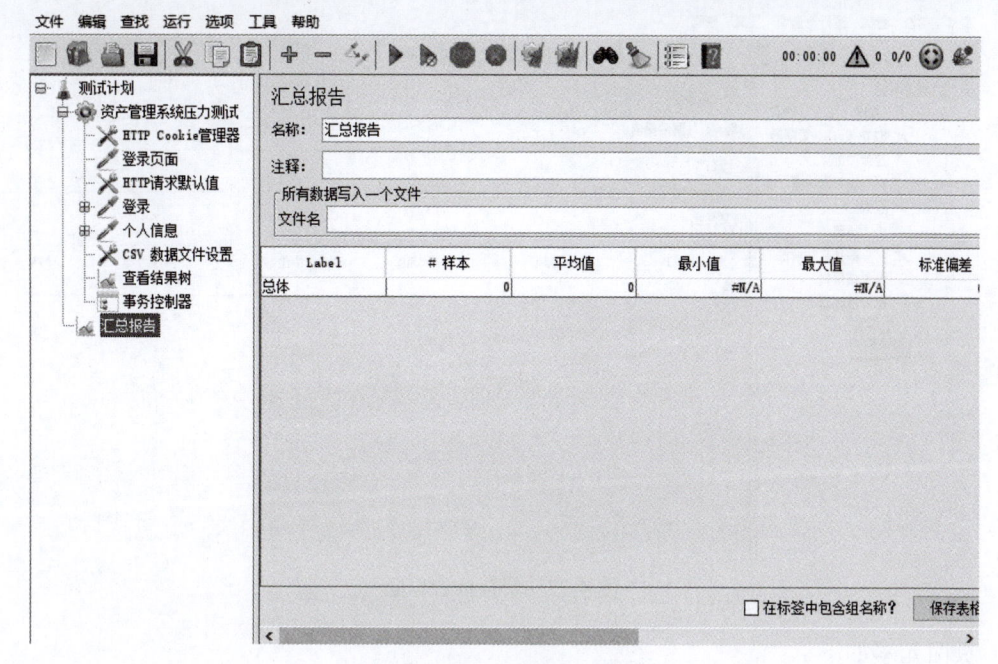

图 4-76　汇总报告界面

- 配置：设置结果属性，即保存哪些结果字段到文件。一般保存必要的字段信息即可，保存得过多，对负载机的 I/O 会产生影响。

5）Label：取样器别名（包括事务名）。

6）# 样本：取样器运行次数。

7）平均值：请求（事务）的平均响应时间，单位为毫秒。

8）最小值：请求的最小响应时间，单位为毫秒。

9）最大值：请求的最大响应时间，单位为毫秒。

10）标准偏差：响应时间的标准偏差。

11）异常 %：出错率。

12）吞吐量：吞吐量（TPS）。

13）接收 KB/sec：每秒接收的数据包流量，单位是千字节。

14）发送 KB/sec：每秒发送的数据包流量，单位是千字节。

15）平均字节数：平均数据流量，单位是字节。

4.3.2　监听器 - 聚合报告

在 JMeter 做测试的过程中，使用最多的监听器就是聚合报告。聚合报告也是以表格的形式显示取样器结果。

添加聚合报告的方式：右击"测试计划 / 线程组"，选择"添加"→"监听器"→"聚合报告"命令，在打开的窗口中进行设置，如图 4-77 所示。

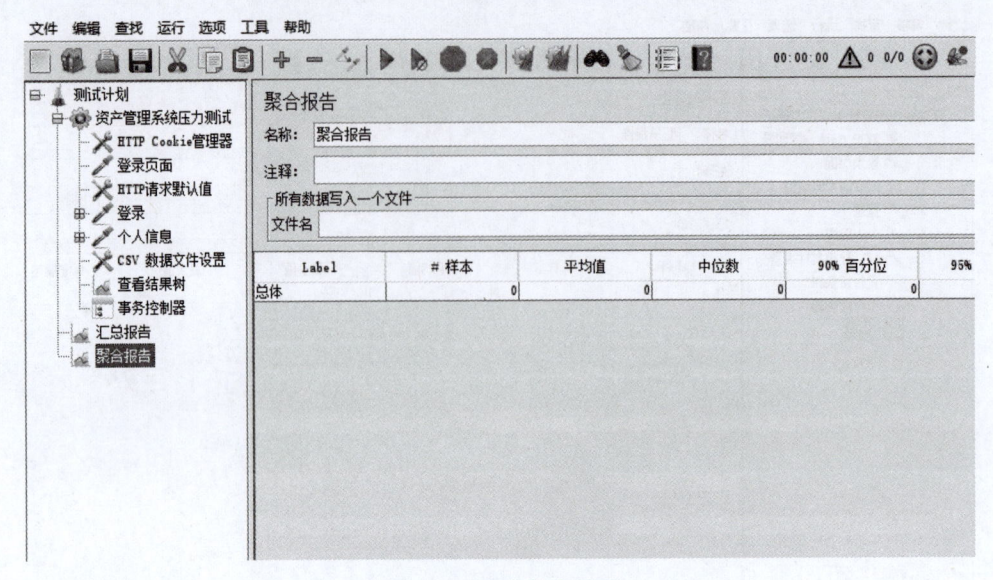

图 4-77　聚合报告界面

页面元素如下：

1）名称：可以随意设置，最好有业务意义。

2）注释：可以随意设置，可以为空。

3）文件名：可以通过浏览选择一个文件，这样在执行的过程中，会将所有的信息输出到文件。

4）显示日志内容：配置输出到文件的内容。

- 仅日志错误：表示只输出报错的日志信息。
- 仅成功日志：表示只输出正常响应的日志信息；两个都不勾选，表示输出所有的信息。
- 配置：设置结果属性，即保存哪些结果字段到文件。一般保存必要的字段信息即可，保存得过多，对负载机的 I/O 会产生影响。

5）Label：取样器别名（包括事务名）

6）# 样本：测试的过程中一共发出多少个请求（如果模拟 10 个用户，每个用户迭代 10 次，这里就显示 100）。

7）平均值：请求（事务）的平均响应时间，单位为毫秒。

8）中位数：中位数是一组结果中间的时间。50% 的请求不超过这个时间；其余的至少花很长时间。

9）90% 百分位：90% 的请求没有超过这个时间，剩余的请求至少花这么长时间。

10）95% 百分位：95% 的请求没有超过这个时间，剩余的请求至少花这么长时间。

11）99% 百分位：99% 的请求没有超过这个时间，剩余的请求至少花这么长时间。

12）最小值：请求的最小响应时间，单位为毫秒。

13）最大值：请求的最大响应时间，单位为毫秒。

14）异常 %：出错率 = 错误的请求的数量 / 请求总数。

15）吞吐量：吞吐量（TPS）。

16）接收 KB/sec：每秒接收的数据包流量，单位是千字节。

17）发送 KB/sec：每秒发送的数据包流量，单位是千字节。

4.3.3　开源监听器 -Transactions per Second

要使用该监听器，必须先在 JMeter Plugins Manager 中安装 jpgc-Standard Set 插件。

Transactions per Second：每秒事务数，即 TPS。X 坐标是测试执行持续时间，Y 坐标是当前时刻事务数，支持结果保存到文件。多个请求运行时，如果不想显示其中的一个事务，可以在 Rows Tab 中进行勾选。图表的刷新频率、线形、颜色、宽度、取样点数量可以在 Settings 中进行设置，如图 4-78 所示。

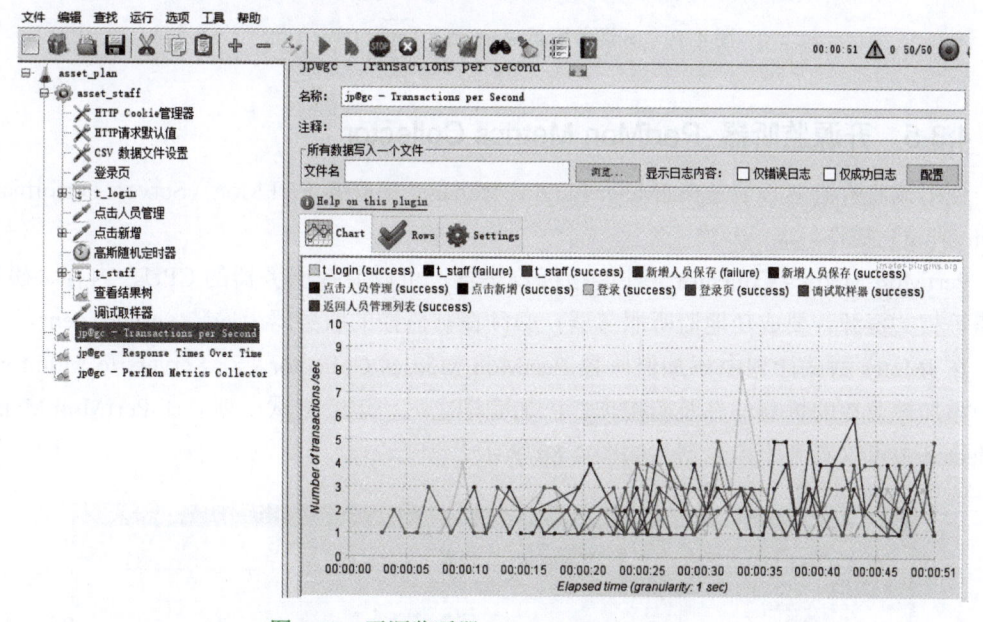

图 4-78　开源监听器 Transactions per Second

4.3.4　开源监听器 -Response Times Over Time

要使用该监听器，必须先在 JMeter Plugins Manager 中安装 jpgc-Standard Set 插件。

Response Times Over Time：响应时间过程图，X 坐标是测试执行持续时间，Y 坐标是事务响应时间。多个请求运行时，如果不想显示其中的一个事务，可以在 Rows Tab 中进行勾选。图表的刷新频率、线形、颜色、宽度、取样点数量可以在 Settings 中进行设置，如图 4-79 所示。

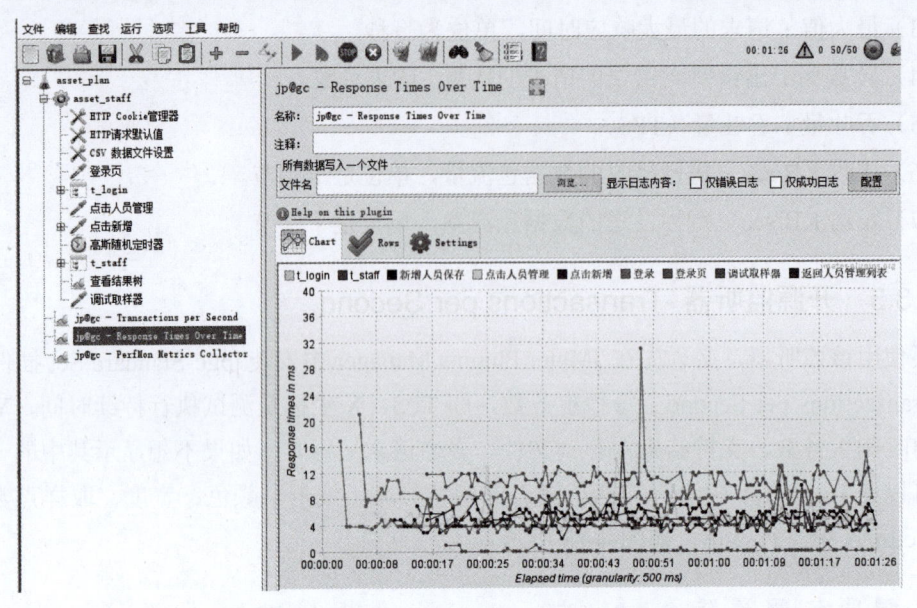

图 4-79 开源监听器 Response Times Over Time

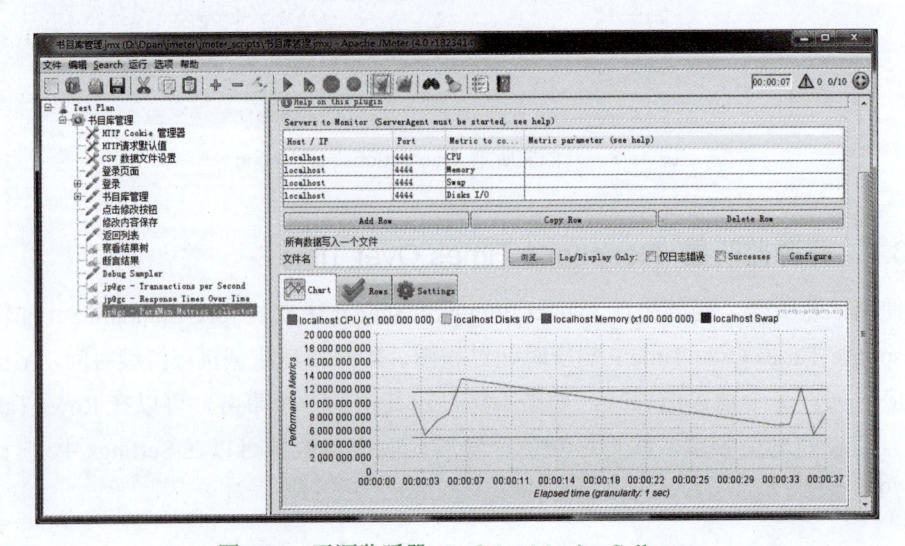

4.3.5 开源监听器 -PerFMon Metrics Collector

使用该监听器,必须先在 JMeter Plugins Manager 中安装 PerFMon(Servers Performance Monitoring)插件。

PerfMon Metrics Collector:性能指标收集器,可以监控服务器的 CPU、内存、磁盘、网络等相关资源。要成功地监听服务器,必须在被监控的服务器上安装 ServerAgent。

在 JMeter 测试计划中添加监听器 PerfMon Metrics Collector。在 Servers to Monitor 表格中添加被监控的机器信息及监控项。添加完毕之后,运行测试计划,在 PerfMon Metrics Collector 中可以看到监控数据,如图 4-80 所示。

图 4-80 开源监听器 -PerFMon Metrics Collector

4.3.6 Dashboard

使用非 GUI 模式运行脚本时，会设置测试报告的生成地址，如命令：jmeter -n -t asset_test.jmx -l add_staff.csv -e -o add_staff，add_staff 就是设置的生成报告的地址，命令运行完成后，就会在对应的地址下面看到 content、index.html 等文件，如图 4-81 所示。用浏览器打开 index.html 文件，即打开运行结果报告。具体报告详见任务实施中的统计分析图。

图 4-81 index.html 文件所在的目录

任务实施

1. 日志文件

日志文件记录在 add_staff.csv 文件中，如图 4-82 所示。

图 4-82 日志文件所在的目录

打开日志文件 add_staff.csv 如图 4-83 所示。

图 4-83 日志文件 add_staff.csv

在日志文件中，每个字段各自代表了不同的信息，以下是它们的解释：

（1）timeStamp（时间戳）。记录了每个操作或请求的确切时间。这通常用于分析请求的响应时间和性能。

（2）elapsed（已用时间）。表示从发送请求到接收响应所花费的总时间（毫秒）。

（3）label（标签）。通常用于标识或描述特定的 HTTP 请求或其他类型的测试元素。例如，它可以表示请求的 URL 或测试名称。

（4）responseCode（响应代码）。服务器返回的 HTTP 响应代码。例如，200 表示成功，404 表示未找到页面等。

（5）responseMessage（响应消息）。与 HTTP 响应代码相关的消息。例如，对于 200 响应代码，它可能是"OK"。

（6）threadName（线程名称）。标识并发执行的线程的名称。在 JMeter 中，你可以设置多个线程来模拟多个用户同时访问。

（7）dataType（数据类型）。表示响应的数据类型，如 text、html、json 等。

（8）success（成功）。一个布尔值，表示请求是否成功。通常，如果响应代码是 200-299 之间的值，则认为请求是成功的。

（9）failureMessage（失败消息）。如果请求失败，此字段将包含有关失败原因的消息或描述。

（10）bytes（接收字节）。从服务器接收到的响应数据的大小（以字节为单位）。

（11）sentBytes（发送字节）。发送到服务器的请求数据的大小（以字节为单位）。

（12）grpThreads（组线程）。可能与特定的线程组相关的线程数。但这不是 JMeter 标准输出中的常见字段，可能是自定义的或来自特定插件。

（13）allThreads（所有线程）。可能与当前测试计划中的总线程数相关。同样，这也不是 JMeter 标准输出中的常见字段。

（14）URL（统一资源定位符）。被请求的资源的 URL。

（15）Latency（延迟）。从发送请求到接收第一个响应字节之间的时间（不包括网络延迟）。

（16）IdleTime（空闲时间）。在两次连续请求之间的空闲时间。但请注意，JMeter 的标准输出中可能没有直接名为"IdleTime"的字段。

（17）Connect（连接）。可能与建立与服务器连接的时间相关，但这不是 JMeter 标准输出中的常见字段。

2. 统计分析图

打开 add_staff 目录下的 index.html 文件，如图 4-84 所示。

（1）APDEX（Application Performance Index）和 Requests Summary 统计图。APDEX 表示应用程序性能满意度的标准，范围在 0-1 之间，其中 1 表示所有用户均满意。

这是一个评分标准，用于衡量用户对应用性能的满意度。Requests Summary 显示请求的通过率（PASS）与失败率（FAIL），以百分比形式表示，从图 4-85 可以看出，此次运行 98.83% 的通过率，有 1.17% 的用户对软件不满意。

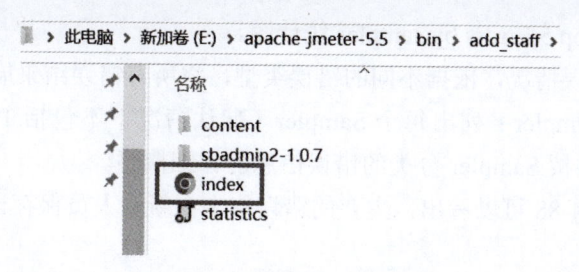

图 4-84　index 文件所在的目录

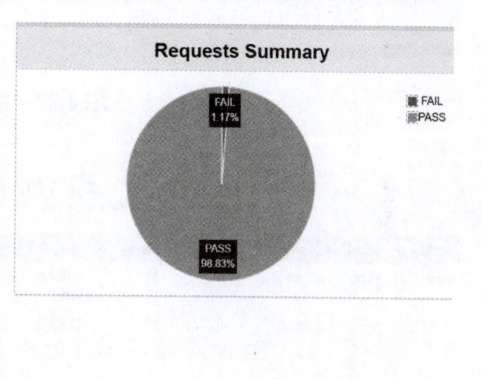

图 4-85　APDEX 和 Requests Summary 统计图

（2）Statistics 统计图。数据分析，基本上将 Summary Report 和 Aggregate Report 的结果合并。提供关于测试运行的综合统计信息。从图 4-86 可以看出，request 请求，执行的失败率，请求的响应时间，吞吐量以及网络连接的速率等。

图 4-86　Statistics 统计图

（3）Errors 和 Top 5 Errors by sampler 统计图。

Errors：展示错误情况，依据不同的错误类型，将所有错误结果展示。

Top Errors by sampler：列出每个 Sampler（默认情况下不包括 Transaction Controller）的前 5 个错误。提供按 Sampler 分类的错误信息的详细摘要。

从图 4-87 和图 4-88 可以看出，主要的错误集中在新增人员保存请求，错误有 26 个。

Errors

Type of error	Number of errors	% in errors	% in all samples
400	39	60.00%	0.70%
新增人员失败	26	40.00%	0.47%

图 4-87　Errors 统计图

Top 5 Errors by sampler

Sample	#Samples	#Errors	Error	#Errors	Error	#Errors	Error	#Errors	Error	#Errors	Error	#Errors
Total	5576	65	400	39	新增人员失败	26						
新增人员保存	613	65	400	39	新增人员失败	26						

图 4-88　Top 5 Errors by sampler 统计图

（4）Response Times Over Time 和 Response Time percentiles over time (successful responses)统计图。

Response Times Over Time：监听整个事务运行期间的响应时间，展示每个样本的平均响应时间（单位：毫秒），随时间的变化趋势。从图 4-89 可以看出，登录请求的平均响应时间最小，新增人员保存请求的平均响应时间最大。

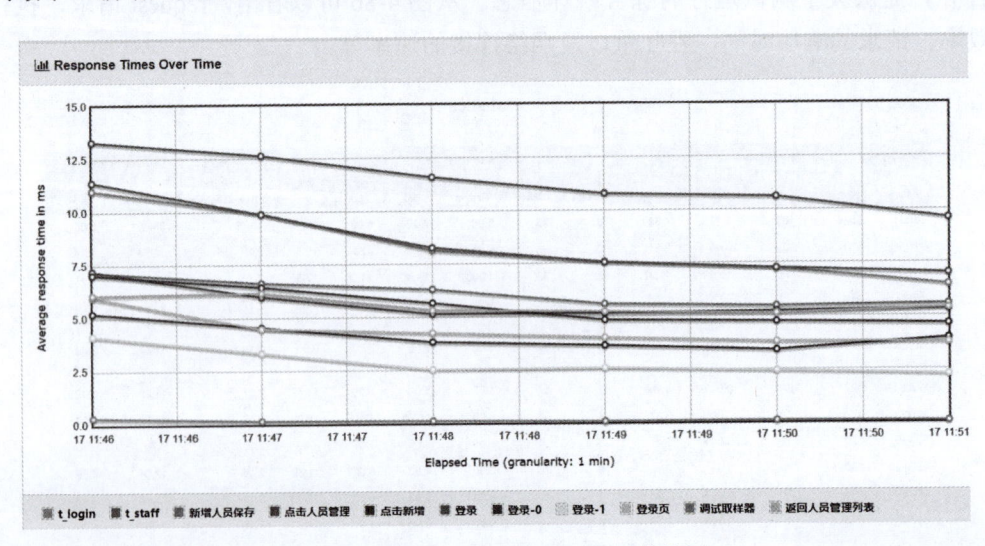

图 4-89　Response Times Over Time 统计图

Response Time percentiles over time（successful responses）：展示不同百分比对应的成

功响应的响应时间值，x 轴表示百分比，y 轴表示响应时间值，提供关于成功响应时间的分布情况。从图 4-90 可以看出，响应时间最大为 97ms。

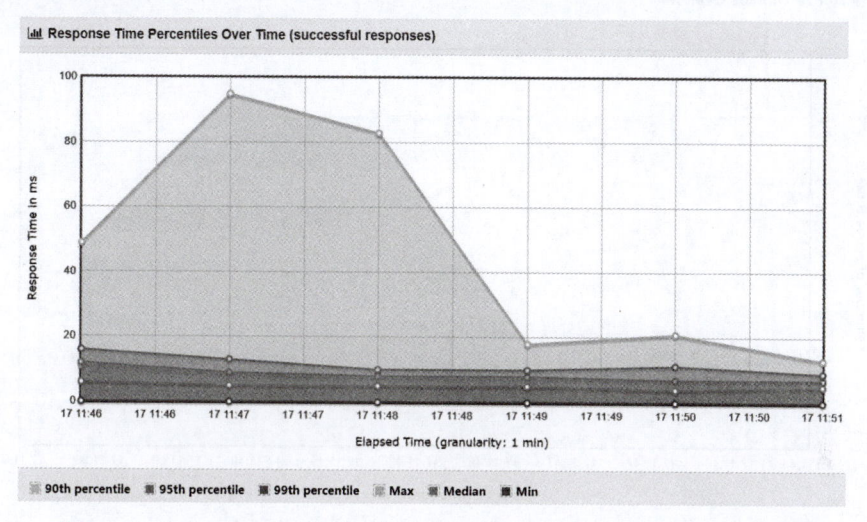

图 4-90　Response Time percentiles over time（successful responses）统计图

（5）Hits per second 统计图。通常用于显示每秒的点击数或请求数，这是一个重要的性能指标，特别是在评估系统在高负载下的性能时。从图 4-91 可以看出，每秒点击率最大接口为 20。

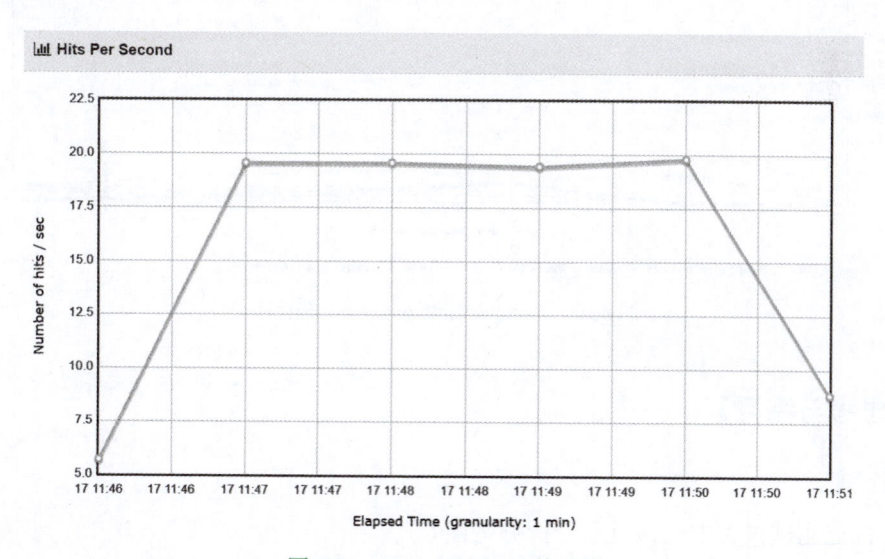

图 4-91　Hits per second 统计图

（6）Active threads over time 统计图。监听单位时间内活动的线程数（即并发数），展示活动线程数随时间的变化趋势，有助于了解系统的并发处理能力。从图 4-92 可以看出，并发处理能力最大达到 50。

（7）Connect time over time 统计图。这个图表用于显示连接时间随时间的变化趋势，连接时间是指建立与服务器的连接所需的时间。从图 4-93 可以看出，登录系统请求一开始连接时间用时较长,但从整体来看,新增人员保存请求连接时间最长。

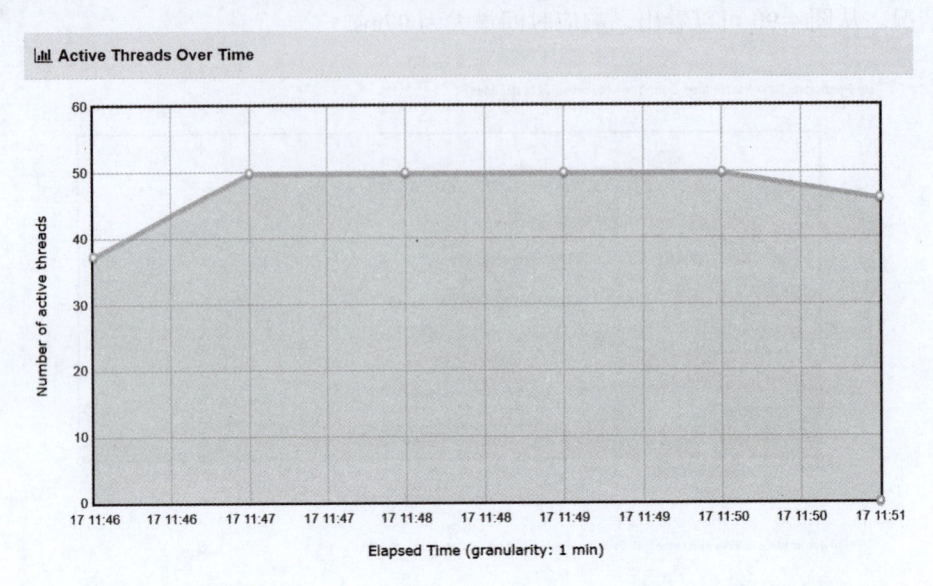

图 4-92　Active threads over time 统计图

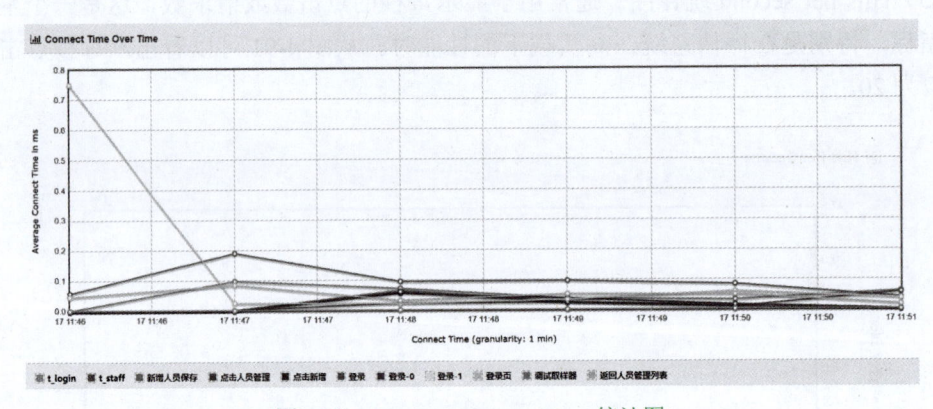

图 4-93　Connect time over time 统计图

【思考与练习】

理论题

1. 性能测试报告中应该重点分析哪些图?
2. 为什么要分析每秒点击率、事务通过率和平均响应时间这些数据?

实训题

打开任务 4.2 实训题的文件 index.html,重点关注响应时间、吞吐量、错误率等关键性能指标。通过对比分析不同测试场景下的性能数据,评估系统在不同负载条件下的抗压能力,以及在高并发情况下的稳定性和可靠性。

项目 5　接口测试

项目导读

接口测试是将人工执行的针对软件系统中不同接口之间的交互行为，转化为由机器自动化执行的过程。接口测试主要测试的是系统组件间的数据交互、功能实现、性能表现以及安全性等方面。接口测试覆盖了从简单的 GET 请求到复杂的 POST、PUT、DELETE 等请求类型，模拟前端或其他系统向被测接口发送请求，并验证接口返回的响应数据是否符合预期。测试过程中，我们会关注接口的输入参数、请求头、响应码、响应体内容等多种信息来判断接口的稳定性。

教学目标

知识目标：
- 理解请求的各种类型。
- 掌握断言的处理方法。
- 掌握变量的设置方法。

技能目标：
- 能使用请求、变量设置与断言进行接口测试。
- 在接口测试中能使用数据驱动进行批量测试。

素质目标：
- 测试过程中需要关注系统的稳定性和安全性，具备风险意识与安全意识。
- 在接口测试过程中注意保护数据隐私，体现职业道德和社会责任感。

任务 5.1　发送请求、变量设置与断言

任务描述

使用 Postman 发送 HTTP 请求至目标 API 接口，验证其功能与性能。通过测试环境变量或全局变量管理请求中的可变部分，如 URL、认证信息等，以提高测试请求的可维护性和复用性，在 Postman 的 Tests 标签页中编写断言，对响应状态码、响应体内容等进行验证，确保 API 的返回结果符合预期。

在使用 Postman 发送请求、变量设置与断言时要注意：
- 提升准确性：在发送请求和设置变量时，要提升数据发送的准确性。
- 提升逻辑思维：在设置断言时，需要根据测试目标合理设计，提升逻辑思维能力。
- 提升批判性思维：断言失败时，需要分析原因并调整测试策略，提升批判性思维能力。

任务要求

（1）资产管理系统的登录界面与个人信息修改界面如图 5-1 和图 5-2 所示。

图 5-1　资产管理系统登录界面

（2）资产管理系统功能接口描述如下：

1）登录接口。

接口功能：提供系统登录功能

接口地址：http://127.0.0.1:8080/pams/front/login.do

请求方式：POST

图 5-2　个人信息修改界面

请求参数：

参数	必填	类型	说明
loginName	True	Sring	用户名
password	True	Sring	密码

响应结果：可以看到字符"欢迎您："

2）个人信息修改接口。

接口功能：提供个人信息修改功能

接口地址：http://127.0.0.1:8080/pams/front/asset_user/update_phone.do

请求方式：POST

请求参数：

参数	必填	类型	说明
assetUserId	True	Int	用户类型
phone	True	String	手机号

响应结果："OK"

（3）要求利用 Postman 对登录接口和个人信息修改接口进行测试。

知识链接

5.1.1　Postman 介绍

Postman 是一个强大的 API 开发和测试工具，支持 HTTP 协议的所有请求方式，包括 GET、POST、HEAD、PUT、DELETE 等。其主要功能包括 API 的管理和测试，以及支持前端和后端的开发、测试、运维等全流程。Postman 的图标如图 5-3 所示。

Postman 的界面设计直观易用，主要界面元素包括侧边栏、中间操作菜单等。侧边栏允许用户查找、管理请求和集合，包括历史选项卡和集合选项卡。历史选项卡保存了通过

Postman 应用程序发送的每个请求，而集合选项卡则用于创建和管理集合。中间操作菜单则提供了 API 管理、环境管理、Mock 服务器设置等功能。Postman 界面如图 5-4 所示。

图 5-3　Postman 图标

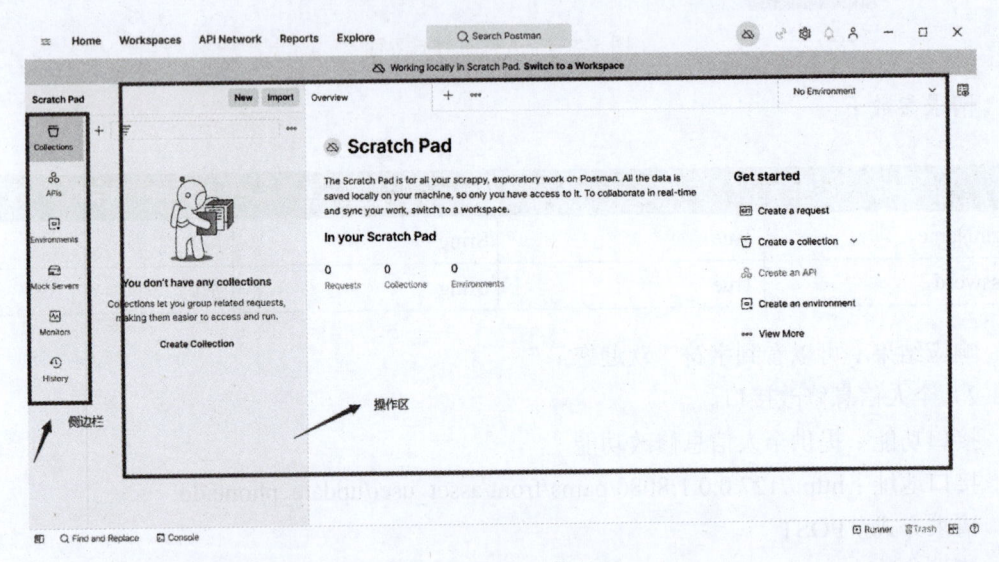

图 5-4　Postman 的界面

使用 Postman 进行测试非常简单，用户只需选择请求方式、填写 URL 地址、填写请求参数（对于 POST 请求，还需要选择 Body 面板并勾选数据格式），然后点击 Send 按钮即可发起请求并查看服务器响应的结果。

此外，Postman 还支持云服务，用户可以随时随地无缝对接工作。它还提供了数据同步功能，用户在不同设备或地点登录同一账号后，数据可以自动同步。此外，Postman 还支持团队协作，用户可以将自己设计的请求推送给团队成员，以便其他人执行或继续开发。本书以 Postman-win64-Setup 版本为例进行讲解。

5.1.2　发送请求

1. GET 请求

GET 请求方法用于从服务器检索数据。数据由唯一的 URI 标识。GET 请求可以使用 Params 将参数传递给服务器，如图所示。

请求说明：params1 和 params2 表示发送的参数，"?"后面接参数，"&"表示连接多个参数。

参数说明：单击"Params"按钮，Postman 可以自动解析出对应的参数，如图 5-5 所示。

图 5-5　GET 请求设置

输入完 GET 请求和对应的参数后，单击"Send"按钮，如图 5-6 所示。在页面下方可以查看响应内容、Cookie、Headers、响应状态码等信息。

图 5-6　GET 请求响应

2. POST 请求

POST 请求方法旨在将数据传输到服务器，返回的数据取决于服务器的实现。POST 请求可以使用 Params 以及 Body 将参数传递给服务器。

例如，在下面的请求中，使用 Params 传递参数：https://postman-echo.com/post?params=jiekouceshi 输入完 POST 请求和对应的参数后，单击"Send"按钮，查看请求结果，如图 5-7 所示。

例如，发送一个 Request，其中 Body 为 application/x-www-form-urlencoded 类型，参数分别为 params1=jiekouceshi 和 params2=666，请求 URL 如下：https://postman-echo.com/

post?params1=jiekouceshi&params2=666 输入完 POST 请求和对应的参数后，单击"Send"按钮，查看请求结果，如图 5-8 所示。

图 5-7　POST 请求设置

图 5-8　POST 请求响应结果

5.1.3　变量设置

1. 环境变量

环境变量设置：在 Postman 界面单击右上角眼睛图标，即可开始设置环境变量和全局变量，如图 5-9 所示。设置变量名称为 release，host 值为 postman-echo.com 的生产环境变量，如图 5-10 所示。

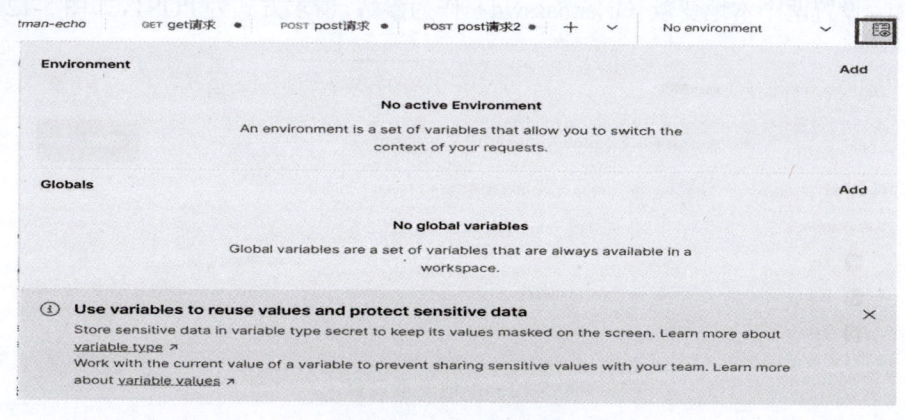

图 5-9　环境变量设置

图 5-10　设置环境变量 host

设置完变量后新建文件，对设置的变量进行引用，变量引用格式为 {{varname}}，最后单击"Send"按钮发送请求，请求结果如图 5-11 所示。

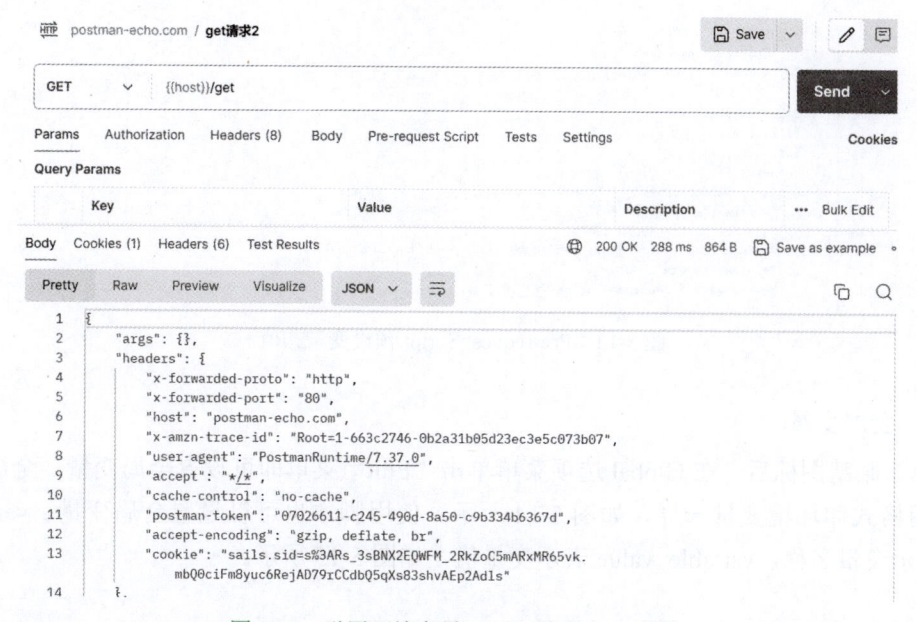

图 5-11　引用环境变量 release 中的 host 参数

2. 本地变量

本地变量主要是指针对单个 URL 请求设置的变量，作用域局限在请求范围内。例如请求 URL，设置两个本地变量（user,passwd）作为参数，请求方式为 POST，如图 5-12 所示。

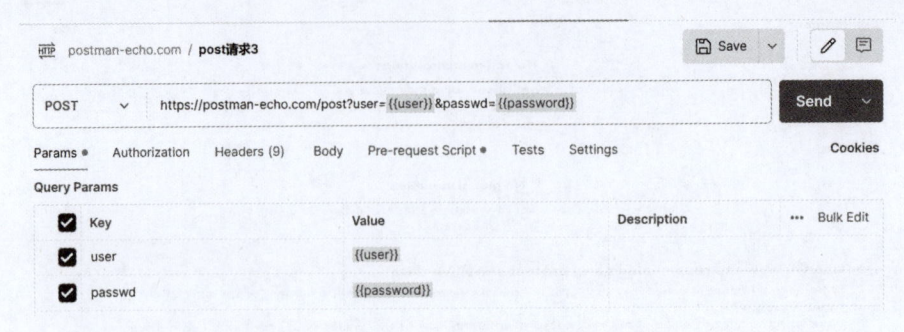

图 5-12　本地变量设置

变量设置好之后需要赋值。在 Pre-request Script 里面编写如下代码：

pm.variables.set("user","jiekoucheshi")
pm.variables.set("passwd","666666")

编写完代码后，单击"Send"按钮，执行结果如图 5-13 所示。

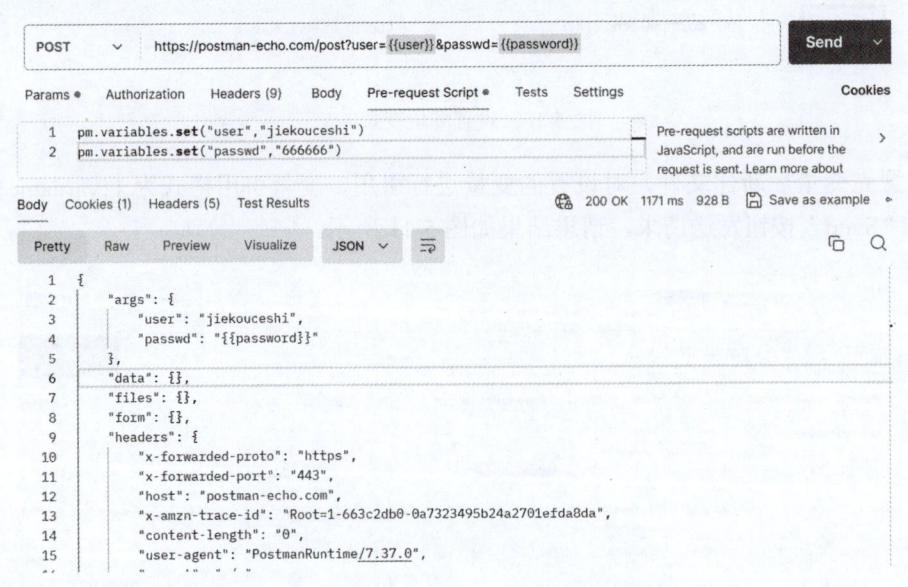

图 5-13　Pre-request Script 预设变量初值

3. 全局变量

单击眼睛图标后，在 Global 选项菜单单击"Edit"菜单即可设置全局变量。全局变量的引用格式和环境变量一样，如图 5-14 所示。使用脚本也可以设置全局变量：variable_key 表示变量名称，variable_value 表示变量值，如图 5-15 所示。

图 5-14　全局变量设置

图 5-15　预设全局变量值

5.1.4　数据断言

接口请求 URL 如下，请求方式为 POST，参数为 postman-echo.com/post，断言规则：响应状态码：200；响应内容：返回的 user 参数值与定义的一致；响应时间：小于 1 秒。测试脚本：在 Body 中定义本地变量，如图 5-16 所示。在 Pre-request Script 定义变量 user 的初始值，如图 5-17 所示。

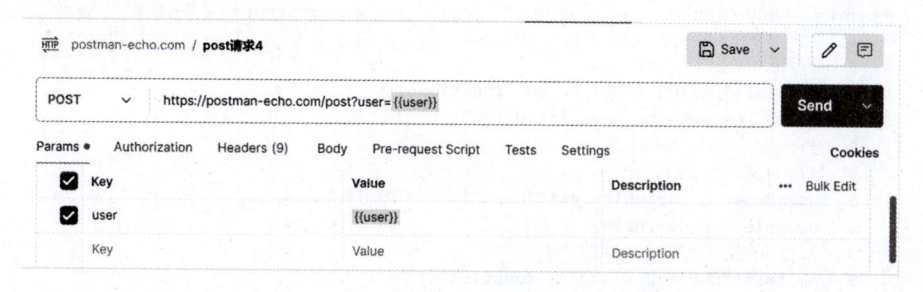

图 5-16　定义本地变量 user

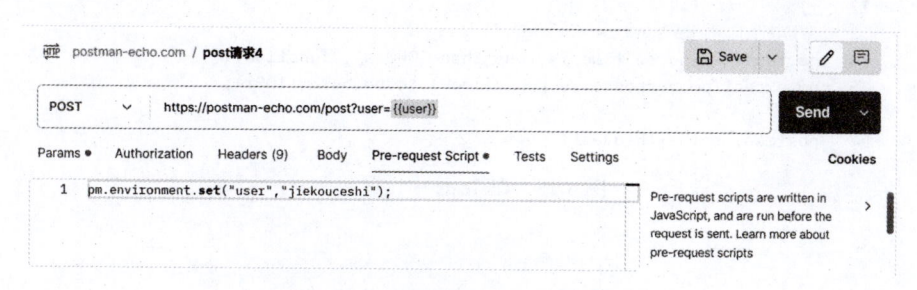

图 5-17　设置变量 user 的初始值

235

在 Tests 栏编写以下脚本，如图 5-18 所示。单击"Send"按钮，发送请求，查看断言结果，如图 5-19 所示。

```
// 判断响应状态
pm.test("status code is 200",function(){
    pm.response.to.have.status(200);
});
// 获取发送的参数值
username=pm.variables.get("user");     // 在控制台进行打印
console.log(username)
// 校验响应内容是否和请求的一致
pm.test("Check username", function (){
    var jsonData = pm.response.json();
    pm.expect(jsonData.args.user).to.eql(username);
});
// 检测响应时间是否小于 1s
pm.test("Response time is less than 50oms", function(){
    pm.expect(pm.response.responseTime ).to.be.below(1000);
});
```

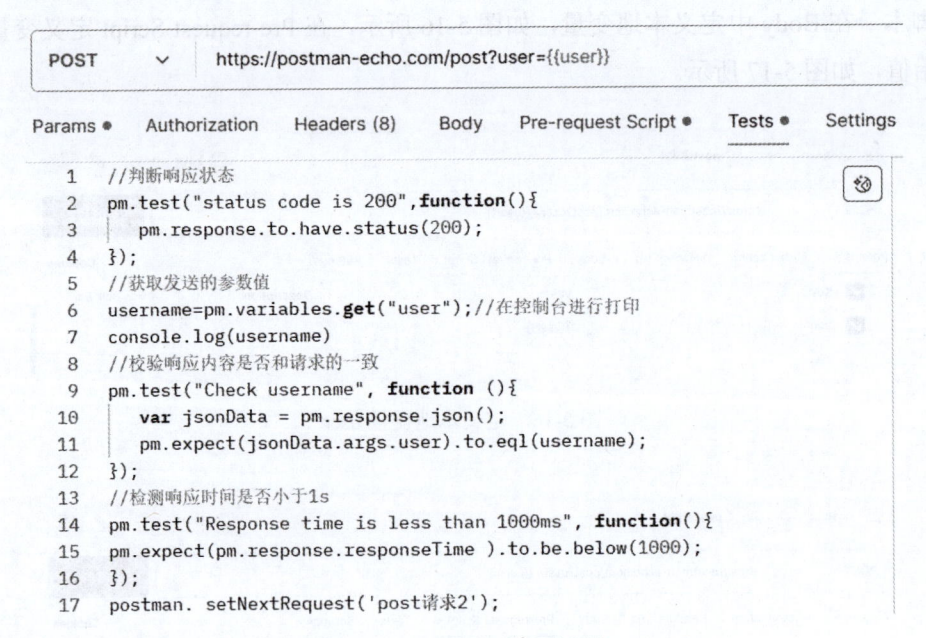

图 5-18　在 Tests 中设置断言

图 5-19　断言响应结果

📢 任务实施

（1）创建 collection 的名称为 Asset 的测试集。

点击 postman 界面上的 "+" 号，创建测试集 Asset，如图 5-20 和图 5-21 所示。

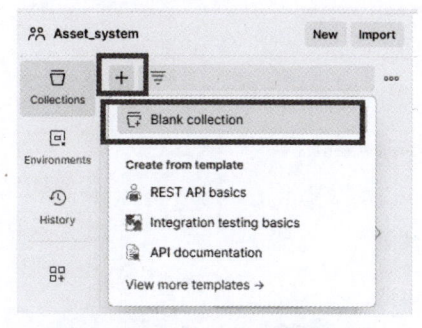

图 5-20　点击 "+" 创建测试集

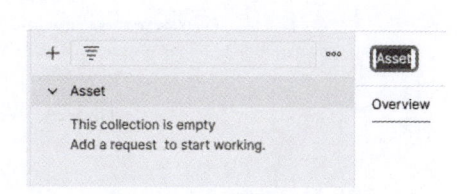

图 5-21　创建测试集 Asset

（2）创建测试资产管理系统登录接口请求。

在 Asset 测试集上点击 "..."，选择 "Add request"，如图 5-22 所示，然后输入请求名称为 "登录系统"，将接口的地址 http://127.0.0.1:8080/pams/front/login.do 复制到接口的文本框区域，选择请求的类型为 POST，如图 5-23 所示。

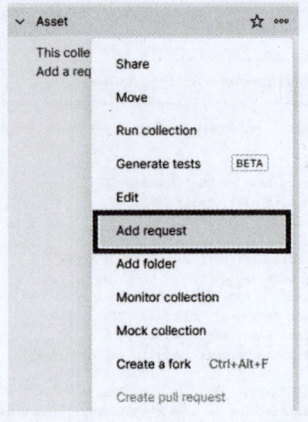

图 5-22 选择"Add request 增加请求"

图 5-23 设置接口地址

（3）在 Pre-request Script 中使用 environment.set 方法设置环境变量 LoginInfo，如图 5-24 所示，参数名和参数值分别为 username:student,password:student，如图 5-25 所示。

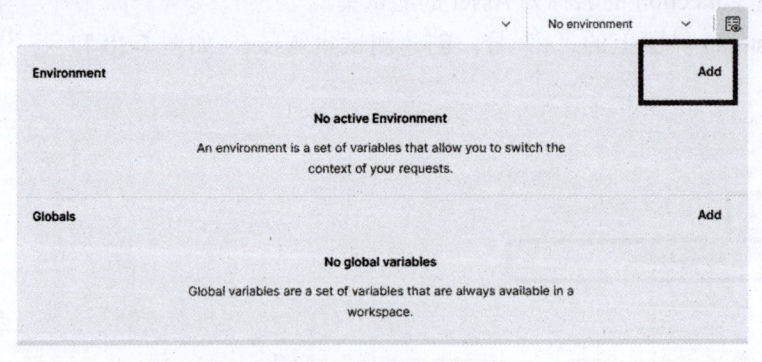

图 5-24 设置环境变量

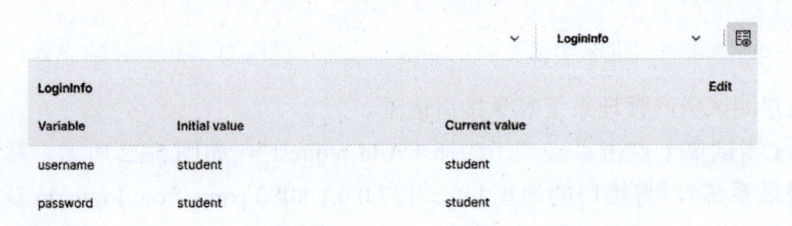

图 5-25 设置环境变量 LoginInfo 的参数名称和参数值

（4）在 Params 中设置 username 和 password 接收请求参数，如图 5-26 所示。

图 5-26　Params 中设置 username 和 password 接收参数

（5）在 Tests 中对执行结果进行断言判断，设置两个断言，①判断响应状态码为 200；②响应内容中返回的参数值中存在"欢迎您："字符，脚本如下所示：

```
pm.test(" 响应状态码是 200", function () {
    pm.response.to.have.status(200);
});
pm.test(" 能检查到字符 ", function () {
    pm.expect(pm.response.text()).to.include(" 欢迎您：");
});
```

点击"Send"按钮，得到断言的响应结果，"响应状态是 200"为 PASS，"能检测到字符"为 PASS，如图 5-27 所示。

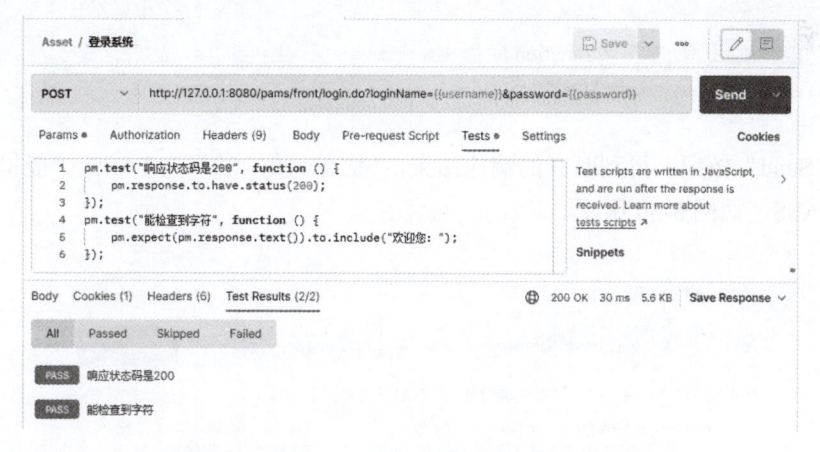

图 5-27　登录系统断言结果

（6）创建测试个人信息手机号修改的请求。

添加新的请求"修改个人信息"，接口地址为 http://127.0.0.1:8080/pams/front/asset_user/update_phone.do，请求类型为 POST，如图 5-28 所示。

（7）输入修改信息。

在 Body 的 form-data 中输入参数名以及对应的参数值，assetUserId：1，phone：13983772011，如图 5-29 所示。

图 5-28　添加请求"修改个人信息"

图 5-29　Body 中输入修改的参数名以及参数值

（8）在 Tests 中对执行结果进行断言判断，设置两个断言，①判断响应状态码为 200；②响应内容中返回的参数值中存在"OK"字符，脚本如下所示：

```
pm.test(" 状态码是 200", function () {
    pm.response.to.have.status(200);
});
pm.test(" 能检测到返回字符 ", function () {
    pm.response.to.have.body("OK");
});
```

点击"Send"按钮，得到断言的响应结果，"状态码是 200"为 PASS，"能检测到返回字符"为 PASS，如图 5-30 所示。

图 5-30　修改个人信息断言结果

【思考与练习】

理论题

1. GET 请求与 POST 请求的区别是什么？
2. 变量有哪几种类型？
3. 什么是断言？设置断言的目的是什么？

实训题

在任务实施的两个请求"登录系统"和"修改个人信息"之后，添加请求"添加品牌"，并发送三种类型的数据并设置断言进行测试：

（1）添加品牌成功。
（2）添加重复的品牌名称。
（3）添加重复的品牌编码。

接口描述如下：

接口功能：提供添加品牌功能

接口地址：http://127.0.0.1:8080/pams/front/asset_brand/asset_brand_save.do

请求方式：POST

请求参数：

参数	必填	类型	说明
title	True	Int	品牌名称
Code	True	String	品牌编码

响应结果：添加成功："OK"；添加失败："TITLE_EXISTS"或者"CODE_EXISTS"

任务 5.2　数据驱动与批量执行

任务描述

Postman 是一款强大的 API 开发和测试工具，它支持数据驱动和批量执行，极大提高了 API 开发和测试效率。通过数据驱动，用户可以在 Postman 中定义一系列的数据集，并在发送请求时自动使用这些数据。这意味着可以一次性测试多个不同的输入场景，而无需手动更改每个请求的参数。此外，Postman 的批量执行功能允许用户一次性运行多个请求，从而快速验证整个 API 流程。这不仅减少了重复性工作，还确保了 API 在不同场景下的稳定性和可靠性。通过使用 Postman 的数据驱动和批量执行功能，开发人员和测试人员可以更加高效地进行 API 开发和测试工作。

在使用 Postman 进行数据驱动与批量执行时要注意：

- 具备效率意识：通过数据驱动和批量执行，提高测试效率。
- 具备持续改进意识：根据批量执行的结果，分析测试效果并优化测试策略，体现持续改进的精神。

任务要求

（1）资产管理系统的登录界面如图 5-1 所示，添加品牌信息界面如图 5-31 所示。

图 5-31　添加品牌信息界面

（2）设置资产管理系统功能接口。

1）登录接口。

接口功能：提供系统登录功能

接口地址：http://127.0.0.1:8080/pams/front/login.do

请求方式：POST

请求参数：

参数	必填	类型	说明
loginName	True	String	用户名
password	True	String	密码

响应结果：可以看到字符"欢迎您："

2）添加品牌信息接口。

接口功能：提供添加品牌信息功能

接口地址：http://127.0.0.1:8080/pams/front/asset_brand/asset_brand_save.do

请求方式：POST

请求参数：

参数	必填	类型	说明
title	True	Int	品牌名称
Code	True	String	品牌编码

响应结果：添加成功："OK"，添加失败："TITLE_EXISTS" 或者 "CODE_EXISTS"
（3）设置 Json 数据文件。

品牌名称	品牌编码
长虹电视	ch0010
罗技鼠标	lj0010
小米汽车	xm0010

（4）要求利用 Postman 对登录接口和添加品牌信息接口进行数据驱动测试。

知识链接

5.2.1 数据驱动

准备数据文件和测试集。

（1）数据文件。

文件名称：data.json；文件类型：application/json；json 数据内容如下所示：

[{"uname": "test00001", ",pwd": ",111111"},
{"uname": "test00002", ",pwd": ",222222"},
{"uname": "test00003","pwd": ",333333"}]

（2）测试集接收的参数设置如图 5-32 所示。

测试集名称：Data_Driver

请求 URL：https://postman-echo.com/get?uname={{uname}}&pwd={{pwd}}

请求方式：GET

传递参数：uname，pwd

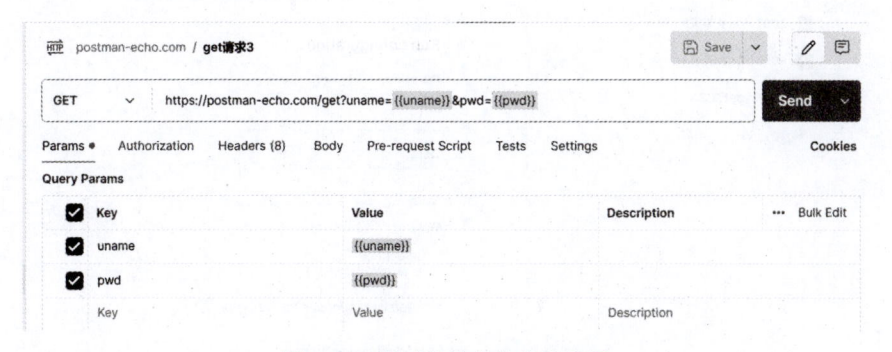

图 5-32 测试集接收的参数设置

5.2.2 批量执行

1. 按 Collection 中的 API 自上而下顺序执行

测试集准备：预先准备好测试集 postman-echo.com 作为执行的测试集，其内添加多个不同请求的 API，点击测试集上"。。。"下拉列表中的"Run collection"，如图 5-33 所示，进入 Collection Runner 界面，点击"Run postman-echo.com"，如图 5-34 所示，批量执行 post 请求 1，post 请求 2，post 请求 3，post 请求 4，批量执行的结果如图 5-35 所示。

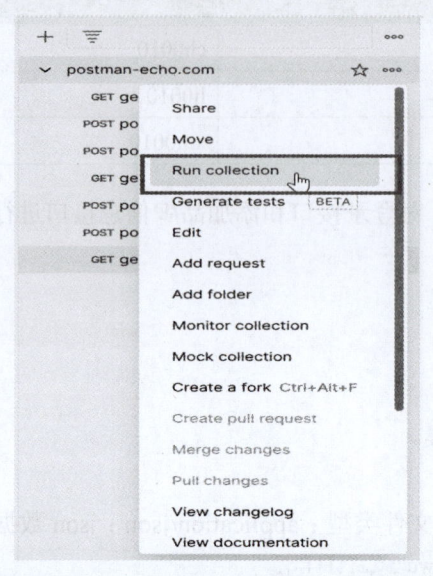

图 5-33　点击"Run colection"进行测试集运行

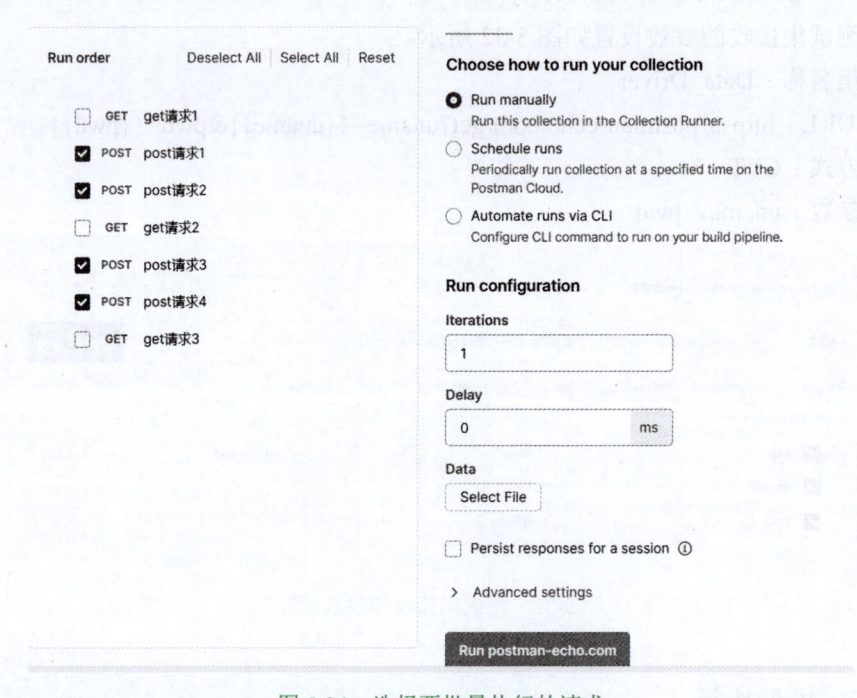

图 5-34　选择要批量执行的请求

只选择 get 请求 3，迭代次数输入 3，选择 json 数据文件 unit4_jiekou.json，点击"Run postman-echo.com"，如图 5-36 所示，批量执行结果如图 5-37 所示。

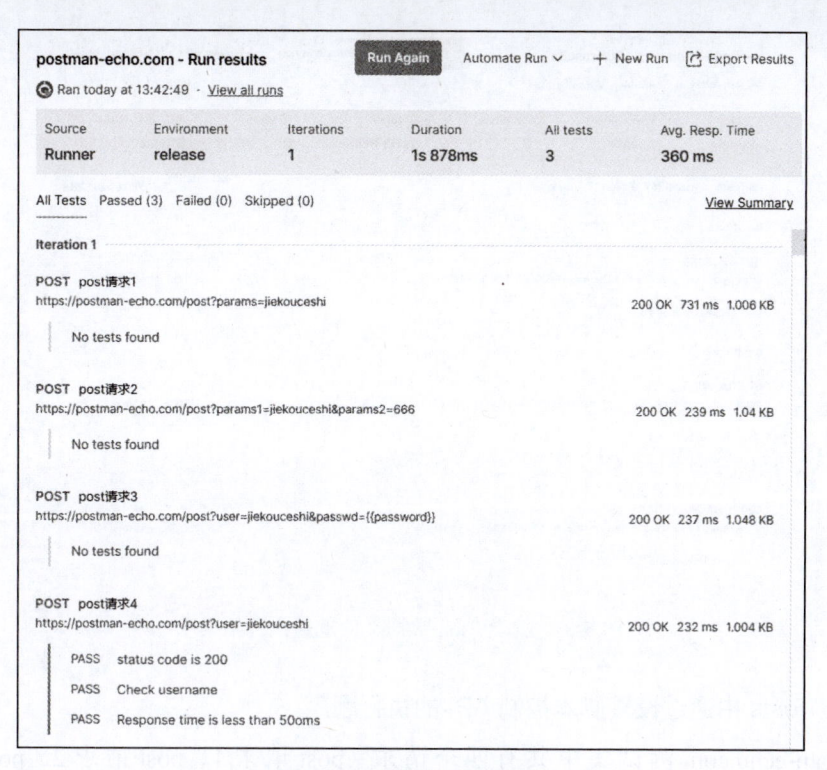

图 5-35　批量执行的结果

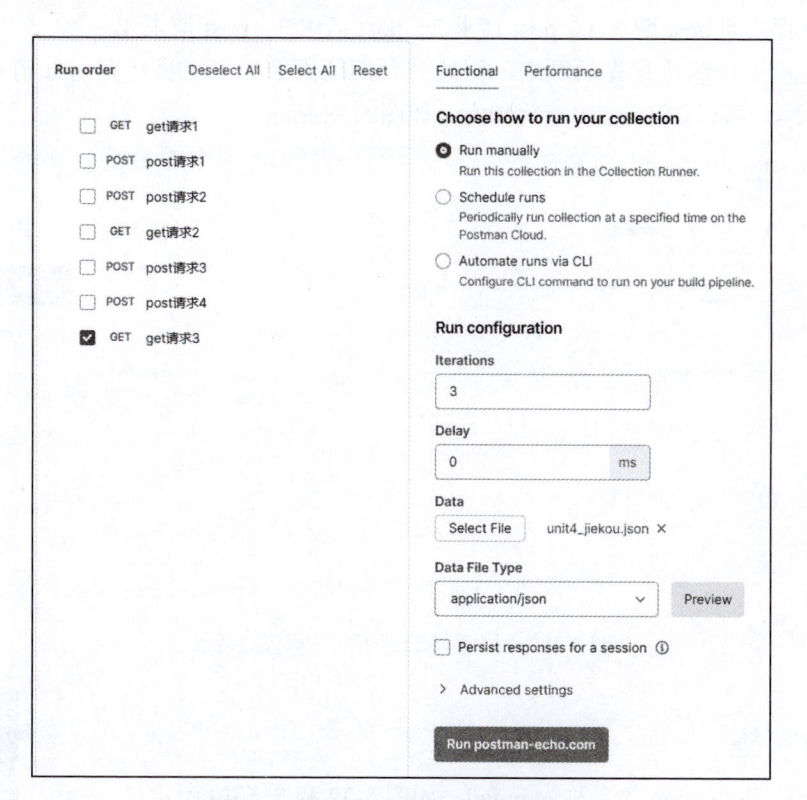

图 5-36　选择 json 数据文件批量执行

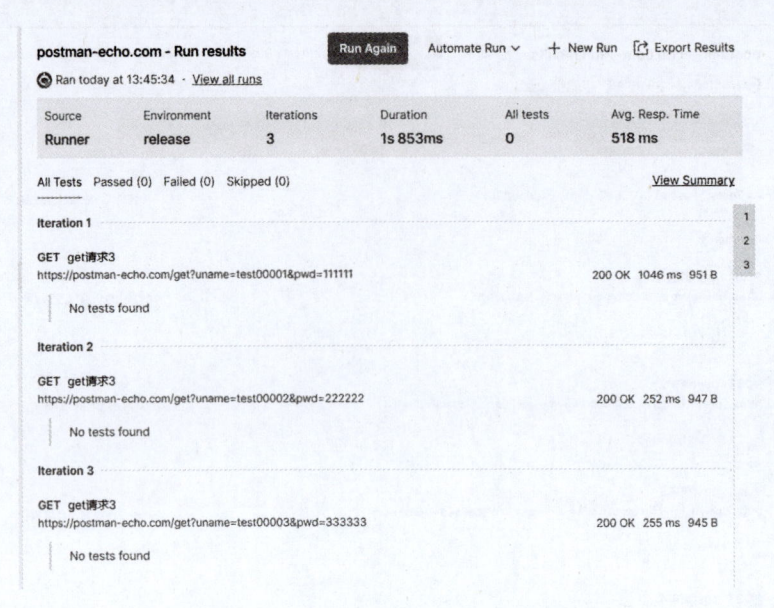

图 5-37 选择 json 数据文件批量执行结果

2. 在 Tests 中通过设置脚本控制 API 的执行顺序

postman-echo.com 测试集中共有四个请求（post 请求 1、post 请求 2、post 请求 3、post 请求 4），若不采用任何脚本控制执行顺序，则 Run 该集合 API 将会按照默认的自上而下顺序执行，即 post 请求 1、post 请求 2、post 请求 3、post 请求 4。

若采用脚本控制执行先后顺序，则达到预期效果：如果在执行完 post 请求 1 之后执行 post 请求 4，可以在 Tests 中填写脚本，如图 5-38 所示。

postman. setNextRequest('post 请求 4');

图 5-38 利用脚本设置下一个执行的请求

任务实施

（1）创建 Collection 的名称为 brand，如图 5-39 和图 5-40 所示。

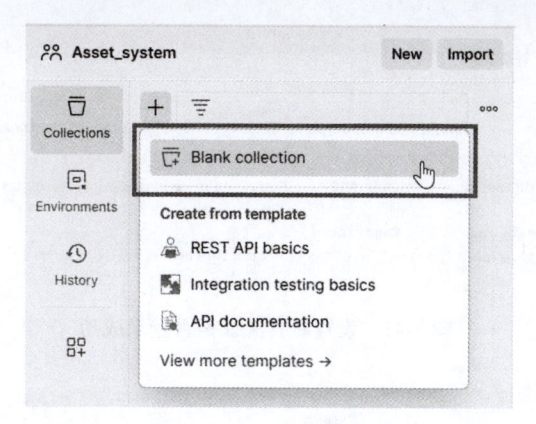

图 5-39　点击"Blank collection"创建测试集

图 5-40　输入测试集名称 brand

（2）创建登录请求"登录系统"在 Params 中设置参数以及对应的值分别为 username:student,password:student，如图 5-41 所示。

图 5-41　设置请求"登录系统"

在 Tests 输入脚本设置断言，验证是否登录成功。

```
pm.test(" 登录成功 ", function () {
    pm.expect(pm.response.text()).to.include(" 欢迎您：");
});
```

如图 5-42 所示。

（3）创建添加品牌请求"添加品牌"。在 brand 测试下新建请求"添加品牌"，接口地址是：http://127.0.0.1:8080/pams/front/asset_brand/asset_brand_save.do，如图 5-43 所示。

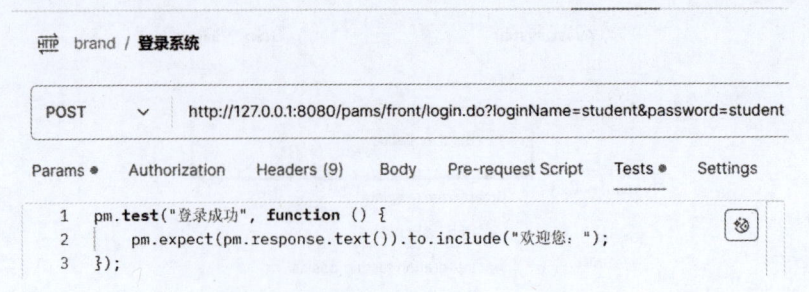

图 5-42　设置断言验证是否登录成功

图 5-43　设置请求"添加品牌"

在 Params 下设置参数 title 和 code，用来接收数据集中的数据，如图 5-44 所示。

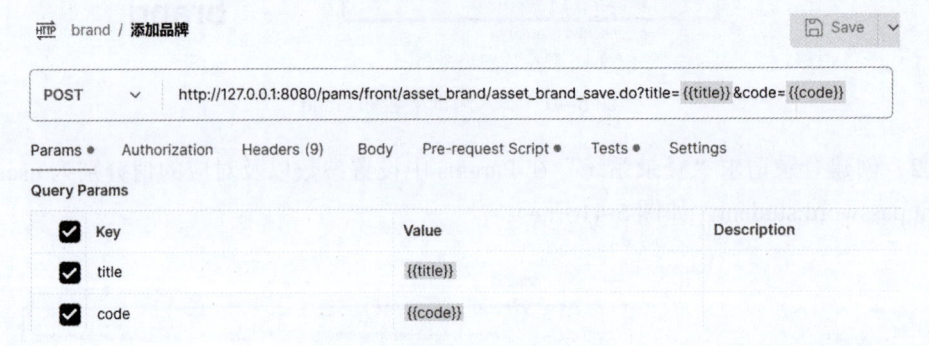

图 5-44　设置参数 title 和 code

在 Pre-request Scripts 中输入脚本设置变量的初始值，如图 5-45 所示。

pm.environment.set(",title"," 联想笔记本电脑 ");
pm.environment.set("code","lx0011");

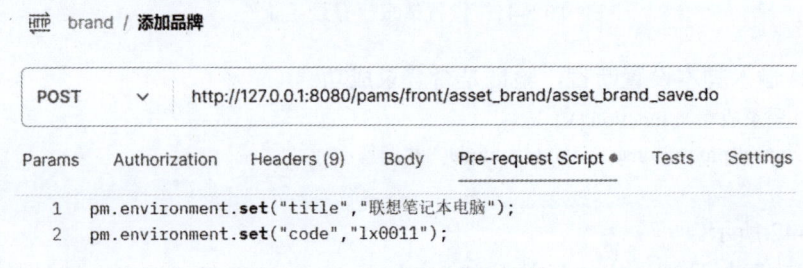

图 5-45　设置变量的初始值

在 Tests 中输入脚本设置断言，如图 5-46 所示。

```
pm.test(", 添加品牌成功 ", function () {
    pm.response.to.have.body("OK");
});
```

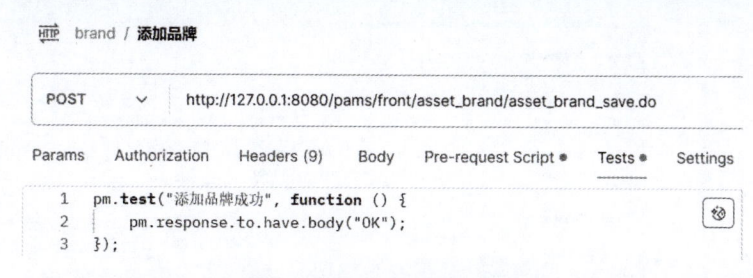

图 5-46　输入脚本设置断言

（4）使用 notepad++ 新建 Json 数据集 brand，输入以下代码，如图 5-47 所示。

```
[{",title": ", 长虹电视 ", "code": "ch0010"},
{"title": " 罗技鼠标 ", "code": "lj0010"},
{"title": " 小米汽车 ", "code": "xm0010"}]
```

图 5-47　设置 Json 数据集 brand

（5）通过加载 json 数据集，迭代 3 次，查看运行结果。

选择 brand 测试集中的请求：登录系统和添加品牌，设置迭代次数为 3，选择 Json 测试集 brand.json，点击"Run brand"，运行测试集，如图 5-48 所示，运行结果如图 5-49 所示。

图 5-48　设置测试集的运行

图 5-49　测试集运行结果

【思考与练习】

理论题

1. 批量执行的优点是什么？
2. json 数据文件的特点是什么？

实训题

在任务实施的两个请求"登录系统"和"添加品牌"之后，添加请求"添加资产类别"，利用 json 数据文件发送三种类型的数据并设置断言进行测试：

（1）添加资产类别成功。

（2）添加重复的资产类别名称。

（3）添加重复的资产类别编码。

接口描述如下：

接口功能：提供添加资产类别功能

接口地址：http://127.0.0.1:8080/pams/front/asset_category/asset_category_save.do

请求方式：POST

请求参数：

参数	必填	类型	说明
title	True	Int	资产类别名称
Code	True	String	资产类别编码

响应结果：添加成功："OK"，添加失败："TITLE_EXISTS"或者"CODE_EXISTS"

参考文献

[1] 郭雷．软件测试 [M]．北京：高等教育出版社，2018.
[2] 贺平．软件测试教程 [M]．北京：电子工业出版社，2010.
[3] http://www.york.ac.uk/depts/maths/tables/orthogonal.htm.

参考文献

[1] 姜启源，谢金星，叶俊. 数学建模（第五版）. 2018
[2] 韩中庚. 数学建模方法及其应用（第二版）. 高等教育出版社, 2010.
[3] http://www.mysjtu.ac.cn/tools/mathtable/ptbogound.htm